鸟类飞行原理

英文版：Avian Flight

［荷］约翰·J. 维德勒（John J.Videler）◎著

王正杰　王　浩　于　扬◎译

U0234137

北京理工大学出版社
BEIJING INSTITUTE OF TECHNOLOGY PRESS

图书在版编目（CIP）数据

鸟类飞行原理／（荷）约翰·J. 维德勒著；王正杰，王浩，于扬译. —北京：北京理工大学出版社，2021.5

书名原文：Avian Flight

ISBN 978 - 7 - 5682 - 9857 - 5

Ⅰ.①鸟…　Ⅱ.①约…②王…③王…④于…　Ⅲ.①鸟类 - 飞行原理 - 普及读物　Ⅳ.①Q959.7 - 49

中国版本图书馆 CIP 数据核字（2021）第 095123 号

北京市版权局著作权合同登记号 图字：01 - 2019 - 1896

Avian Flight was originally published in English in 2005. This translation is published by arrangement with Oxford University Press. Beijing Institute of Technology Press is solely responsible for this translation from the original work and Oxford University Press shall have no liability for any errors, omissions or inaccuracies or ambiguities in such translation or for any losses caused by reliance thereon.

出版发行／北京理工大学出版社有限责任公司

社　　　址／北京市海淀区中关村南大街 5 号

邮　　　编／100081

电　　　话／（010）68914775（总编室）

　　　　　　（010）82562903（教材售后服务热线）

　　　　　　（010）68948351（其他图书服务热线）

网　　　址／http：//www. bitpress. com. cn

经　　　销／全国各地新华书店

印　　　刷／保定市中画美凯印刷有限公司

开　　　本／710 毫米 × 1000 毫米　1/16

印　　　张／16.5

字　　　数／244 千字

版　　　次／2021 年 5 月第 1 版　2021 年 5 月第 1 次印刷

定　　　价／119.00 元

责任编辑／刘　派

文案编辑／国　珊

责任校对／周瑞红

责任印制／李志强

译者序

　　译者是在 2008 年在英国克兰菲尔德大学（Cranfield University）做访问学者期间，第一次接触关于柔性翼（Smart Wings）飞行器设计工作。2009 年回国后，为了充分发挥柔性可变形机翼在飞行器设计中的优势，开始关注仿生飞行器的研究与设计工作。英文原著《鸟类飞行》就是在科研过程中，为了学习更多自然界飞行生物的飞行技能，从而提升人造飞行器的性能这一目的而无意间获得的一份珍贵的学习资料。本书虽是由生物学家撰写的，但增加了技术性的论证以及科学性的原理阐释，使本书不同于一般的科普读物，具有严谨的科学推演以及系统的论证过程。本书最主要的特色还是作者深爱动物学研究，常年持续观察鸟类飞行，系统总结各类飞行生物飞行行为，并能从飞行器工程师的角度来研究、解释、阐述鸟类飞行的基本原理，力图揭示自然界中飞行生物更多神秘的飞行能力。可以说，目前这种学术专著在国内还不多见。科学性、系统性、详实性以及最可贵的真实性构成了原著独一无二吸引人的特色，这也是促使译者经历了艰难的翻译过程，希望国内相关领域更多的人们看到此书，并通过阅读本书有所收获的初衷。

　　译者从事飞行器设计工作也有近 20 年的时间了，近 10 年关注仿生飞行器研究工作后，视线的确不由自主地关注自然界的飞行生物了。例如，在国外博物馆游玩以及欣赏观鸟爱好者的摄影作品时，都会特别留意自然界里飞行生物形态各异的翅翼、羽毛、身体外形，这也是工作不经意带来的乐趣吧。师法自然，道阻且长，但奥妙无穷！仅以此译文与广大读者共享自然界给我们的礼物。

本书由北京理工大学王正杰教授主持翻译。本书共 9 章，其中第 1 章至第 3 章由南京航空航天大学王浩翻译，第 4 章至第 6 章由北京理工大学王正杰、陈昊翻译，第 7 章至第 9 章由中国航空综合技术研究所张娜翻译。北京机电控制研究所于扬，以及当时在北京理工大学研究生求学期间的蔡长青对主要章节进行了校对修改。最后由王正杰教授对全书进行统筹与审校。本书由北京理工大学出版社引进版权出版，并一直给予鼓励与支持。在此我们表示由衷的感谢。

由于译者的水平有限，译文中定有许多不妥之处，欢迎读者批评指正。

王正杰

北京理工大学

2021 年 5 月

英文版序

鸟类是有羽毛的四足脊椎动物，它们的翅膀就是前面两只脚。已确认的鸟类物种数量接近 1 万种。不是所有的鸟都会飞。世界上大约有 8 500 种飞行生物，每一种都有自己特定的飞行方式。尽管所有鸟类直接与飞行相关的身体结构是类似的，但是飞行方式的确是有极大的不同。探究它们多样性的结构和最基本的飞行要求是很吸引人的。事实上，脊椎动物的结构和运动都应满足空气动力学原理，即，飞行时必须战胜它们自身的重力，所以，我们想知道飞行生物是如何实现的。这个话题涉及多个学科。已知的物理规律告诉我们：飞行生物为了征服空气，它们的形态、生理细节以及行为特点必须适应它们在空气中的运动。然而，涉及各学科的大量知识被分散在各类专业文献中，不容易找到的。在论文中出现的空气动力学原理经常用数学术语进行描述，对于那些主要对鸟类感兴趣的人来说，因为没有相应的解释，他们并不理解数学描述的含义。另一方面，单纯从物理或数学的角度是很难把握生物现象的复杂性的。我想展示围绕鸟类飞行的各个方面的相互关系，试图使从事各个学科研究的读者都能容易理解。

鸟类翅翼的结构和功能与飞机机翼在很多方面有本质的区别。鸟的翅翼由臂和手组成，可以伸展和折叠。在滑翔和扑动飞行时，翅翼的形状会发生剧烈变化。鸟类扑动翅翼可以提供升力和推力。利用空气动力学理论可以清晰地解释飞机是如何飞行的，但是，无法解释清楚鸟类的扑动飞行和滑翔飞行的相关原理。大多数鸟都能停在树枝上。了解鸟类飞行原理也正是出版本书的目的。

《鸟类飞行》这本书涵盖了鸟类空中运动的主要方面，包括科学史、空气动力学、功能形态学、进化论、运动学、生理学、动力学和飞行消耗。这本书力争做到通俗易懂，但读者最好也能够对生物、物理和数学有一些基本的了解。

这本书面向对鸟类形态和能力之间对应关系感兴趣的广大读者。这本书会引起专业的鸟类学家以及业余观鸟者的注意，也会引起那些对通用飞行或者飞行器飞行性能感兴趣的人们的关注。在本书中，涉及的方程式、模型和复杂的技术细节都被放在单独的方框里，即使不看方框里的这些信息也不影响对本书主要论点的理解。书中常见的和科学的鸟类名字都延用了 Dickinson（2003）之后的"霍华德·摩尔的世界鸟类完整清单"。

我个人对这个话题的兴趣可追溯到 20 世纪 60 年代早期，当时我看了 E. J. Slijper（他是我在牛津大学的动物学教授）与代尔夫特大学航空学者 J. M. Burgers 写的一本题为《动物的飞行艺术》的专著。随后的二十多年来，我与荷兰格罗宁根大学的生态学家 Serge Daan 和他的小组，以及与以色列海法大学空气动力学家 Daniel Weihs 合作，对茶隼的飞行性能和能量学进行了研究，也终于有机会为该领域做出了实际的贡献。茶隼和粗腿秃鹰的研究让我终生沉迷于这个领域。

鸟类飞行之所以迷人，有很多原因。正如我所希望展示的，我们并不完全了解鸟类，以及它们是如何生存的。鸟类在起飞、拍打翅膀或滑翔飞行以及着陆时的许多行为特征仍然是个谜。这些动作通常是如此之快，以至于必须用慢动作来研究，才能领会到底发生了什么。对鸟类内部变化的了解就更难了。我们缺乏对鸟类飞行行为认识的另一个重要原因是我们无法看到或测量鸟在空气中运动时产生的反应。因此，现在仍然有一层神秘的面纱遮挡了鸟类与空气和重力的相互作用关系，让我们看看未来还有多远可以解除这层面纱。

观看各种各样的鸟类，特别注意它们的运动，将有助于更多地了解它们的飞行机制，但也同时强调了一个感受，即离我们完全明白鸟类的飞行原理还有很长的路要走。这本书中提供的背景知识是为了我们观察鸟类更有意义。接下来的部分给出一个观察鸟类的实例。

观鸟

几乎所有地方都可以观察到鸟类美丽的、多样的和令人着迷的轻松的飞行，然而还是有些地方更适于观鸟。做为一名海洋生物学家，我的工作要求我教一个地中海岩石海岸海洋生物的野外课程，因此每年我要去一个我最喜欢的地方，那里也适合观鸟。我有特权住在岩石尽头悬崖上的拉·瑞弗拉塔灯塔俯瞰美丽的科西嘉岛上的卡尔维湾。这里是候鸟的聚集地，但也有许多本地鸟类居住在陡峭的悬崖上或藏在丰富的马奎斯植被中。从微小的马尔莫拉莺到鱼鹰，种类和大小都有很大的差异，但最让我印象深刻的并不是这种类型的差异。每个物种都表现出不同的飞行技巧，甚至那些在大小、形状和行为上似乎非常匹配的技巧。有一天早上，我从那个有利位置观察到的各种飞行行为，下面的个人印象就证明了这一点。

捕鱼鱼鹰主要采用拍动翅翼飞行。翅膀拍击的幅度很浅，有时看起来好像在手和手臂之间有一个噼啪声。早上早些时候，鱼鹰利用半岛上高耸的岩石所阻碍的海风的上升运动来飞翔。鱼鹰是能够迎风盘旋的最大鸟类之一。迎风悬停是指鱼鹰以风的速度逆风飞行。它们在捕鱼时会使用迎风悬停技能，这样可以短暂地停留在水面上的一个地方，然后半开着翅膀潜入水中。鱼鹰刚从水面起飞时会发出一种奇特的扇动翅膀的声音，这样做显然是为了除去羽毛间的水分。通常要经过几次打击鱼鹰才能跃入水里。鱼鹰在水里挣扎很剧烈。它们一只爪子抓着一条鱼在试图离开水时会疯狂地拍打着翅膀。一旦飞到空中，鱼的头部就会被鱼鹰保持在空气动力学有利的位置上。尽管抓着鱼，鱼鹰不需要拍打翅膀仍能在上升气流中盘旋，它们的翅膀保持伸展，主羽毛分开，在滑翔飞向巢穴的方向之前能迅速上升到灯塔上方。

半岛上有三种猎鹰：

茶隼的典型特征是它可以迎风盘旋，茶隼扇动翅膀，使头部保持在一个非常固定的位置。它们能很好地利用上升气流，使它们能一动不动地挂在一个地方。

我不确定爱莉奥诺拉的猎鹰是否在这里繁殖，但它们定期给黄莺造成破坏。爱莉奥诺拉的猎鹰飞行能力令人印象深刻。它们的手翼的尖端向后，而深灰色身体像细长的箭一样快速射过悬崖和露出地面的岩石。它们从不迎风盘旋。

在陡峭的悬崖上筑巢的游隼比上面说的这两种猎鹰更健壮，体型也更大。狩猎开始时，它们在高空盘旋等待机会，发现猎物后会以极快的速度俯冲下来捕捉猎物。

这三种猎鹰的飞行方式截然不同。

在灯塔附近的小岛岩石上可以看到两种海鸥。奥杜安的海鸥只是偶尔出现。除了红嘴带黑带和深绿色的脚外，它们看起来很像数量众多的黄腿海鸥。它们的喙是黄色的，上面有一个红点。奥杜安的海鸥的翅膀看起来比黄腿海鸥的翅膀稍微纤细一些。这两个物种都很好地利用有利的风环境在岩石周围翱翔和滑翔。他们在风中轻松地航行数小时。从我的高处，我可以从上、侧、下观察飞行。海鸥可以伸展手臂并向后掠，纹丝不动地滑翔。它们的身体呈优美的流线型，与翅膀相比看起来很小。有时它们会转变成伸展翅膀缓慢拍打飞行。奥杜安的海鸥以一种典型的方式觅食，它们迎着风在水面上非常近地飞行。它们会减慢速度，直到失速，然后用喙快速地把小鱼从水里叼出来。它们也可以在没有风的情况下，以翼展一半的高度在水面上缓慢滑翔。失速是由翅翼围绕展向轴快速旋转几次引起的。它们抓住食物，必须短暂地拍打翅膀以再次上升高度。奥杜安的海鸥显然利用了地面效应增加了翼产生升力的效率。书中第 4 章将对这一现象进行解释。

这里的欧洲鸬鹚在栖息点捕食时，会离水面很低。灯塔附近的海鸟，主要是欧洲风暴海燕和马恩岛海鸥也会靠近水面飞行。

一对普通的乌鸦在灯塔旁边陡峭的悬崖上筑巢。科西嘉乌鸦可能是地方性的种族比大陆上的同类要小。乌鸦知道所有的飞行技巧。它们翅膀的拍打给人以强烈的印象，它们也能在上升气流中翱翔。乌鸦求偶飞行真是在炫技，转弯、旋转和突然急速向上飞，并能在惊险的特技飞行中降落。

今天早上看到一只冠鸦，似乎外形上不好，羽毛有点乱，还少了几根主羽。它一直向西北方向飞行，应该是要直飞到法国海岸。冠鸦翅膀的拍击是连续的，但不规则。所以在海面上的飞行高度不断下降，冠鸦有时会用力拍打翅膀以获得一定的高度。看来主羽的破坏，确实让它很难以 180 公里的速度飞到法国海岸了。

坐在屋顶上的是蓝色的岩石画眉，它从高处跳下来，唱着响亮的短歌。它向下飞行时包括短暂的滑行，期间不时有扇动翅膀的动作。响亮的歌声和引人注目的飞行模式显然是为了表明这个地盘是它的。回去时却是默默的没有动静。

一只黄斑鹟栖息在4-5米高的龙舌兰干花茎顶端，它随时保持着警觉的姿态，以便能在离栖地几米的地方快速飞行。这种快速往回捕食的策略在全世界的黄斑鹟中都很常见。尽管它们在飞行运动学的细节上会有不同，但大体模式是非常相似的。

这里有大量的马莫拉莺；它栖息在马奎斯小灌木的最高树枝上唱歌。它紧张的短距离的来回飞行，或者轻轻扇动翅膀从一个栖木跳到另一个栖木，它这么做很可能是为了宣布这是它的地盘。它似乎通过在植被上爬行寻找看不见的小昆虫来吃。当受到惊吓时，这些莺会以一种非常密集的跳跃飞行的方式飞过几百米的距离。这个过程包括几次高频率的翅膀拍击，然后合上翅膀短暂地向上飞行。马莫拉莺看起来不像欧洲金翅雀的跳跃飞行那样有规律和稳定。欧洲金翅雀会以稳定的节奏飞行，在快速的翅膀拍击中明显地加快速度，随后是明显的向上反弹。这是一匹奔腾的马的稳定模式。亲缘关系很近的欧亚金翅雀的飞行方式相似但不同。我可以坐在这里看飞行技巧的变化。

鸟类的飞行观察带给我强烈的冲击，它们的飞行技术的真实千差万别，丰富多样。每一种方法都能让鸟儿飞起来，但如何做到呢？似乎很难相信有一个共同的原则。这本书试图总结有关鸟类飞行的各个方面的知识，满足人们对鸟类生活这一方面的兴趣，同时也让我们像自然学习更多的东西。

作者

目　录

第 1 章

获取知识

1.1 引言

不去了解前人发现了什么就开始思考任何科学问题是不明智的。鸟类飞行有着悠久的历史，在史前的洞穴就能发现关于此类的绘画，这种兴趣也源自人类对能够像鸟类一样飞翔的渴望。本章主要讲述了理解鸟类飞行原理的发展过程。

在古希腊哲学家和自然科学家亚里士多德（公元前 384—322）是鸟类飞行研究的开创者。他的思维方式对我们来说并不是很熟悉，要弄清楚他到底是怎么想的也并不容易，他的一些经典的观点延续了 20 多个世纪。大约是在 1 000 年前，文艺复兴时，更多的有试验倾向的科学开始出现。自由思想家达·芬奇、伽利略以及后来的 Giovanni Borelli 这样的思想家挑战古老的想法。物理学在 17 世纪和 18 世纪爆发，其基本规律的发现仍然支配着现代思维。惠更斯、牛顿、莱布尼兹、伯努利和欧拉的贡献构成了流体力学原理的坚实基础（液体和气体）。这些原理的典范是在纳维–斯托克斯方程中，描述了流体在三维空间中的压力和速度分布。

大约从 18 世纪末，乔治·凯利开始研究试验生物学，直接研究鸟类飞行，而不是理论上的原理。大约一个世纪后，Otto Lilienthal 驾驶他设计的鸟翼机器；Etienne–Julesmarey 制作了第一部关于飞鸟的高速电影，为研究低速拍打翅膀提供了可能；Osborne Reynolds 提供了关于确定各种流体流动模式的缩尺原理。

20 世纪上半叶，固定翼的稳态气动理论全面建立，航空工业应运而生。因此，对鸟类如何飞行的解释是基于传统飞机机翼的附着流空气动力学，尽管没有直接的试验证据表明飞行中的鸟类是这样的。然而，这一现象被认为是可以理解的。

第二次世界大战后，飞机工业发现，三角翼可以从锋利的前缘分离流中获得升力。研究发现，昆虫在滑翔和飞行中也利用了前缘涡升力，使我们对非定常气动力在昆虫飞行中所起到的重要作用有了更深入的认识，也说明了我们距离彻底理解鸟类飞行还有一段很长的距离。

鸟类飞行原理的功能解析是在 20 世纪逐渐出现，但它是建立在极端有限数量的物种上。在过去几十年中，利用新技术直接在试验室或野外测量了鸟类飞行的关键方面。本书的其余部分大多涉及过去 40 年左右取得的结果。在任何时候都用我自己的研究工作举例，可能因为这些对我来说是最熟悉的，并且也是我思维的基础。本章阐述了以下内容：国际标准单位、基本量和导出量的定义；牛顿运动定律；基本运动学方程，处理不考虑力的运动，并将这些方程应用于自由下落的物体，同时包含势能和动能的方程；雷诺数（Re）方程；大气层中空气的重要属性。

▌ 1.2　古代思想

"鸟如何飞"这个问题可能在人类文明诞生之初即存在，并仍在努力寻找答案的过程中。本书的前面展示了一只被漆成黑色的非凡的鸟，在半开放的洞穴的顶上，它位于墨西哥下加利福尼亚州中部沙漠的圣弗朗西斯科山脉的"孤独的洞穴"中。这幅画属于史前印加文明，据碳测年估计，它大约有 11 000 年的历史。史前洞穴壁画告诉我们艺术家的技能和知识，没有进一步的书面信息。这幅画因为一些不寻常的细节而引人注目，这位史前艺术家对鸟类着陆过程中翅膀的动作进行了准确的观察，强调了这只鸟强有力的后掠翅膀——内翼的翅膀很短，几乎是靠近着身体的，感觉就像是一个扩展的小羽翼；同时，鸟的双脚伸展开来，好像这只鸟正准备降落。

大约 24 世纪前，亚里士多德对鸟类飞行进行了精确的观察，发展了有关鸟类飞行的理论。《亚里士多德全集》（Barnes，1991）包含了几个与鸟类飞行有关的注释，但没有正式解释鸟类是如何飞行的。亚里士多德试图在偶然观察和理论模型的基础上解释现象，如空气中的飞行和水中的运动。但是，亚里士多德更相信他的理论而不是他的观察。

在亚里士多德的思维方式中，力与质量和速度成正比。加速、减速或速度变化的概念存在，但并不是以一种有用的物理形式存在。亚里士多德认为，如果在给定的时间内，一个力将物体移动到一定的距离，这个力可以在相同的时间里将只有这个 1/2 质量的物体移动到两倍的距离。换句话说，一个力能以某一速度移动一个物体，可以以 2 倍的速度移动只有该物体 1/2 质量的另一个物体。亚里士多德关于运动的一般概念是：只有当力作用于物体上时，它才能存在；因此，当力停止时，运动就停止了。进一步说，运动有三个因素：原始力、被移动的物体和时间。只有施力者对其施加力，物体才能移动。施力者必须是不可移动的，或者必须在不可移动的东西上支撑自己，这些原则使人难以理解空气或水中的运动。在空气中，投掷的石头或飞箭（被移动的物体）不再与施力者接触。亚里士多德对这个问题的解决方案是这样的：原始的施力者赋予了它一种飞翔的力量，施力者把石头扔了的同时也移动了大量的空气，当施力者的手停止时，移动的大量的空气也会停止。但是，由于施力者的本身特性造成了石头和新的大量的空气继续移动，新的大量空气停止，又变成新的施力者继续推动石头移动，一直如此。

关于亚里士多德在流动介质中的运动的哲学方法就介绍到这里。我们现在介绍亚里士多德关于鸟类如何实际飞行的思想的进展。

在《动物的结构》第 4 册，他写道：

"鸟类的显著特点之一，就是其手臂或前腿被一对翅膀所取代。因为翅膀是鸟类身体的重要组成部分，它应该能够飞行；并且通过翅膀的伸展，使得飞行成为可能。此外，事实上，如果鸟儿没有腿，它们就不能飞翔；同样，鸟儿也不能在没有翅膀的情况下行走。"

为了了解亚里士多德是如何认为翅膀能让鸟飞翔的，我们必须阅读《动物的运动》第2章。在书中，他试图将观察结果与理论相匹配：

"就像动物体内一定有不可移动的东西，如果能移动它，就必须有更多的东西通过支撑自己来移动被移动的东西。因为有些事情总是会让步的（就像乌龟在泥上行走或者人在沙滩上行走一样），前进是不可能的。行走不会有任何进展，除非地面静止不动；没有任何飞行或游泳不是空气和海水的抵抗所完成的。"

这种阻力的概念非常接近牛顿力学。然而，在下面的一句话中，亚里士多德又回到了他的"施力者"和"被移动者"的哲学概念上，走向了错误的方向："还有这个抵抗必须与被移动的东西不同，从整体上来看这个系统，不可移动的，一定不是被移动的一部分：否则就不会有运动了。"这一声明的证据来自事实，只有当你站在一边的岸上时，你才可以把船推动，而不是站在船上推船上的桅杆。

另一种观点在很多世纪被认为是真理，是亚里士多德关于尾巴的功能的观点："对于有翼的生物，它的尾巴的功用就像是船的方向舵，来让飞行体在它的轨道上飞行。"尽管这并不是正确的解释，但是它表明了亚里士多德认识到了流体介质中运动固有的动态稳定性这个问题。

关于鸟类胸骨峭功能和胸大肌功能的奇怪现象在《动物的结构》第4册中描述：

"所有鸟类的胸部都是外形尖锐的，多肉的。锋利的边缘是为了飞行，圆钝的外形很难移动，因为移动时需要移动大量的空气。虽然多肉的特征起到了保护作用，但由于胸部的形状，如果没有充分的覆盖，它将是脆弱的。"

这一系列的矛盾是非常令人困惑的，可能胸骨上的隆突是指锋利的边缘。然而，即使是这样的情况这番言论仍然是难以理解的。

亚里士多德的思想非常接近惯性的概念（物质具有保持静止状态或匀速直线运动状态的性质）——动量或动能（运动的冲量等于质量和速度的乘积）（表1.1）。但是，他在移动物体外寻找运动的原因，因为他认为媒介继续产生维持物体移动所需的力量。两个世纪后，Hipparchus产生了这样的想法：向上抛的球包含投掷的力量（Sambursky，1987）。然而，在六世纪亚历山大的Johannes Philoponus清晰地得到了媒介没有帮助的结论。他描述了在投掷的瞬间动能是如何从投掷者转移到被扔到物体上的，凭借这个能量，被扔物体在强迫运动中能保持运动，也就是说，物体被赋予动量。然而直到 1 000 年之后，伽利略发现了加速度，才得到了一个完整的解释。

表 1.1　物体运动的性质

基本参数	量纲	SI 单位
长度	L	米（m）
质量	M	千克（kg）
时间	T	秒（s）
导出量	描　述	SI 单位
速率或速度	位移的变化率	$m \cdot s^{-1}$
加速度	速度的变化率	$m \cdot s^{-2}$
力	质量乘以加速度	牛［顿］（N）= $kg \cdot m \cdot s^{-2}$
动量或动能	质量乘以速度等于运动物体的性质	$kg \cdot m \cdot s^{-1}$ = $N \cdot s$
冲量	力与时间的乘积	$N \cdot s$
功	力乘以距离得到一定的能量	焦［耳］（J）= $N \cdot m$
功率	能源消耗； 单位工时； 力乘以速度； 动量乘以加速度	瓦［特］（W）= $J \cdot s^{-1}$ = $N \cdot m \cdot s^{-1}$

■ 1.3　认知编年史

直到公元 1500 年关于飞行的知识才有新的突破。达·芬奇的笔记《南方的伏洛·德格里·乌切利》已经遗失了几个世纪，直到 19 世纪末，它才被翻译成英文（哈特，1963）。达·芬奇的兴趣集中在鸟类和空气的相互作用上，因为他梦想实现人工飞行。他的笔记上的几幅草图显示了人造翅膀关键部件的设计。这些翅膀的结构显然不是基于鸟类翅膀的解剖，而是受到鸟类在飞行时翅膀的受力的启发。笔记中的大部分绘图都显示了假定的空气流动轨迹（图 1.1）。达·芬奇眼力非常敏锐，他的草图类似于高速电影中鸟类快速拍打飞行的画面。达·芬奇把他的观察转化成了鸟类飞行的规律，这些听起来像是对鸟类的指示。例如，他写道："如果翼尖被从下面吹来的风吹过，如果鸟不使用如下补救方法，它就会被掀翻。它要么在风下立即降低被吹倒的翼尖，要么向下拍打另一个翅膀的外部。"必须指出的是，他指出了鸟类飞行的一个重要守则，即在飞行状态下鸟类的重心与升力中心不重合。

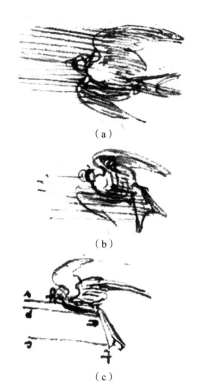

（a）

（b）

（c）

图 1.1　鸟类在风中的飞行状态

（a）鸟类在顺风中的飞行；（b）鸟类在逆风中的飞行（《南方的伏洛·德格里·乌切利》第 8 页；（c）解释尾巴的稳定功能

达·芬奇对水和空气中的流动感兴趣，用摄影精确地绘制了流型的草图。他发现河流较浅或狭窄的地段会有急流，而在更大、更深的地段水流相对缓慢。他的结论是为了保持单位时间内流过的水的质量一定，横截面积和流动速度必须是恒定的，这是历史上第一次提到连续性不可压缩流体的方程。达·芬奇重新发现空气会产生阻力，最初得出的错误结论是，飞行中的翅膀会压缩空气，产生升力（在开阔的空间中压缩空气需要接近声速的速度）。达·芬奇在去世的 6 年前，他显然改变了主意，他记录道：

> 鸟类飞行时的空气质量如何？鸟上方的空气更稀薄、下方的空气更稠密；鸟运动前方的空气更稠密、后方的空气更稀薄；鸟的翅膀向下扑动的时候，下表面的空气更稠密、上表面的空气更稀薄。

Anderson（1997）指出，如果用压力的大小取代空气的稀薄度，对于常规的机翼，我们得到了一个关于压力分布的清晰的解释。这意味着达·芬奇知道是什么导致了机翼的升力和压力阻力。他还提出了这样的想法，至今仍应用在水洞和风洞中，即无论是流体经过静止物体还是物体通过静止流体，流体动力学都没有影响（我们将在第 4 章中使用这个概念来展示在水槽中测试的机翼部分周围的液体会发生什么变化）。他在《抄本 亚特兰蒂斯》中写道："就像它是把物体对着静止的空气移动一样，它也是把空气移动到静止的物体上一样"，并且"物体对空气所产生的同样的力量，是通过空气对着物体产生的"。在《亚特兰蒂斯法典》中他写道："移动物体来反抗静止的空气，也即是移动不动的空气反抗静止的物体"，"当物体对空气施加力的时候，相当于空气也对物体施加同样的力"。他认为这种力与表面面积和身体的速度成正比。稍后会变得很清楚，他对表面积的看法是正确的，但他对速度的看法却是不对的。在鸟类和飞行器中，阻力与速度的平方成正比。达·芬奇认为，不仅是表面面积，而且身体的形状也决定了对流体流动的抵抗力，根据鱼的形状，流线形体和抛射体的各种绘图也证明了这一点。

达·芬奇的科学成果的问题在于，这些成果很少为后世所接受。他几乎没有发表自己的观点，并且试图用反写的办法来保存自己笔记的秘密。此外，达·芬奇使用意大利语是因为他缺乏用拉丁语写作的能力，而拉丁语是当时科学的通用语言。

当然，自由落体和万有引力定律都在达·芬奇的兴趣范围之内。然而，伽利略（1564—1642）首先利用试验结果计算了落体的加速度。他证明了亚里士多德的观点，即重球形物体比同样大小的轻球形物体从给定高度下降的时间更短。他还发现，形状不同的物体的阻力差异会导致不同的落地时刻。伽利略发现空气动力阻力与空气密度成正比，但认为它小到可以忽略。

Giovanni Alphonso Borelli（1608—1679）是一位对生物力学有强烈兴趣的数学家，住在意大利南部，在他的生命接近尾声的时候，他写了他的杰作《动画片》。第一部分出现在他于1680年去世的一年后。这本书由一个接一个的命题或陈述组成，每个命题或陈述都有论据的支持（Borelli，1680；Maquet，1989）。《动画片》第22章的命题182～204是关于飞行的。Borelli介绍了飞行装置的结构和功能（以下是翻译过来的他的想法）：

翅的前部有坚硬的骨架，并且被柔软的不透风的羽毛所覆盖。身体有很重的胸肌，同心肌一样强壮，同时很轻巧，里面有中空的骨头和气囊，上面覆盖着轻盈的羽毛。肋骨、肩膀和翅膀几乎没有肉。后腿肌肉发育弱，但胸肌比后肢肌肉强壮4倍。鸟用翅膀拍打空气飞行。鸟用翅膀拍打空气就像人的脚用力蹬地面的反应是一样的。此时空气提供阻力，因为它不想被置换和混合进其他固定的空气。空气微粒相互摩擦，产生阻力。翅膀拍打空气，空气反弹回来。这种跳跃发生在翅膀向下扑动过程中。在翅膀向上扑动过程中，翅膀随坚硬的前缘向前移动，随后是柔性的羽毛。这样，它们就不会遇到随着前缘移动的像剑一样的阻力。反复在空中跳跃需要巨大的力量。

Borelli估计，这个力的大小是鸟的重量的1万倍。他认为这就是为什么鸟类必须比四足动物更轻的原因。下降的气流使鸟保持在空中，甚至只要翅膀拍打的频率足够高就可以使鸟获得更高的高度。问题是机翼的运动如何也能产生推进力。Borelli发展了梅石理论来回答这个问题，其解释在他的表XIII的框架2和框架3中（图1.2）。

翅膀的刚性前缘和后面柔性羽毛形成一个楔形，在俯冲过程中穿过空气。由柔性羽毛形成的楔形的斜后缘使空气向后推进，鸟向前推进。这个动作可以与从拇指和食指之间射出一个光滑的梅石作类比。由于其楔子的形状，石头朝与压缩方向垂直的方向射出。

亚里士多德认为鸟的尾巴像船舵一样，仍然有很多支持者，但Borelli强烈反对，他认为尾巴的作用是使鸟上下运动，而不是向右或向左。在水中进行的试验证明了他的观点（图1.2、图1.4和图1.5）：

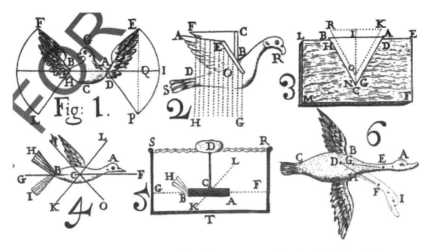

图 1.2 表 XIII Borelli《动画片》(1680)(字母解释请参阅文本)

作为船舵,尾部必须以垂直地面的方式安装。鸟类通过以不同的速击打左右翅膀改变它们在水平面的飞行方向。这个动作可以和桨手的改变相比较,即用一根桨比另一桨更用力。长颈的鸟可以用它们来调整向上或者向下飞,但不能向左或向右。将头部向左或向右移动会改变重心的位置,使其靠近飞行方向,但也会造成严重的不平衡。

Borelli 相信这样的行为对于聪明的大自然来说是无用的,愚蠢的,不值得的。

鸟类可以滑翔而不拍打翅膀,因为它们有动力(动能)。它们就像导弹一样飞行,就像沿着抛物线轨道飞行的梅石一样。捕食的大鸟由于风吹到它们很大的翅膀上而向上飞行,就类似于云的飞行。

Borelli 还注意到了着陆的问题。

在着陆过程中,动力必须消失,否则事故就会发生。鸟类可以不同的方式避免这些事故。翅膀和尾巴可以伸展并保持垂直于飞行方向。就在着陆之前,翅膀可以主动对抗飞行方向,弯曲的腿可以吸收剩下的一点动力。

Borelli 被人们称为生物力学之父,他迷人的想法鼓舞人心并且肯定影响了欧洲的当代科学家。然而,他忽略了对流体机械原理的基本洞察力,这使得他对鸟类如何飞行的知识做出的贡献以及他在同一本书中发表的潜水设备的设计存在重大疏忽。可悲的是，他一生中没有什么原理性的发现。

1.4　空气动力学的兴起

鸟类飞行的介质是气体，物理学家将气体和液体视为流体。流体是一种没有自身形状的物质，由自由运动的粒子组成。这种物质在最轻微的压力下也很容易变形，完全填满任何空间。通常，流体是连续的，没有任何孔或空隙。气体与液体的区别在于它很容易压缩和膨胀。尽管有这种差异，它们仍可遵循共同的法则用于描述并预测流体的规律及其相关的受力。

17 世纪末期，研究经典力学的时机已经成熟（表 1.2）。牛顿（1642—1727）在其论著《自然哲学的数学原理》（1687）描述了运动规律。第一定律的初次英语翻译（Motte，1729）是这样的："每一个物体都保持在静止或匀速直线运动状态，除非它被外力强迫改变这种状态。" 这意味着没有力作用于一只飞行的鸟的话，它将在某个高度沿一条直线匀速飞行。推力等于阻力，升力等于重力。速度和方向的改变都需要用力。

表 1.2　牛顿运动定律

定律	内容
第一定律	在没有外力的情况下，物体将保持静止或匀速直线运动。即物体具有惯性（对于一个质量为 m，在距离 r 处绕着一个轴旋转，其转动惯量 I 等于 mr^2）
第二定律	物体上的净力等于物体的质量，即加速度（在旋转系统中，净力等于转动惯量乘以角加速度）
第三定律	施加在物体上的每一种力都会在相反的方向上遇到相等的力

牛顿第二定律（力等于质量乘以加速度）告诉我们，在鸟类的飞行中，鸟的速度变化率等于所有力的合力除以它的质量，速度变化的方向是合力的方向。该定律指出，加速或减速是由一个方向上的无补偿力造成的。如果推力大于阻力，这只鸟加速。加速度的大小与加速质量成反比关系。

牛顿第三定律揭示了空气中鸟的每一个动作都是空气对其的反作用。这意味着鸟类推进空气，产生使它们飞的反应力。

在牛顿时代，有很多思想活跃的人。我的同伴——爱国者惠更斯（1629—1695）在研究钟摆钟时，意识到流体介质中运动物体的阻力不是与速度成正比，而是与速度平方成正比，并且是第一个在试验上证明这一点的人。他还开始考虑运动物体碰撞时的能量守恒问题。莱布尼兹（1646—1716）是惠更斯的学生，他们都在巴黎。他把能量从一种形式转移到另一种形式，从而扩展了能量守恒的思想。一个物体有做功的潜力是由于它的高度高于地面，这等于 mhg，它是质量 m 与相对于地面的高度 h 和重力加速度 g 的乘积。当物体移动时，需要大量的功来阻止它。钟的钟摆改变了它的势能而做功，由于它的高度发生了改变。莱布尼兹称为能量，并且认为其等于运动物体质量乘以速度的平方。直到 19 世纪末，Lord Kelvin（W. Thompson）介绍了两种可交换的势能和动能来表示做功（算法 1.1）。动能是一个运动的物体在停止时所能做的功，它等于能量的 1/2。

算法 1.1　基本运动学和能量方程

飞行是一种运动，定义为三维空间中位置的连续变化。在地球参照系中，可以定义一个笛卡儿（正交）坐标系 $Oxyz$，其中 $x-y$ 是地球的平面，z 是空气中的垂直轴。在飞行的鸟类中，身体的不同点沿着不同的路径移动，每个点的位置可以通过它在三个轴上的投影来指定。

考虑一个简单的例子，一个点沿 x 轴直线水平运动，在一定的时间内，它会移动一定的距离 $\Delta x(\mathrm{m})$。在这段时间内，它的平均速度为 Δx 除以 $\Delta t(\mathrm{m\cdot s^{-1}})$。当 t 很小且接近于零时，我们得到了瞬时速度 v 或位移变化率，即 x 对 t 的导数。在数学中表示为

$$v = \lim_{\Delta t \to 0} \frac{\Delta x}{\Delta t} = \frac{\mathrm{d}x}{\mathrm{d}t} \quad (\mathrm{m\cdot s^{-1}}) \tag{1.1.1}$$

如果运动是均匀的，这个微分方程将是常数，因为相对时间的位移不变，因此速度 v 是恒定的。速度的变化需要加速或减速。加速度 a 是速度的变化率，类似于式（1.1.1），用数学公式描述为

$$a = \lim_{\Delta t \to 0} \frac{\Delta v}{\Delta t} = \frac{\mathrm{d}v}{\mathrm{d}t} \quad (\mathrm{m\cdot s^{-2}}) \tag{1.1.2}$$

物体在匀加速运动中的速度可定义为

$$v = v_0 + at \quad (\mathrm{m\cdot s^{-1}}) \tag{1.1.3}$$

式中：v_0 为在时间 $t=0$ 的初始位置 x_0 处的速度。

续

移动物体在时间 t 处相对于初始位置 x_0 的位移为

$$\Delta x = x - x_0 = v_0 t + \frac{1}{2} a t^2 \ (\text{m}) \tag{1.1.4}$$

坠落是移动的特殊情况。在我们的参照系中，它是一个沿 z 轴向地球中心方向的运动，且加速度几乎是恒定的。自由下落的物体被地球所吸引，其加速度为重力加速度 g，约为 $9.81 \ \text{m} \cdot \text{s}^{-2}$。如果忽略下落物体上的气流阻力，可以证明，下降的持续时间和最终的速度是恒定的，这与物体的质量无关。假设物体从高度 h 落下，式（1.1.4）可以改写为

$$b = v_0 t + \frac{1}{2} g t^2 \ (\text{m}) \tag{1.1.5}$$

物体以零初速开始下落，所以第一项 $v_0 t$ 是零。下降 t 的持续时间仅取决于高度 h 和重力加速度 g，即

$$t = \sqrt{\frac{2b}{g}} \quad (\text{s}) \tag{1.1.6}$$

从高度 h 落在地面上的最终速度（v_h）符合式（1.1.3），假设 v_0 为零，则

$$v_h = g t \ (\text{m} \cdot \text{s}^{-1}) \tag{1.1.7}$$

例如，一个网球的质量约是 58 g。它的重力是质量乘以 g，约是 0.57 N。球的半径是 3.2 cm，使它的体积略大于 137 cm³。如果这个体积以铅代替空气，质量将超过 1.5 kg。如果我们把这些球从 1 m 的高度落下，它们都会以 4.43 m·s⁻¹ 的速度在 0.45 s 后到达地面。

但是，在跌落前的势能和撞击地面时的动能损失是不同的。

势能：

势能（E_p）与质量（m）、重力加速度（g）和地面上方的高度（h）成正比，即

$$E_p = mgh \ (\text{kg} \cdot \text{m} \cdot \text{s}^{-2} \ \text{m} = \text{N} \cdot \text{m} = 1) \tag{1.1.8}$$

在海拔 1 m 的情况下，铅球的势能约为 15 J，而普通球的势能约为 0.57 J。

动能：

动能（E_k）可表示为

$$E_k = \frac{1}{2} m v^2 \ (\text{kg} \cdot (\text{m} \cdot \text{s}^{-1})^2 = \text{N} \cdot \text{m} = \text{J}) \tag{1.1.9}$$

网球撞击时的动能为 0.57 J，铅球的动能为 14.7 J，是网球的 26 倍。

势能方程清晰明了，但动能方程却不是。动能概念对理解鸟类飞行非常重要。很容易想象，质量和速度是动能的主要因素，但为什么是速度的平方并不明显，而 1/2 又是来自哪里呢？一个完全丧失动能的例子分析回答了这些问题。想象一下当有一只鸟因为没看到窗户，而以全速撞到它的时候会发生什么。窗户所做的功等于不幸的鸟做的功，它是力乘以它减速的距离。力又是鸟的质量 m 乘

以它的加速度 g（牛顿第二定律）。虽然减速可能在鸟的喙撞击窗户和撞击发生之后的时间 t 中发生变化，但选择一个平均值是很方便的，这就等于撞击前的飞行速度 v 除以降至零所需的时间 t。同时，时间 t 通过将力乘以碰撞过程中的平均速度来提供施加力的距离。为了方便起见，假设速度直线下降，使碰撞开始时的平均速度为 $v/2$，碰撞结束时的平均速度为零。因此，距离就等于 $vt/2$。距离乘以加速度 v/t，剩下的方程描述的功等于 $mv^2/2$。

势能和动能是飞行鸟类的物理性质，了解这些特性是有帮助的。然而，为了了解飞行的所有现象，我们还需要更多地了解空气在静态中的行为，更重要的是在与鸟类相互作用中的动态变化。

早在 2 200 多年以前，古希腊科学家阿基米德就发现任何淹没在流体中的静止物体都受到流体对其施加的力的影响，力的大小等于排开流体的质量。空气密度仅为 $1.23 \ \mathrm{kg \cdot m^{-3}}$，所以这种静态压力对鸟类来说是很小的。而与物体和流体之间的相对运动有关的力可能要大得多，而且要复杂得多。

伯努利（1700—1782）出生于荷兰格罗宁根，他的父亲 Johann 是数学教授。他也在欧洲各个大学学习哲学、数学、物理和医学。在他试图解决的很多问题之中有一个是研究压力与血液的流速之间的关系。血液会流经不同直径的静脉和动脉。伯努利展示了（正如达·芬奇在他之前所做的）流体在狭窄的地方流动得更快，在宽阔的地方流动得更慢；同时他测量到压力在慢流中更高，在快流中更低。他知道莱布尼兹的工作，并意识到能量交换可以解释他所发现的现象。流体中的压力用 Pa（帕斯卡）或 $\mathrm{N \cdot m^2}$ 表示。换句话说，压力是单位体积的能量（单位是 $\mathrm{J \cdot m^{-3} = N \cdot m \cdot m^{-3} = N \cdot m^{-2}}$）。所以，能量通过交换静态压力和动态压力后是守恒的。动态压力是单位体积的动态能量为 $1/2\rho v^2$（用密度 ρ 代替了质量 m，因为质量等于体积乘以密度；v 在之前是速度）。静态压力是环境压力加上额外压力的总和。这个势能是单位体积的能量或 mgh 除以体积 V，也就是 ρgh（g 是重力加速度，h 是高度）。伯努利在 1738 年发表了一篇题为《流体动力学》的文章。描述了在一个恒定的密度和忽略黏度下速度和压力之间的关系，这时的运动是稳定的、没有旋转的，也就是层流的定义。在这些条件下，静态压力和动态压力是恒定的。速度增加会扩大动态压力，降低静态压力。伯努利定律被证明是相当有力的，即使在根本的补充条件没有得到完全满足的情况下也是如此。对于鸟类飞行，满足恒定密度条件。在靠近鸟的一个非常薄的层外，黏度几乎没有或没有影响。扑翼周围的层流状态更值得关注。

欧拉（1707—1783）在圣彼得堡加入了伯努利的研究工作，发展了有关压力和速度在有三维流体中的微分方程。这个方程是基于牛顿第二定律、质量守恒定律以及连续性定理的。欧拉模型可以解释如下：想象一个任意小立方体积的流体，立方体有三个相互垂直的 x、y 和 z 方向。流体的速度允许在通过假想的立方体时发生变化。这意味着在三个正交方向上存在速度梯度。通过假设压缩效应很小，欧拉能够证明每个方向上的速度变化之和为零，满足了流体在立方体中的体积和质量必须是恒定的要求。在这种情况下，欧拉方程可以定量描述流体流动，该方程还可以预测流体中物体的作用力。然而，它们并不十分现实，因为靠近物体的黏性力也很重要。大约一个世纪后，Jean - Claude Barré de Saint - Venant（1797—1886）基于 Claude - Louis - Marie - Henri Navier（1785—1836）早期的工作，在论文中加入了黏度对欧拉方程的影响，大大增加了它们的复杂性。

两年后的 1845 年，George Gabriel Stokes（1819—1903）和剑桥的 Lucasian 分别独立推导和发表了相同的方程，称为纳维－斯托克斯方程。快速计算机可以很容易地处理复杂的计算，而且方程仍然广泛用于模型流动现象。

虽然流体流动的基本原理是在 18 世纪发展的，但是人们很少想到理解动物和水或者空气这样的流体环境之间相互作用的结果，直到下个世纪试验科学家开始填补这一空白。

1.5　基本原则的应用

乔治·凯利爵士（1773—1857）的贡献是关于飞行的思考（Gibbs - Smith，1962），这位英国男爵沿着达·芬奇的方法继续仔细观察。他意识到在一只鸟的身上，推力和升力是两种独立的作用力。然而，1801 年，他在第一本笔记中假设鸟类通过交替地下划拍打产生推力和升力，这是一个错误的开始。他也一定认识到了这是错误的，所以在 1809 年和 1810 年的正式论文中并没有提到这个想法（凯利，1809，1810）。其中，后一篇论文包含了鸟扑动飞行的第一定量运动学数据：当以 34.5 英尺/s（10.5 m·s^{-1}）的速度飞行时，一个翼拍周期内飞行 12.9 英尺（3.9 m），垂直翼冲程在 0.75 英尺（0.23 m）处进行。从这些数据中，凯利计算出了垂直方向机翼的速度为每秒 4 英尺（1.2 m·s^{-1}）。我们现在还不清楚他是如何测量到这些数据的。他还发现羽毛和翅膀上有斜气流产生的升力，其大小随相对速度的变化而变化。凯利以鲑鱼、海豚和欧亚鸟鹬的身体形状为例设计了最小阻力的固体。这些理想的流线形身体有圆形的前部和尖的尾部，最大的厚度大约在前面的 1/3。凯利并没有在他的工作中表明他知道由于这些身体长度比接近 1/4，从而在最大体积时有最低的阻力。

凯利设计并建造了第一架载人飞机。一个不知名的少年驾驶了他的第一架扑翼机，然而扑翼机在飞行了一小段距离后坠毁了，他也在飞行中受了伤。然而，凯利却指责是这个男孩的操作导致了这次的失败，机器之所以坠毁是因为男孩没有保持翅膀拍打得足够快，而且还因为他太胖和操作时过于害怕。1853 年，凯利的马车夫尝试了第二次的改进版本。在坠机着陆后，这个马车夫抱怨说，他是被雇来开车的，而不是开飞机的。凯利也意识到了这些危险，因为他在 1846 年预言："在确定和防范所有事故发生之前，必须要有 100 个人受伤或者死亡。"与这次调查中的下一位飞行学生不同，凯利确保了受伤的不是他自己。

Otto Lilienthal（1848—1896）是一名工程师，他在柏林拥有一家发动机制造厂。他迫切地想要了解鸟类飞行的艺术，并详细研究了它们的飞行装备（图 1.3）。他重新发现并专心于在气流中弯曲翅膀产生的升力，因此他设计并建造了一个简单的力平衡装置来测量翅膀形状上的升力。在他看来，鸟类的飞行是基于以下事实：翅膀在空气中拍打时，由于空气的阻力而产生一个等于并与地心引力相反的力。在静止的空气中，以及在匀速飞行过程中，翅膀产生的推力与该阻力大小相等，方向相反。Lilienthal 描述了海鸥臂翼是如何产生升力，以及手翼是如何产生推力的。他认为气动力与速度的平方以及机翼的表面积都成正比。Lilienthal 指出了手翼的构造非常轻，这是为了保持关于肩关节的旋转轴的惯性矩较小。臂翼可以稍重一点，因为即使是臂翼最远端的部分也只能够短距离地上下移动。Lilienthal 还区分了三种飞行类型：相对于周围空气在一个位置拍打飞行、相对于地球的滑行以及滑翔飞行。他痴迷于欧洲白鹳的飞行能力，并确信这些动物想住在靠近人们的村庄和城镇，是因为上帝想要派它们来教会人类如何飞行。Lilienthal 达到了他的目标，虽然成功飞了起来，但却付出了高昂的代价：他在一架自己制造的滑翔机上坠毁了，并在受伤中死亡。

图 1.3　Lilienthal（1889）对于来自 Der Vogelflug als Grundlage der Fliegekunst（德语）飞行鸟类的轮廓研究，比较了有缝翼面和闭合翼面的鸟类

Marey（1830—1904）制作了第一部飞行鸟类的三维高速电影，并分析了翅膀拍打时的运动学。同时，他也是第一个对鸟类进行生理学试验的人。他的主要贡献都在《偷鸟》（Le Vol des Oiseaux）里阐述（Marey，1890）。Marey 是一位生理学家，他设计了一些试验来监测飞行鸟类运动中的飞行肌肉和翅膀拍打时的参数（图 1.4）。他还制作了鸟类的力学模型，用来测量鸟类拍打翅膀时产生的升力。他认为，飞行物体在空中的阻力应等于施加在其上的所有负压力和正压力的总和。他还设计并建造了具有许多压力计的巧妙的试验设备来测量压力变化和阻力大小，该试验支持了物体的阻力与表面积之间有直接的关系，但同时两者之间也需要一个系数，该阻力系数是物体的阻力比，是单位平方米的平面以 1 m·s^{-1}速度运动时的大小。它必须经验性地确定，通常是在物理试验装置中对固体物体的受力进行测量，如风洞中的翅翼部分。然而，将结果系数与鸟类所需的系数关联起来并不容易，其中一个问题就是尺度问题。我们必须转换水槽中流线形体的测量结果，用以预测飞行器机身周围空气的流动。Osborne Reynolds（1842—1912）发现了相似性定律，原则上解决了主要的尺寸问题。一篇在 1883 年发表的重点论文的题目是《确定水的运动是直线的还是曲折的，以及平行通道中的阻力规律的试验研究》（An experimental investigation of the circumstances which determine whether the motion of water shall be direct or sinuous, and of the law of resistance in parallel channels)。该论文中试验结果表明，所确定的条件仅限于四个参数的大小：流动方向的长度尺寸、流速、密度和流体的黏度。阻力取决于流体运动的复杂程度。如果流动是稳定的和平滑的，并且流动微粒是沿着一个方向，流动状态是直接的或层流的。随着长度和速度的增加，流动（有时是突然的）会变得不稳定。在这种情况下，流型开始变得不规则，并且充满旋涡。Reynolds 的试验结果表明，对于每一种流动情况，都可以计算出一个无量纲数，该数字的大小能够说明流体流动的状态，这个数字在发现之后也就称为雷诺数（Re）（公式在算法 1.2 中给出）。

雷诺数 $Re = \rho v d / \eta$，其中 v、ρ、η 分别为流体的流速、密度与黏度，d 为特征长度。这个分数的分子和分母都有国际制单位 $N \cdot s \cdot m^{-2}$（单位面积的动量），这使它成为一个无量纲数。黏度（$kg \cdot m^{-1} \cdot s^{-1}$）与密度（$kg \cdot m^{-3}$）之比即是运动黏度（$m^2 \cdot s^{-1}$）。运动黏度是衡量流体扩散趋势的指标；它的单位是每秒平方米。在低雷诺数（$Re \ll 1$）下，黏性力占优势，此时流动为层流。而在较高的数值时，惯性力变得更为重要，流动将过渡为紊流。

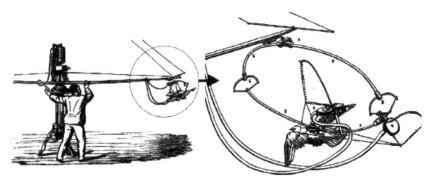

图 1.4 **Marey** 研究鸟类飞行所用的试验设备（插图摘自《偷鸟》（法语 le voldes oiseaux）（1890））

在我自己对鸟类飞行的一项研究中，我们使用雷诺数提供了一些相关性的证明，并把翅膀周围的流动模式设想成一个普通雨燕约以 $15 \ m \cdot s^{-1}$ 的速度快速滑行的状态。但是，已有的试验装置并不能在空气中进行测量。因此，在一个封闭回路的水通道中充满粒子，就可以让流动变得可视化。为了在水中和空气中一样获得相同的流动模式，所以需要有相同的雷诺数。当温度达到 20℃时，水中的密度与黏度比为 10^6 s·m^{-2}，而在空气中是它的 15 倍。如果水通道里的水能以 1 m·s^{-1}的速度安全运行（比空速慢 1/15 倍），机翼的尺寸就可能与在真正的速度时相同。如果取特征长度为 5 cm，则雨燕翅膀在空气中以 15 m·s^{-1}的速度飞行时的雷诺数为 5×10^4。在水中，要达到同样的雷诺数，速度只需要 1 m·s^{-1}。然而，雨燕翅膀并不适合用于水中，因为在水中它会变湿，并且受到的力将高于在空气中。为了克服这些问题，我们在水中使用了聚酯雨燕翼模型，并用此显示在空气中滑翔时所发生的流动模式。

算法 1.2　雷诺数方程

> 雷诺数（Re）以无量纲的方式方便地表示了惯性对黏性力的相对重要性：
>
> $$Re = vlv^{-1} \quad (\,-\,) \tag{1.2.1}$$
>
> 式中：v 为速度（m·s^{-1}）；l 为与质量有关的相关长度测量，运动黏度 v（m^2·s^{-1}）是黏度 η（单位面积上的势能：N·s·m^{-2}）与密度 ρ（单位体积质量：kg·m^{-3}）之比。

飞行鸟类，从金冠到疣鼻天鹅的雷诺数（基于体长）的范围约为 2×10^4 ~ 2×10^5，民用飞机达到了 10^8。在鸟类的体长范围内，黏性力是相对重要的，但在靠近鸟的薄层中，空气的速度几乎为零，此时黏度会影响流动模式和阻力。这种所谓的边界层的重要性将在 1.6 节阐述。

■ 1.6　20 世纪的知识积累

纳维－斯托克斯方程的计算最初只适用于假设为层流状态，并且需要提供测量值偏差。在 1904 年海德堡的一次会议上，Ludwig Prandtl 提出了一个解决这些问题的实用方法，该方法是将固体物体附近的流动分为两个区域：一层是靠近物体的流体，黏性是主要因素；另一层是边界层外的流体，可以应用欧拉方程计算（表 1.3，算法 1.3）。这种方法主要集中在边界层中发生的事情上。在流动中，流体微粒非常接近固体表面，它们不会移动，因为它们附着在该表面上。在远离表面的方向上，有一个流速增加的梯度，直到流体远离固体表面达到自由流的速度。

表 1.3　鸟类空气的重要特性（基于海平面的国际标准大气参数）

名称	符号	数值	单位
温度	t	15	℃
压力	p	101 325	Pa（N·m^{-2}）
密度	ρ	1.23	kg·m^{-3}
黏度	η	1.79×10^{-5}	kg·m^{-1}·s^{-1}（Pa·s）
运动黏度	v	1.46×10^{-5}	m^2·s^{-1}
地心加速度	g	9.81	m·s^{-2}
空气的温度			

算法 1.3　流体空气的特性计算

下降速率是指气温随高度升高而下降的速率的气象术语，在标准大气中，该速率为 0.006 5 K·m^{-1}（开尔文（K），−273 K ＝0℃）。

标准大气中的空气密度随温度的升高而减小，取决于飞行高度的相对压力，即

$$\rho = 1.23pp_0^{-1} \times 288\ (t+273)^{-1}\ (\text{kg·m}^{-3}) \tag{1.3.1}$$

式中：p 为该海拔的压力；p_0 为海平面压力；t 为温度（℃）。

在海平面极端湿度值和温度接近 40℃ 时可使密度降低约 3%。海平面密度随温度的升高而降低（$p/p_0 = 1$）。

根据 Suther－land 定律，空气黏度随温度的升高而增加，即

$$\eta = 0.145\ 8 \times 10^{-5}(t+273)_0^{0.5}(1+110(t+273)^{-1})^{-1}\ (\text{N·s·m}^{-2}) \tag{1.3.2}$$

运动黏度由 −40℃ 时的 1×10^{-5} m^2·s^{-1} 增大到 40℃ 时的 1.7×10^{-5} m^2·s^{-1}。

由于相邻的微粒以不同的速度运动，速度梯度中的流体微粒受到剪切应力。微粒的剪切拉伸和旋转与黏度和速度梯度的陡度成正比（每平方米所产生的力称为牛顿剪切应力）。由于黏度引起剪切，边界层中的流动很容易变得不稳定。随着雷诺数的增加，流体微粒不再沿着直线的层流路径运动，而是开始沿着波浪状的轨迹做旋转运动，最后成为湍流流动。边界层厚度的粗略估计可以由雷诺数的平方根与长度之比得到（Lightthill，1990）。对于 9 cm 长的金冠鸟，其流体边界层不到 1 mm，而对于 1.5 m 长的疣鼻天鹅其边界层则有几毫米，此时它们的雷

诺数分别为 20 000 和 200 000。对于鸟类的飞行，我们应该预计到，大部分气流是湍流的，能量是通过空气的旋转质量传递的。在最好的情况下，相对于鸟类的大小尺度，湍流的规模可以很小。大大增加的计算机能力和巧妙的模型使得目前有可能在扑翼飞行中计算动物翅膀附近的黏性和非定常流场。在昆虫飞行的研究中，已经得到了完整的三维纳维－斯托克斯方程的解，试验结果与经验得到的数据非常吻合。但是，昆虫翅膀相对于鸟类翅膀来说更简单，并且工作在较低的雷诺数下。鸟翼在拍打周期中其形状的动态变化对计算流体动力学来说是一个额外的挑战。到目前为止，与鸟类拍打飞行有关的流场还没有被成功地模拟出来，还需要对飞行鸟类周围的三维气流进行经验测量，以充分了解鸟类的飞行情况。

　　基于鸟类臂翼的截面形状的弯曲翼升力和阻力性能的经验研究，对于载人飞行器研制初期具有重要的理论意义。然而，动力飞行实现后，飞机机翼的设计不再以鸟翼的研究为基础。一代又一代可靠的飞机在 21 世纪第一个十年迅速发展，这些飞机不再直接受到大自然的启发。

　　当 Herbert Wagner 在 1925 年发表机翼加速运动可以提升升力背后的理论时，飞机已经在大量使用。重要的是，Wagner 指出，机翼在静止的空气中加速到产生最大的升力是需要时间的。图 1.5 显示了产生升力的气流相对于机翼横截面的发展过程，从上到下为连续的三个时间节点。在图 1.5（a）中，流体刚刚开始以一个小的攻角接近机翼。此时空气停留在机翼下方，开始以高速度绕着顶部的圆形前缘流动（原因将在第 4 章中讨论），并产生两个高压区和两个低压区。在锐利的后缘下方和顶部的圆形前缘下方有较高的速度和较低的压力产生。正压力的发展与机翼下面的气流状态有关，那里的流动击中了圆形前缘的较低部分，该位置在接近尾翼边缘的机翼顶部。由于这种压力分布，在这个第一阶段，机翼上会有一些倾斜的向后方向的向上力。在横截面的尖锐后缘附近，彼此靠近的压差造成不稳定的情况，空气将开始卷起形成旋涡，该旋涡最初仍依附于图 1.5（b）所示的后缘。

　　涡流是由压力差和速度差引起的流体的旋转运动，后缘的逆时针旋转旋涡不再附着，而是很快脱落（命名为"起动旋涡"）。从这一刻起，机翼前部以下的高压与上部的低压之间的压差，以及由此产生的升力，是完全确定和稳定的［图

1.5（c）]。起动旋涡脱落瞬间是有可能见证的，当坐在座位上俯瞰大型飞机的机翼，如波音 747 飞机。就在起飞前，当飞机在跑道的第一部分提高速度时，机翼的尖端会下降一点点。当机翼离开起动旋涡的瞬间，翼尖突然在相当远的地方摆动起来，飞机就起飞了。航空工程师都知道最大升力形成之前有时间延迟，并称为"瓦格纳效应"。飞机起飞后，产生升力的机翼上、下两侧的压差会一直存在。只有在翼尖处，空气才能从机翼下方的高压区域逃离到上部的低压区域。逃逸的空气会向上旋转，同时向内旋转，形成翼尖旋涡。当起动旋涡释放和升力形成时，翼尖旋涡会在瞬间出现。实际上，翼尖旋涡与起动旋涡是在一个连续的时间段产生的。所有旋涡都有一个中心，中心位置旋转速度最小；远离中心的过程中，旋转速度会增加到一个最大值，然后又逐渐消失。流体动力学理论告诉我们，在其中心方向上，旋涡不能在流体中结束，但是它可以在流体的边界处结束，也可以与自身或另一个旋涡形成闭合环路（Lighthill，1986）。飞机的起动旋涡与机翼或尾翼尖端形成的翼尖旋涡，以及围绕机翼的边界层旋涡形成一个闭环。机翼周围的边界层旋涡通过从机翼周围的局部速度减去平均流速而变得可见。飞机在着陆过程中，当飞机的速度下降到保持压力差所需的值以下时，边界层旋涡就会脱落。

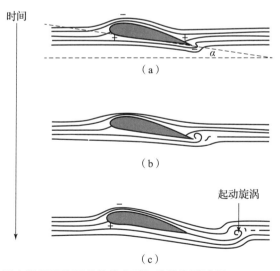

图 1.5　固定翼周围的压差从静止到加速的发展过程（Wagner，1925）

（a）~（c）代表三个时间步骤；（a）表示机翼底部与水平气流之间的攻角，用 α 表示

在翼尖旋涡之间，空气会从机翼的后缘冲下来。这个下降气流是单位时间向下的空气量（Anderson，Eberhardt，2001）。边界层旋涡、翼尖旋涡和起动旋涡形成一个巨大的闭合涡环（图1.6）。许多商用飞机的尾翼旋涡在晴天时可以在蓝天上看到，这是因为发动机的废气被吸入其中。当飞机在风平浪静的天空飞行时，两个旋涡形成的平行线可以在天空中跟随。这是一个令人着迷的景象，即一架离开的飞机在跑道中段的某个地方留下一个起动旋涡，并产生一条连接这个起动旋涡与停止旋涡的双线，从而产生一个极长的环形线。

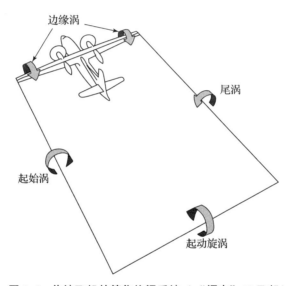

图1.6   传统飞机的简化旋涡系统（"福克"50飞机）

在过去的一个世纪里，鸟类飞行的空气动力学一直被固定翼飞机理论所解释，虽然没有直接的证据，但对于大型鸟类快速稳定的滑翔，这一观点可能是正确的。同时也没有试验证据表明，当鸟类在低速滑翔过程中，在降落在栖息地之前，或在大多数形式的扑翼飞行中，鸟翼上是否存在附流。我们在扑翼上建立一个附加的旋涡会发生什么？几项研究显示了飞鸟身后的尾流结构（见第4章）。鸟类引起的总扰动以及鸟类与空气之间的能量交换可以通过对尾流的分析来测量，但是关于鸟翼上发生的事情的信息不能从尾流结构中确切地得到，这也意味着我们目前对鸟类如何飞行的了解非常有限。

为了克服与常规机翼有关的一些负面因素，工程师们在第二次世界大战后基于不同的空气动力基本原理开发了飞机。传统机翼的升力产生流很容易受到干扰，因为它需要附着在机翼表面，以避免升力的急剧下降。例如，机翼上部的气流流动，由于攻角过大，会导致机翼失速，这意味着失去升力和强大的阻力。相比之下，三角翼飞机所使用的原理，如"协和"号飞机，是建立在后掠翼前缘的流动分离的基础上的。具有锋利前缘的三角翼即使在小攻角时也很容易失速。分离流沿整个前缘形成一个附加旋涡——LEV。它向后方延伸，飞机的前进速度反映在 LEV 的螺旋气流通道中。"协和"号飞机机翼顶部的这种螺旋旋涡的锥形形状如图 1.7 所示。这一原理在 Polhamus（1971）发展分析方法来预测前缘涡的升力和阻力特性之前已经从实证研究中得到了证实。LEV 可以显著增大升力和阻力，且在较大飞行包络下均有效，特别是在低速飞行中 LEV 的特性对维持飞行非常有帮助。

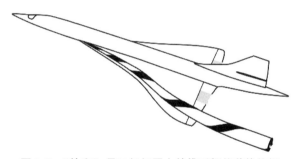

图 1.7　"协和"号飞机机翼上的锥形螺旋前缘旋涡

最近的研究表明，在滑翔和拍打过程中，LEV 和其他新的升力产生机制在昆虫飞行空气动力学中起着重要的作用（Sane，2003）。第 4 章将给出鸟类广泛使用 LEV 的间接证据。进一步的实证研究将集中在飞行过程中翅膀与空气的相互作用上，从而找出鸟类和昆虫是否有更多的共同之处。

■ 1.7　新举措

20 世纪上半叶，大多数人开始关注与飞机设计有关的空气动力学发展，而鸟类特有的飞行机制的知识却几乎没有增加。在德国，Erich von Holst 建造了能够进行一种扑翼飞行的人工鸟（Holst，1943）。然而，这种叫"Spielerei"的人工鸟并没有解释新的鸟类飞行原理。

在同一时期，关于动物飞行能力的功能解剖学得到了建立和发展（Herzog，1968；SY，1936），虽然有一些关于翅膀（Vazquez，1994）和羽毛（Ennos，et al.，1995）结构的重要细节也是最近才发现的，将在下面几章介绍。

在 20 世纪的最后 40 年里，我们看到了许多新的发展。20 世纪 60 年代末和 70 年代初，几位专家开发了基于空气动力学原理的数学模型，并用此来计算鸟类飞行的能量损失。其中，风洞是专门用来在受控条件下进行鸟类飞行研究而设计和建造的。X 射线胶片技术与对飞行起关键作用的肌肉肌电图结合，显示了骨骼是如何运动和相关肌肉收缩所用的时间。Dial 等直接测量了在整个飞行过程中翅膀上的主要飞行肌肉所施加的力（1997）。在飞行中消耗的能量也以各种方式进行了测量。飞行中的鸟与空气的相互作用会在鸟的背后产生旋转的空气（旋涡），描述力与旋转涡流能量的旋涡理论由 Ellington（1984）和 Rayner（1979a，b）提出。

在野外试验中，通过测量试验的鸟类血液中注入的氢和氧的重同位素浓度的下降，从呼吸气体的交换中确定了较长时期的总能量收支。安装在大型鸟类身上的全球定位系统（GPS）、卫星通信装置和心率测量装置提供了大量关于飞行特性的信息（Butler，et al.，1998）。先进的雷达技术也有助于我们了解鸟类飞行行为（Alerstam，et al.，1993）。此外，还有研究人员乘坐小型飞机追随鸟群飞行，收集有关鸟类飞行的数据。

最近的生物研究正在改变我们对鸟类飞行艺术的认识，尽管传统的空气动力学理论仍然被广泛用于解释它的大部分方面。Steinbeck（1958）的声明是这样说的："当一个假设被广泛接受时，它就变成了一种只有手术才能切除的生长。"鸟类不是像微型飞机那样笨拙地拍动翅膀以保持高度。鸟类可以远距离飞行，并与空气介质进行动态的相互作用。它们可以在任何地方起降，并利用有利的风力条件在一个地方盘旋，我们仍然必须了解它们是如何做到这一点的。

■ 1.8 总结和结论

亚里士多德的哲学与他的精确观察之间的不幸矛盾，很可能阻碍了 2 400 年前对鸟类飞行基本原理的正确认识。直到进入文艺复兴时期,他的复杂思想一直主导了对这一主题的思考。从那时起,他发展了两种不同的科学方法,每一种都对我们目前对鸟类飞行的了解做出了贡献。第一种方法侧重于鸟类本身以及其保持空中飞行的方式;第二种方法主要关注与远距离飞行有关的基本物理过程。直到 20 世纪下半叶,很少有科学家真正为了这个课题而专注于鸟类的飞行。达·芬奇、Borelli、凯利和 Lilienthal 之所以研究鸟类飞行,是因为他们梦想着能够载人飞行,所以他们想要从鸟类身上学到飞行的可行方式。而代表物理方法的学者对鸟类一点也不感兴趣,只是试图解释空气等流体介质中存在的运动学原理。牛顿发现万有引力定律,开启了一个基础洞察力不断增强的时代。势能和动能概念的发展使人们对流体中运动物体的能量学有了深入的认识,伯努利定律是理解流体中压力和速度之间关系的重要一步。牛顿定律解释了飞行的基本原理。

在 20 世纪初,从 Lilienthal 对大型滑翔鸟类臂翼的研究中得出的对弯曲面气动特性的认识,促进了载人飞机的发展。从这段时间开始,鸟类飞行的解释完全建立在升力产生的基础上,这是因为在弯曲的机翼上产生的附加流动。最近发现,昆虫利用了三角翼飞机的主升力机理产生的前缘旋涡,这很可能是包括鸟类在内的其他飞行动物使用的一种重要的附加机制。

第 2 章和第 3 章提供了鸟类翅膀最有可能使用的气动原理的细节说明,第 4章也讨论了这些问题。

第**2**章

飞行装置

■ 2.1 引言

鸟类之所以独特，是因为它们使用有羽毛的前肢作为翅膀。其基本的四足动物组织被改进以适应特殊功能的需求。在进化过程中由于自然选择牺牲了手臂和双手的其他功能。整个身体结构被重塑，形成一个完全改变前肢的双足生物。

鸟类学教科书通常会概述鸟类的一般解剖形态，详述其飞行器官，因此在这里进行同样的阐述是多余的。在这里本书将给出与飞行有关的解剖学方面的简要总结，同时说明鸟类形态、飞行器官功能，以及群体间变化之间的联系，目的就是为了知道鸟类是如何利用翅膀飞行的。

大多数人会注意到鸟类的翅膀，每一种鸟都有不同的翅膀，任何将翅膀分类成有限数量的功能群，只会降低有趣的复杂性。了解形态和功能之间的关系，需要对每个物种的特定翅膀结构进行详细的分析。另外，所有飞行鸟类的翅膀都具有重要的共同特征：它们都由一个手臂和一个手部组成。在这会首先介绍鸟类内、外翼的基本结构。想要了解结构约束后所允许的基本运动，需要深入了解翅膀的内部和外部的解剖结构。翅膀必须折叠和伸展，并能够上下移动、前后旋转。绝大多数的鸟类翅膀满足一定的比例关系，我们可以直接了解这些研究的主要结论，而不需要深入到数值分析的细节中去研究每个尺寸参数。亚里士多德已经发现，没有翅膀的鸟不能飞，但并不知道它的哪一部分对于起飞和飞行来说是绝对必要的。活鸟翅膀被肢解的试验有着悠久的历史，我们将看到所得到的结果是否增加了我们对鸟类翅膀功能的见解。

蜂鸟和雨燕偏离了这个基本的模式，本书以单独的章节介绍了它们的翅膀。出于同样的原因，信天翁和巨大的海燕都有细长的翅膀，在这里也需要特殊的对待。

鸟类尾部是另外一个重要的飞行器官，是鸟类飞行能力的主要组成部分，其内部解剖和外部形态都有飞行相关的特征，我们必须设法了解尾部在飞行中的重要性。

在许多物种中，不仅翅膀和尾巴，还有头部、颈部、身体和后肢都有与飞行直接相关的特征。下面将讨论一些明显的问题。

羽毛在飞行中是至关重要的，因为它们确定了鸟的形状，并覆盖在主要的飞行装置上。我们需要一个单独的章节详细介绍主要的飞羽结构、功能和力学特性的知识（见第 3 章）。

2.2 翼形态

一般情况下，必须先了解翅膀的基本形态，然后才能分辨出偏离基本形态的模式。鸟的翅膀内部有一个改良的四足臂骨架；在外面，形状是由羽毛决定的，羽毛是鸟类的标志性结构。一般模式的变化也会很大，这个可以通过包含了最小和最大的现存鸟群来说明。

2.2.1 内翼设计

翅膀必须既强壮又轻盈。强壮是因为它们必须要与空气有力地作用。在扑翼飞行中，迎面而来的气流会因翅膀的作用而偏转，并加速空气的运动。同时，翅膀还必须能够接受来自空气的反作用力，并将它们传递给身体。轻盈是为了减少鸟翼在拍频周期时不同阶段的惯性力，特别是在加速阶段的下降冲程时，此时翅膀是完全伸展的。因此，如肌肉和骨骼这样的重组织，沿着尖端的方向会逐渐减少。

　　图2.1显示了翅膀内部的主要部件名称的大致位置（解释了科学名称和术语的含义）。这种设计使翅膀可以上下拍打、折叠和伸展。翅膀在肱骨近端髁的肩关节处与身体相连，肱骨头是肱骨的近端，与肩胛关节盂形成关节。喙突与胸骨紧密相连，其长度决定肩关节与胸骨之间的距离。成对的锁骨融合形成叉骨（叉突），与左、右喙的背部相连。飞鸟的胸骨有一个中央龙骨——隆突。肋骨、脊柱和胸骨形成一个封闭的笼子。主要的飞行肌肉、胸骨和喙上肌，起源于胸骨、隆突和喙突。胸肌从下方插入肱骨前嵴，在俯冲过程中它把翅膀拉下来，并引起翅膀的前旋。喙上肌位于胸肌下面，它形成一根肌腱，穿过肩关节的三骨管，插入肱骨上部的背部结节，并从上面接近插入。三骨管由肩胛骨、喙突和叉突、肩胛骨和喙突形成，甚至单独由喙突形成。该管道形成了一个重要的微观构造，因为它的功能类似一个滑轮，使喙上肌可以提升翅膀。喙上肌与其他一些小肌肉一起，负责翅膀的上冲程以及在上冲程或着陆前的后旋。

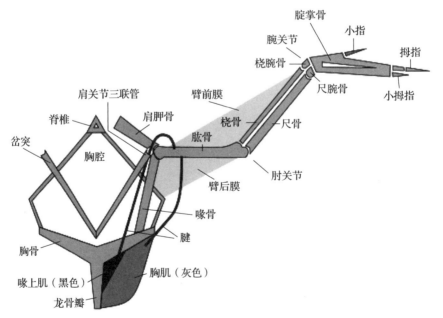

图2.1　普通鸟的左翼和肋骨中与飞行有关的内部解剖原理图概述（进一步解释见正文）

　　肩关节面向侧面，使肱骨有很大的自由度。在大多数鸟类中，它可以在大角度上上下移动和前后移动。翅膀由肱骨、桡骨、尺骨和手骨骼支撑。前膜是附着在前臂和翅骨之间并向肩带延伸的皮膜。皮膜将肘部与躯干连接起来。桡骨和尺骨节在肘部有肱骨，腕关节有两个腕骨（桡骨和尺骨）。手腕是一个双关节，因为腕骨也与手骨骼的腕掌关节相连。由于骨骼和肌肉的特殊结构，鸟类翅膀的肘关节和腕关节同时伸展和弯曲。关于翅膀的详细结构和运动自由度会以一个单独的段落专门讲述。手骨架由掌骨（腕骨和掌骨）和一些手指组成。通常只有三个手指，每个手指只有一个或两个指骨。第一个手指是小翼羽的骨骼，其他的则是起支撑初级飞羽的作用。

组成不同鸟类翅膀的十余个骨骼的实际尺寸和相对尺寸并不相同，这些差异让我们对翅膀的手臂和手部分的具体功能有了更多的了解。图 2.2 展示了五种鸟类的翅膀骨骼结构，为方便对比，在图中对真实尺寸进行了等比缩放，使五种鸟类的手翼骨骼长度都相同。手翼作用的相对重要性是由桡骨和尺骨的弯曲程度决定的。桡骨和尺骨之间的空隙越大，在手翼上插入前肢肌肉的空间就越大。与其他信天翁相比，莱桑岛的信天翁对其手翼的动态控制明显较少，而且在非稳定飞行情况下拍打、起动和着陆过程中的协调能力也较弱。蓝镰翅鸡的特征则正好与

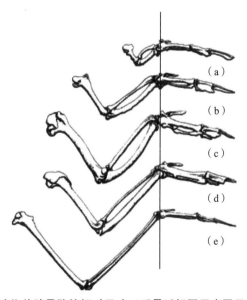

图 2.2　五种动物前肢骨骼的相对尺寸（手骨以相同尺度展示〔Dial 1992〕）

（a）星蜂鸟；（b）原鸽；（c）蓝镰翅鸡；（d）紫翅椋鸟；

（e）莱桑岛信天翁

其相反。蜂鸟和它们的近亲雨燕都有非常长的手骨，在飞行中，由于手腕离身体很近，所以翅膀的手臂部分看起来比实际要短。图2.3中的X射线照片比较并显示了普通雨燕和鸣鸟（欧洲金雀）的骨骼之间的实质区别。雨燕手肘处的角度几乎是固定的，血管和神经从肱骨直通至桡骨和尺骨。鸣鸟几乎可以完全伸展和折叠手臂。

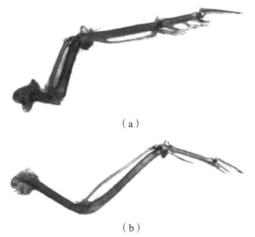

（a）

（b）

图2.3　在X射线下的普通雨燕和鸣鸟（欧洲金雀）的骨骼的实际尺寸（比例尺为1 cm）

（a）普通雨燕；（b）鸣鸟（欧洲金雀）

鸟类的翅膀有45块肌肉，其中11块被细分为两到三个部分。8块肌肉会有一个以上的插入点（Vanden Berge，1979）。它们的起源和附着的一般性描述可以在鸟类解剖手册中找到，通常还标有对特定行为的描述（Proctor，Lynch，1993）。其中只有18块肌肉的肌肉活动在飞行过程中用肌电图（EMG）技术进行了认真的研究。第7章总结了翼拍周期中肌肉电活动时序的研究结果。

翅膀的形状仅仅是由内部解剖结构决定的，是羽毛使翅膀飞起来的。

2.2.2　鸟类翅膀的外形

不同种类和大小的羽毛被植入翅膀的皮肤中，翅膀上一排毛囊会沿着明确的区域方向排列（Lucas，Stettenheim，1972）。翅膀上的大型飞行羽毛是飞羽，翅膀被覆盖的羽毛称为覆羽。初级飞羽是翅膀手翼部分的9~11根强壮羽毛（鹳鹠是例外，有12根）。这些初级飞羽通常有不对称的翅脉，由一个狭窄的前缘

（外）叶和一个形成后部或后缘较宽（内）的叶组成，且最外层初级飞羽的不对称性更强。次级飞羽形成了手翼表面的较大部分。它们的数量在蜂鸟中有 6 根（通常重叠），在鸣鸟中有 9～11 根，在鸽子中有 11～15 根，在大型秃鹫中有 25 根，在信天翁中多达 40 根。初级飞羽比次级飞羽更硬更尖。形成小翼羽的飞羽是初级飞羽的一小部分。第三飞羽（鸟飞羽中最后一列的）覆盖次级飞羽和身体之间存在的空隙。翅膀手臂部分的形状是由成排的较小和较大的隐蔽物所形成，覆盖了原翼（形成前缘）和飞羽的毛囊。

　　鸟类之间的差异使之成为一种实用的方法，首先只需专注于某一特定翅膀的设计，然后利用它的特点与其他翅膀相比。图 2.4 中北方苍鹰的翅膀就是一个例子。轮廓羽毛覆盖臂翼的前部和手翼的近端部分。它们形成了圆形前缘，如图 2.4（a）、（b）和（c）所示。一排更大的覆羽覆盖在初级飞羽的植入位置，次级覆羽以同样的方式覆盖了次级飞羽的植入位置。在翅膀的前缘、背侧和腹侧，有一排排越来越小的边缘覆羽相互重叠，就像屋顶上的瓷砖一样。

　　对称的 11 个次级飞羽末端形成了臂翼的尖锐后缘，图 2.4（a）、（b）、（c）的臂翼的剖面具有圆形的前缘并且是高度弯曲的。前缘与飞机设计中使用的经典气动剖面形状相似，但是特殊的曲线构型使鸟翼的横截面剖面与大多数人工机翼差异显著。图 2.4（c）的剖面位于从臂翼到手翼过渡阶段的位置。它还有一个圆形的前缘和一个尖锐的后缘。图 2.4（c）的剖面为两个位置上前缘上方小羽翼的飞羽横截面。在左边的部分中，小羽翼保持在翅膀附近；右边的绘图显示了小羽翼延伸的情况。

　　手翼横截面则与经典的飞机机翼轮廓完全不同，因为它们有一个尖锐的前缘，该前缘由狭窄的外部羽片的初级飞羽 X、IX 或 VII 形成。在图 2.4（d）中，初级飞羽 X 构成前缘。由于展开的手翼羽和这些有凹缘的羽毛的结合，导致了穿过初级飞羽部分有一定的距离。"凹缘"是用来表示初级飞羽羽片的远端急剧缩小所形成缝隙的术语。这可能发生在狭窄的前缘羽片、宽的后缘羽片，或同时发生在两个羽片上。在许多鸟类中，展开的手翼和凹缘形成了翼尖附近的狭缝。图 2.4（d）中的每一根羽毛或多或少都是翅膀的一个独立部分，图 2.4（e）所示为通过初级飞羽 IX 截面的放大图。

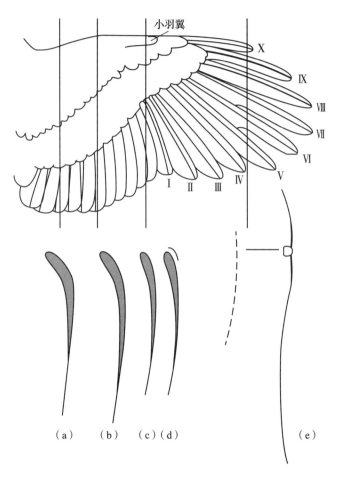

图 2.4　用横截面剖面在（a）~（d）四个位置绘制鹰翼背侧图（由 Herzog（1968）修改而成）。（d）中通过初级飞羽 X 的横截面扩大显示其实际形状（e）（详见文本）

信天翁的手翼和南、北巨型海燕的翅膀从根本上就与苍鹰翅膀不同，因此会在后面的章节中详细介绍。

在文献中，很少有精确测量臂翼和手翼大小的方法。在大多数鸟类中，手翼比臂翼长，但也有很多例外，特别是在大型飞鸟中。我们在雨燕和蜂鸟中发现了最长的相对手翼长度，它们的手翼骨架的延伸长度比手臂骨架长很多。

2.2.3 蜂鸟和雨燕的翅膀

蜂鸟和雨燕在很大程度上偏离了一般的描述特征，需要一个单独的内容进行介绍。这里，首先对蜂鸟翅膀的内翼设计进行描述；然后对雨燕的内翼设计作简要的评论。蜂鸟结构曾经由 Stolpe 和 Zimmer（1939）精确地介绍过，近期似乎没有其他关于蜂鸟结构的分析。蜂鸟翅膀骨骼的相对尺寸类似于雨燕的骨骼，但与其他鸟类相比有很大的不同（图 2.2）。在盘旋飞行中蜂鸟的体轴是倾斜向下的，同时翅膀拍打也是在一个近似水平的平面上完成的。蜂鸟的臂翼非常短，这是由于其肱骨、桡骨和尺骨都很短，并且在飞行期间保持在一个固定的锐角且呈 V 形的位置（图 2.5）。由于神经和血管从肩部一直延伸到手部，导致了这一角度在一段时间内不可扩大。手翼相对来说是鸟类中最长的，Hertel（1966）指出，蜂鸟的手翼占翅膀总长度的 81%，而秃鹰占 41%。在臂翼上只有 6 根部分重叠的次羽，10 根长的初级飞羽形成了翅膀的主要气动面。

蜂鸟胸骨上有一个巨大的隆突。主要的飞行肌（胸肌和喙上肌）约占整个体重的 27%，且胸肌质量仅为喙上肌的 2 倍，而在雀形目鸟类中，这些数字分别是 18% 和 12 倍（Greenewalt，1975）。蜂鸟有一个非常长的肩胛骨支撑着肩关节；肩胛骨沿着身体向下，几乎到达骨盆带位置。肱骨很短，而且形状也很奇怪；在盘旋飞行时，它保持在一个几乎垂直的位置。肩关节的关节面不在肱骨的末端位置，但在近端内侧有一个骨节，这个位置的骨节是蜂鸟独有的特征。喙上肌的肌腱包含一个籽骨（图 2.5）。它附着在肱骨头的外部，穿过三骨管，并从那里一直延伸到胸骨的肌肉。喙上肌的收缩将导致周围肱骨的长轴内收和向后旋转（旋后）。这种旋转实际上导致了翅膀的背（上）冲程。将胸肌插入肱骨头前部，使肱骨旋前，将导致前（下）击。

肘关节也很奇特，因为它显然不是为了伸展而存在的。臂翼的肌肉非常发达，并将关节封装起来，使之保持在折叠的位置。伸肌（肩胛三头肌）改变了肌关节的功能。肌腱在决定其工作方向的肘部后（上）侧有一个大的籽骨（图 2.5）。籽骨位于肱骨远端的凹陷处，它的存在使伸肌向后（向上）旋转尺骨和桡骨，而不是伸展臂翼。

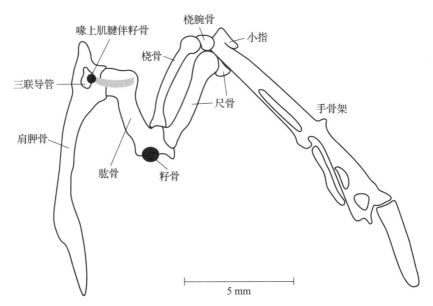

图 2.5 亚马逊蜂鸟右翼的特殊骨骼结构的背视图（该图是根据使用 Taylor – Dyke 法（1985）染色骨骼的照片绘制的，该骨骼来自一具已清理过的标本）

在手骨、桡骨和尺骨之间的腕关节结构更为复杂且旋转能力更强。小翼羽数减少或者不变（蜂鸟没有小翼羽）。初级飞羽牢固地附着在骨元素上，由软骨和结缔组织支撑。胸肌为悬停扇翅的下扇提供动力，而喙上肌为悬停扇翅的上扇提供动力。这些肌肉绕由 V 形肱骨、桡骨和尺骨形成的垂直三角形旋转。手翼附着在手腕上的这个三角形上，并跟随着运动。桡骨、尺骨和腕关节的联合旋转使翅膀在上扇时能够极限旋转，此时翅膀处于倒转的位置。

与蜂鸟翅膀相比，普通雨燕的翅膀就很少大幅偏离基本的鸟翼结构。普通雨燕的手翼仍然非常长，占翅膀总长度的 75%。雨燕的肘关节的运动没有像蜂鸟那样受很大的限制，肱骨关节有常见的卵形，允许正常的垂直拍打运动。雨燕有 11 根初级飞羽。在前缘位置的 XI 初级飞羽只有 2 cm 长，僵硬而且几乎没有羽片。它对最长初级飞羽 X 起到一个支撑的作用。翅膀的短臂部分有 7 根次级飞羽。小翼羽由两三根羽毛组成，其总长度约为翅膀长度的 1/8。所有这些特征都证明了雨燕是一种非常敏捷的飞翔者，它在飞行时主要是垂直地扑动翅膀，而不是水平的。《古北界西部的鸟类中》（Snow，Perrins，1998）对雨燕的描述，强调了它的极限飞行能力："令人印象深刻的飞行，精通在空中的各种飞行技巧，在滑翔、旋转、俯冲、加速或失速、攀爬方面表现出显著的能力；翅膀拍打迅速，翅膀通常呈明显的后向曲线……"

2.2.4　信天翁和大海燕的翅膀

大型海洋鸟、翼翅扇动的时间几乎和雨燕一样多，它们主要依靠极长的臂翼来产生升力，在强风中快速滑行是它们的特长。作为鸟类中最极端的动态滑翔者，信天翁和大海燕能够在飞行时将翅膀锁定在伸展的位置，从而可以避免使用肌肉能量保持伸展姿态。这些知识的来源和其背后的机制都很难发现。Hector（1894）在"重新检查一只大型信天翁的翅膀"之后，给出了他发现的以下记录：

信天翁的伸肌肌腱不像其他鸟类那样只附着在肱骨远端的一个固定的结构中，还通过一个辅助的偏移量连接到一个凸出的髌骨上，然后延伸到桡侧腕骨，再沿着上肢的桡骨方向向前，在那里它扩展成纤维，并包裹着毛刺。当翅膀完全伸展时，这个凸出结构在肘关节上的推力会使尺骨在肱骨上轻微旋转，从而使关节被锁定，使翅膀一直到手腕关节的位置成为一根刚性杆。同时，在这个过程中，髌骨关节的轻微动作允许肌肉拉力从肩部传递到上肢，而不需要松开关节。

这个描述并没有准确地解释信天翁翅膀的锁定机理。Yudin 不同意涉及籽骨的观点，并提供了另一种解释。他于 1954 年在巴塞尔的国际鸟类学大会上用 Joudine 名字提出了这一理论，并以法文出版（Joudine，1955）。同时，在 1957 年 Yudin（Yudin，1957）的名字出现在俄罗斯的动物学周刊上。Yudin 描述的锁定机制如图 2.6（a）所示。管鼻鸟在尺骨近端的脊肉上有一个凸起，滑动的桡骨稳定在凸起的两边。

在完全弯曲的位置上，桡骨经由折叠位置的桡侧腕掌肌移动到远端的推进点。图 2.6（b）中总结的 X 射线研究结果表明，Yudin 的锁定机制并不能使延伸翼伸展和弯曲翼折叠。Pennycuick（1982）在信天翁和南方巨型海燕的肩关节发现了一个锁结构，它由一个从隆突到肱部肱骨的扇形肌腱组成。这种肌腱在漫游的信天翁、黑褐信天翁和浅色信天翁身上的浅表，而在南方巨型海燕的深处。通过解剖死去的动物 Pennycuick 发现，在伸展翼向前移动到完全伸长位置后，肩关节向水平位置上升时会碰到锁结构。当肱骨从完全向前的位置缩回几度或肌腱被分开时，锁结构不再运转。

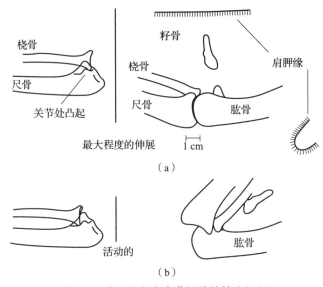

图 2.6　信天翁和大海燕翅膀的锁定机制

（a）根据 Joudine（1955）提出的信天翁和大海燕翅膀的锁定机制，指出了桡骨相对于尺骨在伸直和弯曲的位置以及关节凸起的位置；（b）一只漫游的信天翁肘关节在伸展和弯曲的位置时，X 射线下的骨骼轮廓（右翼腹视图）（在折叠时，桡骨似乎在极端弯曲时在最远端的位置抱合并固定鸟翼）

由于初级飞羽的结构不同（Boel，1929），信天翁和大海燕的手翼与所有其他鸟类的手翼不同，这一点将在第 3 章中进一步讨论。

■ 2.3　动翼特性

在不同的物种之间，翅膀的形状可能不同，尤其在翅膀拍打周期中，翅膀形状的变化更加显著。鸟类起飞前，翅膀会整齐地贴靠在身体上。它们在飞行开始时伸展开来，在每次上拍时部分弯曲，并在向下拍打前重新完全伸展。肩关节结构允许整个翅膀上下、前后以及后旋和前旋运动。大多数鸟类的肱骨头不是一个球形，而是一个卵形，这减少了行动的自由度。关节周围的韧带也限制了运动范围。通常，肱骨在水平平面上可以通过关节绕垂直轴进行前旋和后旋。当翅膀伸展时，肱骨可以上下移动，并绕其纵向轴旋转。向上运动的角度可大于90°，而向下的运动通常限制在35°以内，前旋的限制通常也会比后旋大得多。

虽然飞行鸟类之间的尺寸可能不同，但移动翅膀的机制却惊人地趋于一致。这里首先集中讨论上臂、前臂和手的运动原理，这些动作是指翅膀的弯曲和伸展，以及手的旋转。对基本机制的掌握将使我们能够更详细地理解翼拍动力学的知识。

2.3.1　桡骨与尺骨的拉伸并行作用

肱骨远端与尺骨和桡骨近端形成肘关节。当翅膀伸展时，这个关节的形状对前臂背侧相对于上臂的旋转有很大的限制。在水平平面上的自由运动允许前臂的伸展和弯曲。在运动过程中，桡骨与尺骨平行移动，引起手的弯曲和伸展。这种平行移动一直被认为是由肱骨远端头部的形状造成的，头上的一个旋钮把桡骨向外推。然而，Vazquez（1994）的仔细检查表明，在与桡骨和尺骨相互作用的平面上，飞鸟肱骨髁的形状是圆形的，而围绕一个圆形旋钮旋转并不会导致所说的骨骼的相对移动。

当翅膀弯曲，肘部弯曲角度小于60°时，前臂和上臂凸起的肌肉碰撞引起了桡骨和尺骨的拉伸并行作用 [图2.7（a）]。紧靠肌肉的压力使桡骨从肱骨的髁端开始移位，并将其推向尺骨。在桡骨和尺骨相交位置的面形状促使桡骨远端移向手腕。

在展翅过程中，肘部和腕部的运动也是耦合的。当肘关节角变宽时，由于侧副韧带附着在肱骨上，桡骨会沿着尺骨滑行。此时，桡骨远端拉力通过桡腕骨前缘的腕掌骨传递并延伸。由拉伸并行系统产生的自动动作也通过肌肉活动的肌腱增强。例如，手的伸长是通过前肌腱的拉力完成的。腕关节随着肘部的加宽而远离肩部，前肌腱拉力的一次滑脱发生在腕掌骨的伸长过程中；另一次滑脱在桡腕骨和桡骨的末端 [图2.7（a）]。二头肌的肌腱滑脱也发生在腕掌肌的拉伸过程中。更多的肌肉和肌腱复合体在这些复杂的运动中起着重要作用，但是难以通过解剖和控制死翼来评估它们的相对作用。要理解飞行中肌肉的功能，需要用高速摄影技术（最好用X射线）。第7章将介绍翅膀肌肉在飞行中的作用。

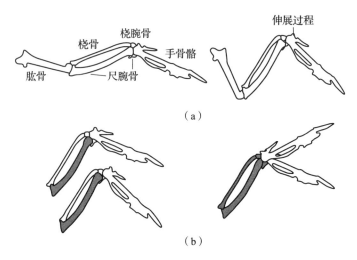

图 2.7 鸽翼的骨骼运动（右翼，背视）

（a）肘部运动，手通过桡骨的自动弯曲。肘部弯曲时肱骨与尺骨的夹角减小，当角度达到60°左右时，前臂肌肉与上臂肌肉发生碰撞。紧靠的肌肉使桡骨脱位，并使其沿着尺骨向手腕方向推进。这种动作会使右边的手弯曲；（b）扭转运动，手的弯曲是通过手腕的两个关节进行的（没有移动的部分是灰色的）。左侧的第一个关节包括桡骨、桡腕骨、尺腕骨和尺骨周围的手骨骼的旋转；另一个腕关节允许手骨骼围绕着桡骨、尺骨、桡腕骨和尺腕骨旋转，如右图所示。标尺为 1 cm（基于 Vazquez（1994））

当我们研究手腕的多关节时，可以清晰地看到并行拉伸系统对手运动的影响 ［图 2.7（b）］。手腕上有五个骨元素：桡骨，尺骨，两个腕骨（桡腕骨和尺腕骨）和手骨骼。连接的形状限制了手和前臂之间的运动自由。Vazquez（1994）识别出两个不同的关节。桡骨、手腕骨和手周围的尺骨的运动决定了第一个关节。在第二个关节处，手相对于其他骨头弯曲并伸展 ［图 2.7（b）］。

在俯冲过程中，手所在的平面与翅膀所在的平面是平行的。此时，翅膀是伸展的，手不能向后弯曲。唯一可能的运动是在翅膀所在平面上的弯曲。在下降时，手翼的初级飞羽达到最大的垂直速度，并在手腕上施加很大的旋转力。在手翼上的支撑骨架的位置接近前缘。初级飞羽在骨骼支撑后形成一个很大的表面，在下降过程中产生强烈的旋前倾向，导致手腕关节受到一个前旋力。这些力是通过关节的腕掌骨、尺腕骨和尺骨上的脊形成的连锁机制来抵消的。在前缘骨骼周围，桡骨和腕掌骨接合的桡腕骨阻碍了手翼的后旋。

在大多数鸟类中，手腕关节可以在上冲程的早期阶段从僵硬的结构转变为灵活的结构。这是由于尺腕骨沿尺骨的弯曲关节脊滑行到另一个极端位置引起的。由于这个动作，手可以相对于臂翼的平面旋转超过 90°。一些鸟类在垂直起飞和降落过程中也表现出一种向后向上的手翼轻拍现象。当鸟的翅膀折叠到休息的位置时，也会有类似的动作。Vazquez（1992）以野鸭为例研究了腕部的这种功能，这种结构功能在大多数飞行鸟类中都有。

2.3.2　手翼

手骨骼由腕掌骨、小翼羽手指和顶端的 2～3 个其他（主要和次要）手指组成（图 2.1）。小翼羽手指由一个或两个指骨支撑，在末端以特定顺序排有爪子。指骨关节为鞍状关节，有两个自由度。小翼羽手指与腕掌骨之间的关节更为复杂。它允许小翼羽外展，或者内收到翅膀的前缘，还可以上下移动。关节也允许向上仰卧和向下俯卧。手部骨骼远端的主要手指有 2～3 个指骨和多组爪子，它与一个相当复杂的关节连接到腕掌骨上。手指可以在手所在的平面上稍微弯曲和伸展，垂直于这个平面的运动是有限的。小手指是一个有点像三角形的小板形状。它的关节与腕掌骨是圆柱形的，只允许外展和内收。韧带把这个骨头和主要手指的第一个指骨连接起来。这种连接限制了主要手指的曲率，因此在俯冲期间存在过度拉伸的风险（Sy，1936）。

■ 2.4　翼的尺度比例

以下是对鸟类飞行具有重要意义的尺度比例的总结，基于 Greenewalt（1975年）、Rayner（1988）和 Norberg（1990）的研究。对尺度比例的考察从来都不是精确的，而是给相关维度的数量级提供了一些参考。

体重 2 g 的蜂鸟翼展范围约 8 cm，而对于体重 10 kg 的信天翁，其翼展超过了 3 m。翼展随身体质量的变化是呈指数增长的，约是质量的 0.4 次方。与蜂鸟相比，对于 1/3 的等距指数（基于质量与长度成正比）可以预测体重 10 kg 信天翁的翼展为 2.2 m。鸟类的各种功能或分类类群的指数变化为 0.4 左右，而这在蜂鸟中是非常高的，其数值略高于 0.5。一般来说，这个值的变化也很大，对于体重 1 kg 鸟类，翼展可以在 0.5~1.7 m。

当我们考虑翅膀的面积时，蜂鸟的特殊几何位置变得更加明显。等距关系将翅膀面积与质量的 2/3 联系起来。大多数鸟类的指数约为 3/4，而蜂鸟的指数约为 1。体重 3 g 蜂鸟的翅膀面积约为 10 cm²，对于个体重达到 12 g 的蜂鸟，翼展可达 40 cm²。除此之外，其他鸟类之间的差异总体来说也很大，体重 1 kg 的鸟类的面积变化可达到 8 倍。

蜂鸟的翼载（体重除以翅膀面积）较低，在 20 N·m⁻² 处基本不变，但在其他各组间差异较大。等长关系中，这个值约为体重的 1/3 次方。实际上，蜂鸟的指数为零，雀形目的指数为 0.22，鸭子和其他岸上鸟类的指数为 0.29。大型海雀的鸟翼负重最高，对于 1 kg 的质量，其翼载可达到 230 N·m⁻²，这个数值是其他鸟类，如同样大小的鸭子的 2 倍多。这一高值反映出海雀利用翅膀进行水下飞行的能力。在水下飞行中，海雀不会完全伸展翅膀，但是仍然必须移动比空气密度高 1 000 倍的介质。在空中飞行时，这些鸟则需要高频率拍打双翼来补偿相对较小的翅膀尺寸。捕食鸟的翼载通常在 30 N·m⁻² 左右，这表明它们携带大型猎物的能力很强。

展弦比（AR = 宽度平方除以翅膀面积）对于大宽度和窄翅的鸟类来说很大，例如信天翁（AR：14）和雨燕（AR：10），而对于像野鸡（AR：5）的短宽翅膀就很低。它是一个或多或少与身体质量无关的形状因素。这也告诉了我们，飞行性能取决于翅膀的哪些部分，又是哪个部分贡献了翅膀的展弦比。一般情况下，具有高展弦比的鸟类速度较快，阻力较低。手翼占据翼展的大小对鸟的飞行能力有很大影响。信天翁的手翼比例不到 50%，而雨燕为 75%，这在一定程度上解释了信天翁不擅长低速机动的部分原因，尤其是在恶劣风力条件下。低宽径比的鸟类能够缓慢地滑行和迅速地起飞，或者擅长短程复杂的飞行。在这一类别中，宽大的手翼通常构成机翼面积的较大部分。

手翼锋利前缘所占翅膀长度比例的初步测量有很大的差异，这与优势飞行行为有较好的相关性。众所周知，能够高飞的鸟类（秃鹰和鹳）的手翼占翅膀总长的 40%~45%。这一比例略低于极端滑翔者（信天翁），其手翼占翅膀总长度的 1/2。鸣鸟手翼长度占比集中在 70% 左右，而更敏捷的更快的飞行者，包括雨燕和游隼，通常达到 75%。我们发现蜂鸟的翅膀是最极端的，手翼长度超过了总翅膀长度的 80%。

▆ 2.5 鸟类翅膀的功能性解释

鸟类翅膀的气动解释非常困难，这不仅是因为它们的复杂性，包括手臂和手部的不同，以及小翼羽的存在，而且还因为在拍打周期中，它的高度动态形状发生了剧烈的变化。

研究翅膀功能的一个简单方法是取下翅膀的各个部分，并以某种方式研究剩余部分的飞行性能。Pettigrew（1873）移走了家麻雀 1/2 的次级飞羽和 1/4 的初级飞羽得出结论：致残并没有损害飞行，但是他的论文并没有说明如何去除以及去除了哪个位置的羽毛。Lilienthal（1889）做了一个鸽子的试验，如图 2.8 所示，它没有去除羽毛，而是将一些羽毛拧紧在一起。这幅图展示了最极端的情况，但是鸟类仍然可以持续飞行，且飞得又高又快。Boel（1929）引用了 Richet 的试验，试验中移除了鸽子的所有二级、三级飞羽和 3~4 个近端初级飞羽，但是其仍然能够正常飞行。最近，Brown 和 Cogley（1996）使用了和 Pettigrew 相同的动物也得出了同样的结论。他们去除了麻雀所有的第二、三级飞羽和覆羽，只留下了翅膀上 6 根最远的初级飞羽。这种处理对在无风通道中飞行的距离没有明显的影响，即使在额外移除 8~16 mm 的剩余初级飞羽尖端后，飞行距离在重复实验中也很难缩小。而在削剪 24 mm 的剩余初级飞羽后情况发生了很大的变化，这时鸟类在其他条件相同下飞行时，只会飞到不到 10% 的距离。同样的羽毛处理也适用于前膜被垂直于前缘的切口切断的鸟类，切断后的鸟类大约有 50% 的臂翼表面仍然存在。在 6 根初级飞羽有完整长度或从顶部移除 8 mm 的情况下，鸟类的飞行能力不受影响。而当移除初级飞羽顶部 16~24 mm 的距离时，平均飞行距离会急剧下降。必须承认，我不喜欢这种试验，但正是由于鸟类的牺牲，我们可以更好地利用这些结果来提高我们对鸟类飞行的理解。奇怪的是，Brown 和 Cogley 使用了一个非常简单的二维稳态空气动力学计算机模型，得出了一个不合理的结论，他们得到弯曲的前膜是腕部近侧翼产生升力的主要部件。但是，他们忽略了自己的重要发现，即剩下的 6 根最远端初级飞羽足以让鸟类在正常飞行距离上往复飞行，即使在额外去除 8 mm 的尖端羽毛和减少 50% 的前膜表面之后也没有明显的影响。这些试验告诉我们，鸟类在扑动飞行的过程中，远端初级飞羽在产生升力和推力方面起着关键且唯一的重要作用。

图 2.8　Lilienthal（1889）展示了他最极端的试验，鸽子仍然能够飞得又快又高

■ 2.6　尾部结构与功能

尾部由几个尾椎脊椎骨和由脊椎的最后一个脊椎骨融合的尾综骨支撑（Baumel，1979）。尾巴形状和大小的多样性也很明显。本节最后一段将讨论与飞行有关的形式和功能之间的关系。

鸟类尾巴的解剖学研究是复杂多样的。尾羽（学名为大飞羽）被植入由高度进化的脊椎支撑的宽阔粗短尾巴上。Baumel（1988）、Gatesy 和 Dide（1993）对鸽尾进行了详细的研究，结果表明，飞鸟尾的功能形态大致相同；因此图 2.9 中的鸽子尾巴可作为大多数物种的模型。尾巴骨架中可移动的部分由 5 块、6 块甚至 7 块尾状椎骨组成，并以一个尾综骨结束。更多的是，一些尾椎与骶骨融为一体。凹前和凹后的球形表面在游离椎体之间形成了关节，该关节允许任意方向的运动。尾综骨由尾端伸展成垂直板的脊椎骨型身体组成。它与最后一个游离椎骨的连接是一个位于尾综骨前部的水平铰链关节，该关节有一个横向的半圆柱形缺口。在尾综骨的每一边，鳞茎（rectricial bulbs）形成了 12 个舵羽的座位。鳞

茎是纤维脂肪结构，部分由横纹肌和直肠大疱包裹。尾端脊柱两侧的凹穴形成关
节，鳞茎可以在其中移动。6 对肌肉连接脊椎骨、尾综骨和鳞茎到骨盆、骶骨、
股骨和肛门。鳞茎负责通过将直肠的胼胝体拉在一起来扩展尾扇。另一种尾肌的
功能是保持和移动可调节的尾扇。第 7 章将讨论在起飞、水平飞行和着陆过程中
这些肌肉的肌电记录。

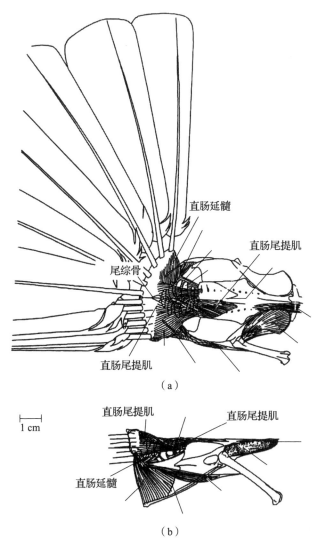

图 2.9　作为所有鸟尾的模型的鸽子尾巴的形态学

（a）背视；（b）侧视（Baumel，1988；Gatesy，Dial，1993，得到版权许可）

在鸟类的尾巴中，多达 24 条尾羽的长度和形状都不相同，形成了几乎无限种类的尾巴设计。并非所有的多样性都与飞行有关，装饰性尾在繁殖行为中也起着重要作用。

尾巴的形状和大小在鸟类中有很大的不同，种类可能比翅膀的种类还要多。然而，并不是所有的种类都与飞行有关。许多极端的尾巴构型只属于雄性，目的是以这种方式给雌性留下深刻印象或者展示实力（也就是说，雄鸟甚至有足够的力量带着障碍飞行）。如果我们把注意力集中在雌性的尾巴和那些没有性二态尾巴的物种上，尽管这个种类仍然很多，但可以缩减到几种一般模式。然而，迄今关于尾巴功能的阐述很少。尾巴的形状不仅在不同物种之间不同，而且由于尾扇的扩张和关闭，也可能在不同时刻迅速变化。尾巴的左右半部通常是对称的，但在展开和倾斜的程度上的差异可以造成高度的不对称。外尾羽可以有一个更窄的外部和更宽的内部羽片，但大多数其他羽毛是左右对称的。表 2.1 显示，大多数主要鸟类群体有 12 根舵羽，有些鸟类有其两倍多的舵羽数量，而有 8 根舵羽似乎是最少的。鸭、鹅、天鹅和鹈鹕最多可达 24 根舵羽，而鹪鹩则没有功能性舵羽。在大多数飞鸟中，最外缘的羽片通常是不对称的，而外部的羽片比内部的羽片窄得多。许多鸟的羽毛都一样长，在这种情况下，折叠的尾巴有一个狭窄的矩形形状，当它展开时形成一个弧形。在分叉的尾巴中，向中心的舵羽变得越来越短。深叉尾在展开时呈反圆形，浅叉尾在展开位置上可能呈直线后缘。像普通的喜鹊、蝙蝠、野鸡、塘鹅以及一些鸽子和布谷鸟，它们有一条楔形尾巴，其中央羽毛稍长，外层羽毛较短，这种尾巴展开时呈细长的铲状。在较古老的种群中，雌性与雄性均有极长的中央羽毛，如热带鸟类、贼鸥、食蜂鸟，一些种类的沙鸡和一些单一的物种，如南美长尾鸟和蛇鹫。

在同一个功能群体中，尾巴形状的差别也可以很大。在空中捕食者中，如燕子、岩燕和雨燕，尾巴形状有短的方形或尖的粗短形，还有极其长的长叉尾巴，如家燕的尾巴。一些雨燕的毛发就像竖起的轴（棕色背针头）。在各种爬行鸟类中都能发现坚硬的矛角。南部鸸鹋和鹪鹩的尾羽似乎是由一根长着松散细钩的轴组成的。

表 2.1　一些主要飞行鸟类群的尾巴上的舵羽数

(Lucas, Stettenheim, 1972; Van Tyne, Berger, 1976)

数量/根	品种
8～10	杜鹃
8～12	鹭
8～14	Rails、秧鸡
10	雨燕, 蜂鸟, 夜鹰 (但普通的雨燕有 12 种：多中心性)
12	啄木鸟、咬鹃、翠鸟、鹦鹉、金刚鹦鹉、典型猫头鹰、鸽子、鸽、鹤、矶鹬、珩科鸟、鸥、燕鸥、alcids (已灭绝)、鸣鸟
12～14	鹰, 鱼鹰, 猎鹰, 卡拉卡拉鹰, 鸬鹚, 新世界的秃鹫
12～18	鹌鹑、雉鸡
12～24	鸭子、鹅、天鹅
16～20	潜鸟
22～24	鹈鹕

与飞行有关的尾部结构的功能性解释通常是相当笼统的，而且很少有试验证明的支持。这需要了解尾巴的空气动力学，第 4 章将介绍我们研究的内容。

■ 2.7　与飞行有关的身体其他部分

我们还没有关注身体、头部和后腿在飞行中的作用。在飞行中，我们期望身体和头部形成一个良好的流线形，前面是一个圆润头部，后面是一个尖尾。最大直径应处在长度的 1/3 位置，且直径与长度之比应在 1/5～1/4。这样的分配就鸟类而言，在某种意义上是最佳的，因为它在最大的体积时，阻力却是最小的。凯利在 1809 年第一次描述了这个问题 (Gibbs‑Smith, 1962)。如果我们把尖喙排除在外，鸟的头部和身体的形状就接近这个理想流线形。

长颈的鸟类要么在飞行中拉伸脖子，比如鹤和天鹅，要么像鹈鹕和苍鹭那样把脖子缩回去。颈长决定头部相对重心的位置。鸟类可以利用伸展能力来调整重心的位置。盘旋在空中的鸟类可以利用拉伸或收缩颈部，以保持头部相对于地面的固定位置保持不变 (见第 6 章)。在第 1 章中，我们看到 Borrelli 担心飞行中长脖子和头的横向移动对飞行的影响（图1.2）。在飞鸟的飞行方向上，喙是最主要的结构。在鸟类之中，现有的各种奇怪的鸟喙形状也让我们产生了这样的疑问：飞行过程中所遇到的空气动力学阻力是否与拥有大的正面部分有关。空中捕食者，如雨燕有一个小喙，通过张开它来捕捉昆虫。其他鸟类用它们的嘴携带大量物品、大型猎物或筑巢材料。然而，对所述情况下，这种结构的影响还缺乏认真的调查，我们不知道这些对鸟类来说所代表的障碍有多大，以及如何适应它们成功飞行。

鸟类在起飞和着陆时需要起落架，在起飞前用腿和脚推开，或者需要助跑一段距离，在着陆时通过脚和腿吸收多余的力量。另外，也可以用腿来动态地控制重心的位置。有些鸟把腿塞在羽毛下面；另一些则把它们向后伸展到尾巴下面。捕食鸟会将猎物携带在靠近身体的位置，或者放在伸长的腿末端的爪子里。鱼鹰以携带大鱼在头部而形成流线体而闻名。我在埃塞俄比亚的贝尔山脉看到了一只黄毛鹰是如何利用巨大的鼹鼠做流线形的。当然，在许多物种的起飞和着陆过程中，腿和脚都是重要的装备，它们被许多鸟类用作空气制动器，特别是那些有蹼足的鸟类，如可以看到海鸥和鸬鹚使用这个技巧。请注意，如果封面上的画是一个着陆器，这是艺术家忘记了脚趾之间存在的网状物。Wilson观察到，小海燕在离水面很近的地方翱翔时，会把它的蹼脚插入水中当作一个海锚。这只鸟逆风滑行，风相对于水向鸟的后方吹去。风中的鸟利用水作用于脚上的拖曳力平衡身体上的阻力，并使鸟的绝对速度小于风速，从而形成鸟与风的相对运动以产生升力。这只鸟就像一个风筝，绳子中的张力抵消了风筝上的空气阻力（Withers，1979）。

■ 2.8　总结和结论

从比较解剖学观点来看，鸟类翅膀高度进化的内部解剖显示了一种共性模式。然而，在未来的鸟类飞行研究中，需要更多地关注具体的特征。

所有飞鸟翅膀的外部由两个不同的部分组成：臂翼和手翼。臂翼的横截面具有典型的气动剖面，它具有圆形的前缘，弯曲的形状，以及尖锐的后缘。手翼主要由初级飞羽组成，这部分的前缘是锋利的，因为它是由最外层的狭窄羽片形成的。手翼的横截面通常是平的或稍微弯曲的，前缘和后缘都是锋利的。羽毛的凹缘与初级飞羽的展开在许多大型鸟类的翼梢附近形成狭缝。

在大多数鸟类中，手翼占翅膀总长度的 1/2 以上。非常专业的飞行者（蜂鸟和雨燕）有最长的手翼，而且几乎完全用它来飞行。另外，信天翁和巨型海燕具有长的臂翼，能够在滑行期间将翼锁定在极限伸展位置。

翅膀相对于身体作为一个整体的运动受到限制，同时翅膀本身的行动自由也受到限制，但并非在所有物种中都相同。在大多数群体中，肩关节允许有最大的自由度。折叠和伸展是相当好的理解，尽管这一知识是基于少数物种。腕关节是复杂的，是否能改变其动态特性取决于骨元素的配置。

可以通过研究鸟类飞行装置不同的尺寸，来了解不同功能群之间的差异。蜂鸟和海雀不遵守其他群体似乎正在出现的规则。我们必须认识到在一些场合下，虽然尺寸相似，但是形态是不同的，所以可能需要不同的功能解释。

移除翅膀各部分对飞行性能影响的试验得到了一个非常一致的结论：远端的 5~6 根初级飞羽对飞行能力至关重要，翅膀的其他部分几乎不影响这种能力。

鸟类尾巴是脊椎动物中独特的，而且是极富有衍生的结构，其主要由几个尾状脊椎骨、一个尾综骨、以及包被在肌肉中的鳞茎和多达 24 个舵羽组成。尾巴左右对称，可以展开、折叠和横向倾斜。其形状变化很大，这取决于伸展的程度和不同长度的羽毛的分布。虽然对某些尾部形状有功能性的解释，但是得到的证据都是间接的。

鸟类身体的形状，包括头部，通常是相当精确的流线形，允许有最大的体积时只受到最小的阻力。有些长着奇怪喙的鸟类可能是在自然选择下进化的，空气动力设计在其中并没有发挥重要作用。腿和脚在起飞和着陆过程中是很重要的，它们可以用作空气制动器，运载重物，调节重心的位置，并且可用作海锚（Wilson 的小海燕）。

我们想要对功能形态有更好的了解，就需要更仔细地观察使这一群动物能够飞行的独特结构——羽毛。

第**3**章

飞行羽毛

3.1 引言

羽毛是鸟类的标志。鸟类在飞行的动物群中是独一无二的，因为飞行能力完全基于高度复杂的可变尺度。羽毛有各种各样的形状和大小，同时有多种功能。我们对飞行相关羽毛的结构和功能特别感兴趣。关于鸟类骨骼复杂功能的研究虽然使我们对鸟类飞行原理有了很多认识，但还不能解释全部疑惑。因此，与飞行有关的羽毛形态是很有趣的，特别是与力学和空气动力学特性的结合。我们在第2章看到了羽毛是如何在表面形成升力和推力的，所以需要详细了解羽毛作为主要结构单元的结构和力学特性，以了解它们如何与空气相互作用。羽毛是在复杂功能中使用的死结构，鸟类的羽毛和活的部分之间的联系是由皮肤、肌腱、肌肉和神经组成的。为了理解飞行，我们需要知道这些工作是如何作为一个功能部件与其他飞行设备和中枢神经系统相互作用的。

本章首先描述了轮廓羽毛的复杂的宏观和微观结构。羽毛必须坚硬、结实、轻盈、有弹性，这些看起来似乎是不兼容的约束条件。本章给出并讨论了轴和羽片力学性能的测量结果，羽毛微观结构的差异用于对不同羽毛进行分类。本章还介绍了主要的初级飞羽凹缘现象。

尾部的一些羽毛偏离了正常的模式，我们需要知道这些偏差与飞行是否有关系，又是怎样影响飞行的。

然后，讨论了羽毛的植入以及它与肌肉、肌腱和神经系统的联系。毛囊、相关的肌肉和神经在检测运动中的作用也是非常有趣的，有触觉传感器和运动神经的反馈系统对飞行控制来说至关重要。

3.2 轮廓羽毛的一般描述

羽毛是一种死亡的、极其复杂的表皮结构，主要由角蛋白构成。通常的形式是由一个轴延续到整个长度，在轴的两边各有一个羽片，沿着轴的远端部分延续到顶端。一根羽毛的轴或者羽毛管被命名为羽根，它靠近鸟的身体，然后在轴的稍远端有羽片附着在其两侧。以下轮廓羽毛的一般描述主要来自 Lucas 和 Stettenheim（1972）的标准工作。图 3.1 给出了这一描述，但在阅读时，手边有几根大羽毛也是很有启发性的。

3.2.1 轴

从皮肤上的毛囊中冒出的羽枝，是一种管状中空结构，由一根覆盖在发育中的羽毛上的干鞘所覆盖。在羽枝下尖端有一个小的凹陷——下脐，它接近羽毛的根部内侧。这是动脉在发育阶段进入的地方。在羽毛的早期阶段，上脐是血液供应的另一种方式，它位于羽根生长成轴的地方。羽根通常是透明、干燥的遗骨，常可在轴向动脉周围的早期血管系统中找到。羽枝的下一部分是坚实的羽轴，周围是硬的皮质层，并且充满海绵组织（髓）。构成髓的大细胞充满空气，使轴呈白色和非透明的。横截面显示了轴的形状，在背侧它是光滑的、凸面的；在许多情况下，可以看到它有纵向条纹，这些是平行的皮质脊，一直凸出到内部的髓中。轴的两侧是平的或稍凸的，通常比背侧和腹侧薄（Hertel，1966；Oehme，1963）。轴的近端在腹侧中部有一个凹陷，形成一个凹槽。

飞羽的羽根相对较长，在天鹅的初级飞羽中，它可能占总长度的 30%，有一个椭圆形的横截面。大型鸟类的轴内有一个空腔，从底部到顶端超过几厘米。皮质脊提供刚度。

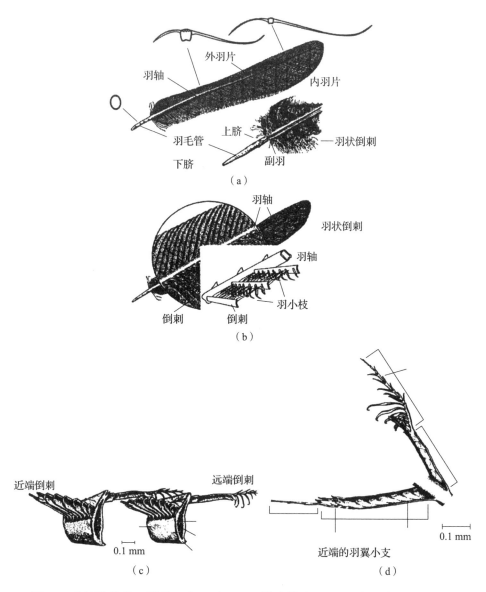

图 3.1　飞羽的结构（详见正文（以 Ennos 等为基础。1995，得到版权许可；Lucas，Stettenheim，1972；van Tyne，Berger，1976））

（a）鸟类初级飞羽的形貌概况，其截面位于三个指示位置，并放大了近端部分；（b）羽状细钩和连接枝的放大图片；（c）连续两次倒刺的切片，说明近端和远端倒刺之间的联系；（d）形成近端和远端羽小支结构的详细描述

3.2.2 羽片

羽片由一排排平行的细钩组成，从上脐上方开始延伸，它们在外观上通常是蓬松的。羽片有良好的结构，由联锁的羽状细钩组成，但是最近端的细钩不相互连在一起，而是呈羽状或绒毛状。更重要的是，羽毛以羽状羽片为主，通常不是直的，而是向下弯曲和侧向弯曲的。在横向上，远离轴的位置，羽片可以向下弯曲、向上弯曲或先向下后向上弯曲。在许多大型鸟类的初级飞羽中，外缘或前缘羽片向下弯曲，而内缘或后缘羽片在轴附近向下弯曲，在边缘附近又急剧向上弯曲。不对称飞羽的窄前缘羽片总是比形成后缘的宽羽片更硬，这种差异与倒刺间距的差异有关。倒刺出现在轴的两侧，数量几乎相等，间隔变化通常为 0.1 ~ 1 mm，它一般于靠近羽毛的顶端。细钩的长度差别很大，在一个羽片之间，在内部和外部羽片之间，以及在羽毛之间都会有差异。细钩在指向尖端的尖角下与轴相连。细钩通常在横截面上弯曲，特别是初级飞羽上的外羽片。细钩的基部插入相对于轴来说更倾向于接近羽毛的顶端，也就是说背缘比腹侧更接近顶端。这个斜插入会在远端消失，变成背腹紧贴尖端。鸽翅初级飞羽外羽片细钩的分枝角从基部附近的 40° 下降到尖端附近的 20°。对于内羽片，靠近基部时是 47°，在尖端附近时是 35°。初级飞羽外羽片的平均分支角在翼前缘附近向最远端羽毛方向减小。一个普遍的规则似乎是，羽片的不对称性越大，外部和内部羽片细钩的分支角度的差异就越大 (Ennos,et al. ,1995)。

在横截面上 [图 3.1 (a)]，初级飞羽的羽片通常比轴上的羽片薄。上表面与轴的背面平齐。在较低的表面上，轴伸出并形成一个边缘。信天翁和巨型海燕的初级飞羽与其他鸟类不同，因为它们的羽片很厚，在羽毛的顶部和下部形成光滑的表面 (Boel,1929)。手翼中的这些大量的初级飞羽可以形成合理的常规气动横截面形状，由于这种现象，信天翁和巨大的海燕缺乏锋利的前缘手翼。

3.2.3 微观结构

羽毛的细微结构很难用肉眼看到。Mascha (1904) 详细描述了翅膀羽毛的细微结构；Sick（1937）在一篇有 166 页关于羽毛细微结构的文章中提供了更多的细节。

每个细钩由一个安装在近端和远端上部的羽小支上的羽支组成［图 3.1（b）和（c）］。羽支从底部到顶端逐渐变细。横截面的形状不仅在每一个羽支上有很大的差异，而且在一只鸟的羽毛上和鸟类之间也有很大差异。横断面显示，羽支由一个周围充满髓细胞的皮质包裹，但是骨髓与羽支不连续。在猫头鹰和夜鹰中，它由一层垂直的髓细胞组成。皮质有背侧脊、腹脊和背脊，同时每个背侧脊在靠近羽支的位置有一个凸起。

羽状细钩的羽小支是形成一排结节和茎节单细胞的简单茎［图 3.1（d）］。羽状的羽小支要复杂得多，每根都由一个基部和一个远侧摆组成。细钩的远端与近端有显著差异。远端的羽小支通常有一个简单的板，就像基部靠近边缘呈锯齿状，到最后变成齿状和刺状。它们有一个复杂的摆带，有很多的副产物羽纤支。这里尽管称为纤毛，但是它们是死结构，与真正的纤毛不同，它们不能移动。长度更长且末端带钩子的羽纤支是一种类钩结构。近端羽小支的基部是一个在背部脊柱和腹齿处结束并且带有背缘的弯曲板。近端羽小支的摆带通常是简单的，远端羽小支的钩子与近端羽小支的背侧缘相连。

初级飞羽细钩的分支通常在下侧有扩展的腹脊（外皮）和边缘［图 3.1（c）］。腹侧分支的脊的尺寸有很多的种类。在大多数鸟类中，脊很小或者不存在。中等宽的腹脊见于鹈鹕、苍鹭、鹳、秃鹰、鹰、沙雀、珩科鸟和沙鸡，它们略有重叠，呈现出天鹅绒般的外观。在某些飞羽和舵羽中有非常宽大的外皮，像信天翁、鸭子、鹅、天鹅、鹰、部分猫头鹰和一些鸡形目的鸟。此外，还有一种奇怪的对分脊广泛分布在西方山鸡、欧亚黑松鸡、柳鸡、一些野鸡、灰鹦鹉和火鸡中，但在鹌鹑、珍珠鸡、红腿鹦鹉、普通野鸡和鸡中却没有。有弹性的表皮覆盖在细钩之间的空间，可能在下扇时起到瓣阀的作用，防止空气向上通过形成充满空气的腔室。在一些鸟类中，表皮的结构在羽毛的下面会产生一种特殊光泽。很难解释为什么有些群体的腹脊扩张形成了表皮，而另一些则没有。

飞羽的羽枝在大小和间距上相当恒定。例如，一只欧亚鹰初级飞羽的羽片中部的远侧羽，仅为剑嘴蜂鸟的长度的 3.5 倍，而这两个物种的体重和体长分别是

1 000 倍和 10 倍的关系。远侧羽小支之间的距离为 20～30 μm，近侧为 30～40 μm。远侧羽小支与倒刺的夹角范围为 29°～58°，近侧为 10°～41°。然而，内羽片与外羽片之间有明显的差异。内羽片基部较短，较宽，上摆较长，细钩较少，纤毛较多。裂片状近端纤毛仅见于内羽片。大多数复杂羽毛的微观结构都没有功能上的解释，更不用说这些结构之间的差异性了。

3.3 羽毛力学性能

羽毛必须轻，坚固，并且是不透风的。轻是因为羽毛是鸟类质量的一部分，在飞行过程中必须克服重力。翼羽必须是轻的，因为它们被周期性地加速并绕肩关节周围的某一距离旋转。拍动翼的振幅，以及惯性力的大小，随着翅膀的质量以及与肩关节的距离的增大而增大（表 1.1）。因此，对初级飞羽的轻量化要求极高。同时，它们将经历最高的循环载荷。对于一个与羽毛一样复杂的结构而言，强度不是一个简单的属性，因此轴在一定程度上需要既坚硬又有弹性，以避免屈曲和断裂。同时，支撑羽片的细钩被装载在不同的轴上。羽小支，特别是带钩子和纤毛的部分是脆弱的结构，对摩擦磨损的耐受性可能较低。此外，鸟类在日常修整时会适当整理微结构，所以也会对这些结构造成一定量的磨损，蜕皮的时间很可能与羽毛结构的磨损有关。这些微结构对羽毛的抗风也起着重要的作用。这在初级飞羽中是最重要的，因为当机翼被伸展时，它们形成一个单层，与邻近羽毛的羽片重叠。手翼远端的透气性完全取决于初级飞羽羽片的气密程度。

由于解剖结构的复杂性，很难全面评估羽毛的力学性能。通过对相关文献的调研，可以了解我们在这个问题上的知识现状。

3.3.1 硬度和弹性

羽毛是由角蛋白构成的，分子质量（原子质量的总和）约为 10 kDa（1 kDa = 1 000 道尔顿；道尔顿是一种质量几乎等于氢原子的单位，它的质量约为 1.66×10^{-27} kg）。角蛋白是一大类复杂蛋白质的名称，通常可以在脊椎动物的皮肤结构中发现。羽毛的角蛋白比鸟喙和鸟爪更轻，其分子质量为 15 kDa。分子质量的差异反映了硬度的差异，同时也与耐磨性成正比。抗压痕测试作为衡量紫翅椋鸟初级飞羽轴硬度的一种指标，显示了其硬度值约为喙硬度的 1/2（Bonser，1996）。黑色素，一种黑色的聚合色素，被认为可以改善羽毛的硬度。它的分子质量约为 180 Da，是水的 10 倍。黑色素微粒嵌在黑色羽毛的角蛋白中，这就意味着黑色的羽毛比白色的羽毛更重、更硬，也有很多间接证据支持这一假设，在极端条件下飞行的鸟类如普通的雨燕和护卫舰鸟都有黑色的翅膀。有几个示例表明，与正常颜色的同类鸟相比，白色羽毛的磨损更多。用柳鸡的初级飞羽轴进行的试验表明，含有黑色素的轴背部的硬度比白腹部高出 40%（Bonser，1995）。

要折断一根羽毛的困难程度取决于它的韧性，定义为每单位横断面积所需要的能量。Bonser 等（2004）使用了脚趾甲刀测量羽毛的韧性，通过逐渐线性增加脚趾甲刀锋利刀口之间的力，直到刀口相互接触，测试了鸵鸟羽毛近端背侧的小块角蛋白。在剪断样品的过程中，记录了趾甲刀的力和位移。脚趾甲刀通过 0.5 mm 厚羽毛所产生的位移过程中得到一条力曲线，通过计算力曲线下的面积计算出所做的功，可以通过移动没有夹取试样的脚趾甲刀记录数据作为修正参数（单位时间内力置换的距离所做的功用 J 表示）。为了获得韧性，切割试样所做的功需要除以其横截面面积，并得到纵向切削试样的平均韧性为 $3 \sim 8 \ \mathrm{kJ \cdot m^{-2}}$，横向切削时为 $11 \sim 18 \ \mathrm{kJ \cdot m^{-2}}$。鸵鸟的羽毛，很有可能和其他所有鸟类一样，是为了避免横轴被折断。迄今没有对羽毛韧度进行其他方式的测量。

弹性是结构在极端动载荷作用下的另一个重要性质。Bonser 和 Purslow（1995）对初级飞羽轴上的角蛋白小条进行了拉伸试验，以确定一些物种的初级飞羽的硬度。如预期的那样，羽毛尖端的刚度下降主要取决于局部截面的表面积和材料的弹性模量（弹性模量是每单位截面积所需的可将样本拉伸至原来长度 2 倍理论力）。大多数材料不会允许这种情况发生，如果拉伸过远，在达到双倍长度之前很久，就会发生断裂或永久变形。在这种情况下，弹性模量是根据实测的应力梯度（单位面积的载荷）-应变（单位长度的伸长率）曲线计算的，其中变形是纯弹性的，曲线是线性的。平均弹性模量为 2.5 GPa（$1 \ \mathrm{GPa} = 10.9 \ \mathrm{N \cdot m^{-2}}$），从灰鹭的 1.8 GPa 到黄毛猫头鹰的 2.8 GPa 初级飞羽不等，与体重无明显关系。

天鹅、鹅和鸵鸟初级飞羽的弹性模量从基部到顶端的变化已经过测试（Cameron，et al.，2003）。天鹅轴的弹性模量从基部附近的 2 GPa 增加到顶端的 4 GPa 左右，鹅的弹性模量相比于天鹅有所提高，在 3～5 GPa 范围内。鸵鸟初级飞羽弹性模量平均值约为 1.5 GPa，轴顶部无明显增加。在飞行鸟类中，弹性模量从基部到顶端的增加表明，绝对刚度并没有像截面面积的减小那样急剧减小。在飞行中，由于轴的刚度存在，羽毛弯曲并储存弹性能量。问题在于，如何使被测羽毛角蛋白的杨氏模量向顶端增加。这可能是由轴的结构变化引起的。Bonser 和 Purslow（1995）讨论了纤维定位不同的轴的角蛋白外层和内层可能的作用。在外层，角蛋白纤维呈圆周定向，而在内层中，角蛋白纤维与轴的纵向平行运动。纵向对齐角蛋白的比例向尖端增加，因为外层在该方向变得更薄。X 射线衍射分析表明，羽毛角蛋白纤维主要由螺旋排列的角蛋白分子组成。Cameron 等（2003）展示了在天鹅和鹅中，角蛋白纤维更纵向地向初级飞羽的顶端排列。分子排列的这一变化与杨氏模量的变化有关，很可能是导致这一变化的原因之一。

在鸽子中，翅膀最外面的羽毛在背腹和侧面具有一样的硬度。其横向弯曲刚度高于横向不像背侧一样的其他初级飞羽。鸽子初级飞羽的轴背腹抗弯曲力随着鸟的体重的增加而增加（Purslow，Vincent，1978）。有趣的是，Worcester（1996）的测量表明，在不同物种中，体型较大的鸟类比小型鸟类具有更灵活的初级飞羽。

关于羽片力学性能的研究很少。Ennos 等（1995）研究了垂直于羽片表面方向的阻力。一般来说，外部初级飞羽的羽片比内部初级飞羽和次级飞羽的羽片更强。在大多数翼片中，羽片所受的向下运动的阻力大约是向上运动阻力的 1.5 倍。在阻力相等的情况下，最外层初级飞羽的羽片就不是这样了。我们必须记住，这只是在鸽子翅膀上得到证实。

Butler 和 Johnson（2004）测试了 302 个鱼鹰的初级飞羽上的宽内羽片的细钩，试验需要把每一根细钩的几厘米长的碎片拉到断裂为止。鱼鹰的初级飞羽有垂直于轴的黑白条纹。平均而言，当细钩延伸到卸荷长度的 6% 时，倒刺就会断裂。断裂力首先从近端的 0.5 N 增加到离羽毛远端 1/2 距离的 1.7 N；然后进入平稳期。最远端的倒刺（约 95% 的羽毛长度）在 0.8 N 左右断裂。倒刺的截面积大致随断裂力的变化而变化，在羽毛长度的70%左右处达到最大值，从那里到远端又逐渐减小。断裂应力定义为皮质材料单位横截面积的断裂力，在0.28 GPa的范围内，沿羽毛的断裂力大致相同。令人惊讶的是，黑白细钩的断裂应力没有差别。

3.3.2　原位应变测量

到目前为止，所处理的测量结果都是使用从鸟类上去除的羽毛获得的。Corning和Biewener（1998）测量了鸽子在飞行时初级飞羽上的轴向应变，试验中小应变片粘在羽根远端约2 cm处的5根初级飞羽和1根次羽的背表面上。

应变计是一个小金属条。电阻的阻值与长度（应变）的分数变化量成正比。长度的变化和电阻的变化可能很小，所以测量是在惠特斯通桥中使用应变计作为电阻。在桥上测量的电压随应变计中的电阻变化而变化。测量之前需通过施加已知的力进行电路校准。

向上弯曲的羽毛压缩应变计，向下弯曲则拉伸应变计。应变计本身和胶水的影响不能被记录，只能记录到羽毛的背部和腹部弯曲应变的相对变化。图3.2显示了在9 m直线飞行中，第9根初级飞羽的典型结果。飞行速度约为5 m·s^{-1}。

鸽子使用了18个翼拍周期。图3.2（a）显示，向上产生升力的应变是向下应变的2倍。图3.2（b）是一个被放大的象征性翼拍顺序，开始于翅膀向后和向上摆动。羽毛被弯下时，轴上的应变是负的。在下一阶段，展翅是为了准备俯冲。由于向上弯曲的羽毛产生的正应变，在整个下降过程中一直增加，就在上冲程开始前达到最大值。速度慢、身体与水平角大以及翅膀拍频周期运动学极限表明，应变记录可能也是相当极端的。比较试验结果表明，在一般情况下，远端羽毛具有较高的峰值应变。第8根初级飞羽有最大应变，比次羽上的应变高2.5倍。令人惊讶的是，第9根初级飞羽的峰值比近邻初级飞羽的峰值低得多。

3.3.3　透气性

翅膀上下空气之间的压差对于产生升力是必不可少的，因此翅膀需要是密封的，以保持这种压差。飞羽（初级飞羽、次羽和尾羽）是不受空气影响的，因为在近端和远端的羽小支上有较大的弯曲基板。轮廓羽毛则没有这些，而且是会被水渗透的。Müller 和 Patone（1998）比较了茶隼的飞羽和覆羽的空气透气性。透气性表示为单位时间内每单位压差的空气通过量。在试验中使用的羽片的压差为 390～1 800 Pa，其中第一个数字可以被认为是现实的；而第二个数字是过大的。空气通过羽片的流量随压差的增大而线性增加。平均而言，背侧向腹侧的透射比比相反方向高 10%。最引人注目的结果是，初级飞羽的狭窄外羽片、次羽和覆羽的透射比平均是内部羽片的 10 倍。差别最大的是次级飞羽，有 2.3×10^{-3} m^3·s^{-1}·N^{-1} 空气从外羽片漏出，只有 0.12×10^{-3} m^3·s^{-1}·N^{-1} 通过宽的内羽片漏出。Müller 和 Patone 认为，这种现象有助于在俯冲中将个别的羽毛相互压在一起。当压力从下面来时，内部羽片较少被推到上覆羽毛的外羽片上。

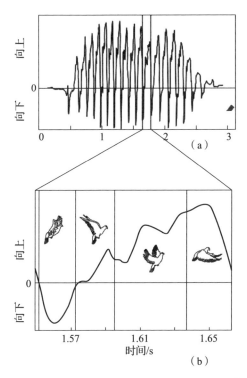

图 3.2　在短期飞行中，记录到的鸽子第 9 根初级飞羽的相对背侧和腹侧弯曲应变。图（b）是放大的图像，以显示与翼拍周期有关的应变（引自 **Corning，Biewener，1998**，得到生物学家的善意许可；请参阅文本以获得解释）

（a）相对应变；（b）相对应变

■ 3.4 飞行相关微结构的功能解释

3.4.1 初级飞羽重叠区

被修饰的远端羽小支出现在初级飞羽之间的重叠区。图 3.3 显示了鸽子的重叠形态。在每个重叠区中，子区域已被区分；在重叠区外，远端羽小支没有特异化，它们有一个带有几个腹状钩和一个单一背侧纤毛的短摆带。内羽片上部的一个大区域内有远端羽小支，其上带有延长的摆袋、裂片状的背纤毛、腹纤毛，以及更多的钩子。前一根或两根背纤毛通常是分叶状，并且是被扩大的。在羽片的边缘，远端的羽小支开始由长变短，但仍比未特异化的远端羽小支大。摆带只有几个节。当从一个区域传递到另一个区域时，远端羽小支的形状有一个逐渐的转变。如果摆带和背纤毛与分支接触则与上覆羽毛的分支腹脊接触。摆带甚至可以延伸到分支和接触近端羽小支的基羽之间。在这一点上的描述是模糊的，部分原因可能是由于对重叠区结构的功能的看法。我们首先描述了重叠区的解剖结构，认为远端羽小支的特殊结构是为了制造摩擦。例如，Sick（1937）描述了黑鸟完全伸展的翅膀是如何与修饰的远端羽小支所占据的区域重合的，并得出结论认为，正因此这些结构在羽毛之间产生摩擦（这一点很难怀疑）。Graham（1931）声称，当他试图打开羽毛紧贴在一起的翅膀时，他能感觉到摩擦区的刹车效应。Lucas 和 Stettenheim（1972）并没有争论这个功能，只是简单地将德语术语 reibungsraen 翻译成了"摩擦羽小支"。事实上，没有真正的证据表明上部的远端羽小支上微小结构会引起摩擦，且从飞行机理角度分析，羽小支上微小结构引起的额外摩擦对飞行是不利的。在飞行中，大多数鸟类在每一个翅膀拍打周期中都会张开和关闭它们的翅膀。在鸟翼伸展和弯曲过程中，克服摩擦力的能量消耗将是非常大的，位于翅膀上的伸肌和屈肌必须提供力量才能完成这一动作。但是，为了尽量减少鸟翼的质量和扑翼的转动惯量，翅膀上的肌肉应尽可能少，因此不太有可能提供克服摩擦的额外力量。

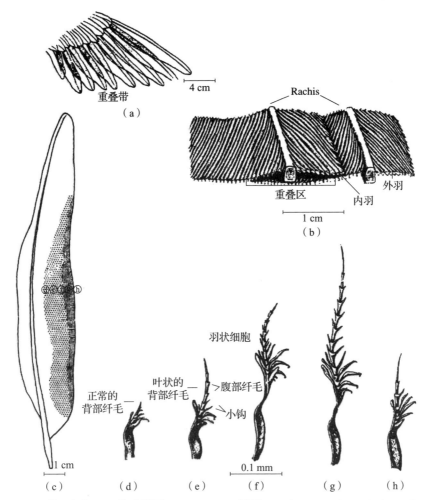

图 3.3 鸽子初级飞羽的重叠区（R. B. Ewing 的图 174（Lucas，Stettenheim，1972））

（a）手翼的背视图，初级飞羽的重叠区是点画的；（b）从远端看到的两个重叠的初级飞羽区域；（c）第 8 根初级飞羽，表明有修饰羽小支的区域；（d）未经修饰的羽小支。(e)~(h) 修饰后的润滑羽小支

最详细的摩擦数据是由 Oehme（1963）以黑鸟和八哥为例测出的。他特别关注黑鸟的两个初级飞羽。如图 3.4（a）和（b）所示，左翼的第 6 根和第 7 根初级飞羽相互重叠。当鸟翼展开并准备下冲时，第 6 根外羽片的边缘接触到第 7 根内羽片的上部，同时该区域在远端羽小支上附有最长的摆带。当羽毛紧贴在一起时，第 6 根外羽片的细钩无法进一步扩展和横移，因为它们被嵌入在第 7 根内羽片表面的长摆带中。它们的运行方向大致与第 6 根那排羽片的细钩方向相同，如

图3.4（b）所示。在图 3.4（a）中所示的状态时，翅膀完全伸展并准备好俯冲。如 Oehme 所尝试的那样，把翅膀再拉伸是不自然的，而且这样做确实可以感觉到摩擦。关于重叠区域的结构证据也可以用来讲述羽毛之间的摩擦是不起作用的。想象一下，在上冲程结束前，当翅膀被伸展，羽毛处于拉伸的位置时，羽毛就不会被压在一起。一只刚死去的黑鸟的羽毛如果不被压在一起，翅膀可以很容易地伸展。在下扇期间，翅膀的腹侧和背侧之间的压差将按图 3.4（a）所示的位置将羽毛压在一起，是压力把羽毛锁住了。当俯冲时，来自下面的高压试图展开羽毛，但这被锁定机制抵消了。上覆羽分支的摆带方向表明锁定机制的主要方向是侧向的，虽然这仍然需要试验证据，但使用锁定羽小支比摩擦羽小支来解释似乎更适合。

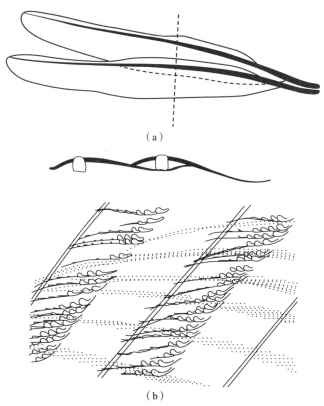

（a）

（b）

图3.4　鸽子的两个重叠羽毛的相互作用（引自 Oehme（1963），得到版权许可）

（a）翼完全伸展时初级飞羽6和7所处的位置，横截面显示羽片之间的重叠；（b）初级飞羽7的重叠区的伸长摆带的放大图片，初级飞羽6的重叠外羽片的细钩为点状区域

重叠带远端羽小支的摆带结构因种间的不同而有差异。鹰和猎鹰有长的背纤，它们在羽毛之间形成了一层薄薄的空气，这可能会减少摩擦表面积，从而减小产生的摩擦。在这里，重叠区域长摆带上的叶形背纤毛可以作为干润滑剂，有利于翅膀的折叠和扩展。

在来自下面的轻微压力下，雨燕最外层的初级飞羽也是联锁的。第 4 根和第 8 根初级飞羽的电镜扫描图片（图 3.5）说明了该机制是如何工作的。在底部羽毛的远端羽小支的摆带上的钩子钩住了背羽，当它们垂直被压在一起时，会附着在上羽毛的腹侧脊上。当压力降低时，两根羽毛相对于彼此的轻微移动将释放锁钩。

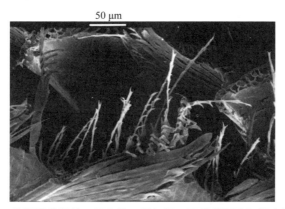

图 3.5　普通雨燕的第 4 根和第 8 根初级飞羽横截面的扫描电镜照片

未来研究的挑战是找出这些功能到底是什么。锁定机构和干润滑只是两种可能性。由于羽毛是死结构，磨损的部件不能被替换，所以必须将羽毛看成一个独立的元件。微观结构的磨损可能是鸟类必须周期性蜕皮的一个重要原因。目前，还没有证据证明这些替代观点是正确的，但它们比没有证据的标准功能解释更现实。

3.4.2　减音结构

一些猫头鹰和夜鹰目鸟类在远端羽小支的长摆带处形成的重叠区有一个毛茸茸的表面。目前，关于这个结构功用的想法如图 3.6 所示，认为它平息了这些猎夜鸟拍打翅膀的声音，这支持了润滑理论。猫头鹰飞行时声音的减少也是通过最外层初级飞羽的齿状前缘实现的。窄羽片细钩的端部向前弯曲并且非常短，同时形成了锯齿形前缘的摆带（Mascha，1904和图3.7）。这可能会导致微小的湍流流动，降低较大规模气流运动的声音效应，但也并没有证据来使这些思想被接受。

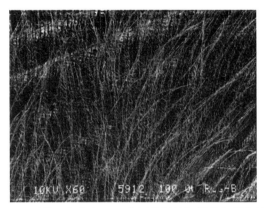

图3.6　鸥第4根初级飞羽背侧伸长的摆带的扫描电镜图

（标尺为0.1 mm）

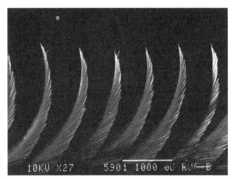

图3.7　鸥第4根初级飞羽沿锯齿形前缘的扫描电镜图像

（标尺为0.1 mm）

3.4.3　有凹缘的初级飞羽

第2章展示了初级飞羽的一根或两根羽片是如何从某个点开始向叶尖变狭窄的。宽度的变化可以是渐进的或突然的，也可以是实质性的或几乎不明显的。当翅膀拉伸时，这种有缺陷或有缺口的羽毛的尖端不重叠，形成将手翼羽毛的远端分开的槽。翱翔的大型鸟类树立了极端的例子，但许多极其多样化的群体中只有部分种类存在羽毛缺陷。研究鸟类飞行的专家对不同鸟类羽毛的凹凸分布现象也没能给出功能性的解释，有凹缘的羽毛在海鸟中并不常见。极端的飞行者，如雨燕和蜂鸟也没有，只有大多数雀形目的窄前缘羽片是有凹缘的。在一些鸡形目（西方松鸡）、鸷鸟（鹭鹰目）、乌鸦（鸦科）和鹊（鹊科）中，尾翼边缘有凹缘是极端的。在许多鸭子（鸭科）中，只有第 1 根羽毛显示出更宽的后羽片凹缘。所有在上升的暖气流中翱翔的鸟都有极窄翼，这是由于初级飞羽的伸展和存在大量的凹缘的原因。Pennycuick（1973）提出了一种密封性与循环转弯之间的重要关系。像雉鸡之类的在茂密植被中栖息的鸟类在垂直起飞时，可能会受益于大量开槽的翅膀，但目前并不十分清楚。

许多鸟类，甚至那些没有凹缘的鸟类，在翅膀拍打周期中也可能会出现一些开槽，特别是在极限动作时或起飞过程中。同时，在那些有尖锐的初级飞羽的鸟身上，手翼羽毛的极端扩张也会导致翼尖开槽。通常在蜕皮期会看到翅膀上的空隙，这可能会给人留下翅膀开槽的印象，但这当然是一个完全不同的现象。羽毛的自由而窄的尖端往往是向后弯曲的。在重型鸟翱翔的过程中，它们明显地承载着重量，因为它们是向上弯曲的。每根羽毛可能会产生升力，并可能充当三角翼。Blick 等（1975）测量了平翼和开槽翼尖后的涡量，发现平翼尖的最大涡量比开槽翼尖的涡量高出一个数量级。试验中，开槽翼是一种木制长方形机翼模型，用 5 只加拿大鹅的初级飞羽粘在顶端，以提供开槽。我们不知道这个比较有多现实。流动可视化可以真实地洞察这一常见现象的作用。

一些功能已被分配给开槽初级飞羽，如大攻角下失速延迟，可以通过减少阻力，增加升力和储存弹性能量来完成，还可以增加纵向稳定性（见 Norberg，1990）。Graham（1931）认为凸起的小翼羽和手翼之间的间隙是腕关节的缝隙，他把这些开槽看作在翅膀受到强烈气流时，能够大角度操作的防失速装置。但是翼尖和腕部槽的功能尚不清楚。通常在狭窄的暖气流下，飞翔的鸟类的翼尖羽毛在探测气流的外部边界时具有感觉功能。此外，减阻、提高升力、提高纵向稳定性也在很早就被提出了，然而，没有任何直接证据可证明上述功能。

3.5　尾部羽毛

舵羽可以展示特殊的适应性，但我们通常不确定需要适应的功能。由于明显的原因，可以在不同的树栖鸟类中发现坚硬的伸长轴伸出羽片之外。但一些雨燕有像伸出的轴一样的脊柱（棕色背针头），这些并不是在栖息期间用来支撑的。关于空气动力学的作用表明，这可能有助于引导空气从鸟的后面流动，从而减少阻力。很少有鸟类有线尾，该尾由一根有松散细钩的轴组成（如南部鸸鹋），对此也没有合理的解释。

Tubaro（2003）比较了外尾羽、深叉尾和方形尾的轴，发现了它们在形状上有着有趣的差异。在深叉尾鸟类中，羽轴的厚度作为基部最大厚度的一小部分始终较小，最大差异为 20%～25%。在 7 个目中的 11 对物种间测定了这个关系。并在蜂鸟、夜莺、翠鸟、捕蝇鸟、燕子和雨燕中发现了极值。华丽的鸸鹋鸟的外尾羽毛的轴在整个长度上比新热带鸸鹋的外尾羽轴相对较薄。如果没有进一步的测量，很难得到功能性解释。与深叉尾相比，方形尾外钩的相对轴厚较高，表明其必须抵抗更大的作用力。研究闭合三角翼与 V 形机翼的流态有可能表明这一发现的意义。Tubaro 认为，这种差异反映了这样一种观点，即深叉尾物种的外背轴不是用来抵抗升力的，而只是作为雄性装饰用的。因为比较是在物种对之间，而不是在同一物种的雄性和雌性之间，所以在他的例子中没有这个假设的证据。

3.6　羽毛肌肉和神经

一个复杂的羽毛肌肉阵列会连接到每个飞行肌肉毛囊上，肌肉是光滑的，并与短的伸展肌腱串联放置。羽毛肌肉形成复杂的网络，这可能表明是羽毛群而不是个体受到羽毛肌肉活动的影响（Homberger，de Silva，2000）。主要动作是羽毛群的竖立和下压。平滑肌速度慢，但持久，结合肌腱可以促使紧张，同时可以抵抗羽毛群的竖立和下压。Lucas 和 Stettenheim（1972）表明，肌肉连接鸡和火鸡的初级飞羽的毛囊。

　　这些收缩使毛囊和羽毛旋转（图 3.8）。如果所有的鸟类都把这些肌肉插入到它们的初级飞羽中，那就不足为奇了。由肌肉的方向可以知道旋转方向是向前的，从而使狭窄的羽片向下。这些平滑肌可能是通过抵抗相反方向的旋转来运作的。这表明，在飞行过程中，空气动力倾向于向后旋转羽毛，将狭窄的羽片向上推。认为初级飞羽作为独立的升力发生器，在相当大的迎角下切断空气，从而在整个羽毛长度上产生稳定的前缘涡的观点与这一观点是一致的。前面的狭窄羽片会被向上推着旋转羽毛，使羽片向下。初级飞羽毛囊上光滑的旋转肌肉会抵消这种运动，从而控制羽毛的攻角。翼臂部分的次羽不具有这种排列，也不需要这种排列，因为它们在飞行中的功能非常不同。在翅膀的那一部分，前翼上的覆羽形成了前缘。我们在第 2 章中看到，次羽的对称顶端是如何形成翅膀臂区的经典翅膀轮廓的尖锐后缘。

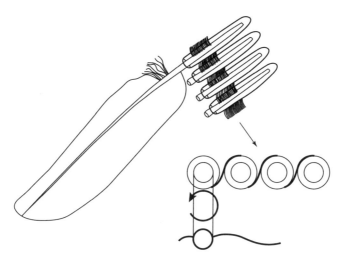

图 3.8　解释初级飞羽毛囊周围肌肉结构的原理图（肌肉的插入导致收缩时逆时针旋转，抵消空气在小攻角下撞击外羽片所引起的顺时针旋转）

1. 检测运动

　　羽毛毛囊和插入的平滑肌周围有一个密集的神经网络，本体感受的应激反应是这种解剖结构的一种明显功能。头部和胸部的特殊羽毛也被证明是风速和风方向的指示器，人类对翅膀上的类似感知知之甚少。翼的神经支配由两个主要系统组成：桡神经的背侧支和来自中枢神经的腹部神经网络，后者分别是第 12 个和第 13 个脊髓神经（Baumel 1979）。Necker（1994）研究了脊髓，寻找与飞行控制有关的区域和神经通道。他发现，来自感官羽毛区的神经纤维突起并伸入脊髓后角固有核中。这些突起物连接到其他神经元的上下脊髓弦和小脑上。这些传入神经与运动神经元树突之间的直接或间接联系尚未被发现。Brown 和 Fedde（1993）手动操纵小翼羽、羽毛和毛囊，并通过管道将空气吹到翅膀上，同时记录了鸡的肱骨附近桡神经的神经活动峰值。当小翼羽展开时，与翅膀覆羽有关的机械性刺激感受器被刺激时，神经活动就会被记录下来。次羽毛囊边缘生长的小丝状羽具有感觉功能，当相关羽毛被移动时会引起桡神经放电。当初级飞羽被移动时，桡神经内无活动被记录下来，但这并不意味着在次羽、初级飞羽或内在肌肉中没有机械性刺激感受作用。这需要涉及翅膀的整个神经系统的研究。

Necker（2000）总结了鸟类中可以被机械刺激激发的结构类型。游离神经末梢通常是温度感受器，但也可以用来检测运动，尽管缺乏鸟类电生理证据。Herbst 小体是神经末梢周围复杂的小体，更有可能检测触觉刺激，它们广泛分布在皮肤中，与羽毛毛囊和羽毛的肌肉有关，Herbst 小体在可飞行鸟类上的分布数量比不可飞行鸟类要多。但是，缺乏对 Herbst 小体在翅膀上分布的研究内容。Herbst 小体对高频振动很敏感，却很难对低于 100 Hz 的频率作出反应，但对 300 ~ 1 000 Hz 的振动有一个较低的激发阈值。在这些频率下，激励所需的振幅小于 0.1 μm。

鲁菲尼氏小体是与胶原纤维密切接触的轴突末端，有可能作为牵张感受器和众多的内关节囊。它们对刺激物的反应是在神经中产生有规律的放电反应。这种反应已经在鸡翅膀的传入神经中被检测到，并且随着覆羽活动的增加而增加。

就目前而言，我们对鸟类飞行控制机理的了解非常有限。在彻底揭示鸟类复杂飞行运动所涉及的感知与控制方式的道路上，还有很多工作要做。

■ 3.7　总结和结论

尽管是基于有限数量的研究物种，飞羽的总体结构已经被系统地研究了。但是，信天翁、蜂鸟、雨燕、军舰鸟和海雀等极端飞行者的初级飞羽仍然有许多隐藏的未知特征。后续应该利用扫描电镜（SEM）技术更广泛、更详细、更定量地研究特定特征。

我们对羽毛力学特性的了解非常有限，特别是在羽毛如何满足飞行需求方面。从一个比较的角度来看单根细钩断裂力的测量是有趣的，但对整个羽毛的物理力学的理解却没有什么帮助。应该更多地研究羽毛最脆弱部分的受力情况，一个摆带末端的细钩所能承受的力有多大？这些结构在飞行期间所受的力有多大？同样重要的是要获得更多关于与蜕皮或者换羽毛有关的微结构磨损的信息。

微结构具有许多重要功能，还需要更多的研究。我们才刚刚开始了解其中的一些问题，包括空气背腹透气性的差异、覆羽之间的相互作用、锁定机制和减音结构等。

在许多飞行行为迥异的鸟类中，有许多种类的初级飞羽是有凹缘的。关于羽毛的功能有很多猜测，但最终我们得出结论，几乎没有证据支持上述猜测。

关于尾羽的形状和强度以及相关功能的现有知识，实际上仍然是假说。分类学出版物中的许多陈述都是基于人们普遍接受的观点，并没有得到试验证明。

羽毛与皮肤中的毛囊相连，这是一个非常复杂的肌肉和神经系统连接植入模式。翅膀的神经系统起源于两个脊髓神经。在脊柱内，这些神经的凸起上下运动，最终连接到小脑。与飞行相关的动力源、感觉神经系统以及和生理设备之间的联系实际上仍未被探索。

第 **4** 章

空气动力学

■ 4.1 引言

鸟类飞行时会产生升力和推力以抵消重力和阻力，这些力的大小可以由基本物理原理近似得到。在无风的特定高度下保持匀速飞行是最简单的形式，这需要升力等于重力、推力等于阻力，即作用在重心上的所有力保持平衡，在这种情况下，我们可以估计和速度有关的升力和推力等机械动力的大小。升力的大小与飞行速度成反比，推力的增加与速度的立方相关。机械动力是由升力和推力构成，速度与机械动力会构成 U 形曲线。一个 U 形的功率曲线意味着存在两个最优速度，一个是使飞行功率最小的速度，一个是使单位距离做功最小的速度。问题是，对于鸟类而言这个 U 形功率曲线是否存在？

要理解鸟类和空气的关系需要流动可视化的知识。一只鸟是怎样与如此稀薄的介质相互作用产生升力和推力的呢？由于尾迹显示了鸟对空气的影响，因此我们开始关注鸟类的飞行尾迹。接着，我们想要知道尾迹是如何形成的，还有在飞行过程中翅膀的变化。由于直接测量并不能解决这个问题，因此我们利用粒子图像测速技术——一种研究流动模型的定量方法，在真实的雷诺数下研究水洞中的鸟翼模型。滑翔的鸟翼是最简单的例子。利用管鼻燕的臂翼部投射模型得到初步试验的结果，快速翼型的模型说明了鸟类飞行中涉及的两个重要空气动力学原理。

很少有人知道在扑翼和操纵过程中鸟类和空气发生了什么。扑翼是否会阻止所有鸟类臂翼的附着流动？小羽翼的作用又是什么？新的昆虫飞行空气动力学机制或许可以给鸟类的问题带来新观点，但是没有直接证据表明鸟类可以适用这类机制。

相比于翅膀，尾翼的形状和空气动力功能很少受到人们的关注。4.6 节将给出这些方面的简单总结。

■ 4.2　力与功率的粗略估计

在最简单的情况下（图 4.1），重力 $W(\mathrm{N})$ 的鸟以恒定的速度 $v(\mathrm{m \cdot s^{-1}})$ 在静止的空气中飞行。我们假设受鸟飞行影响的单位距离上的空气质量约为一个圆柱体的质量，其直径为沿飞行路线的翼展 b（图 4.2）。该圆柱体横截面的面积为半径的平方与 π 的乘积：$\pi\left(\dfrac{1}{3}b\right)^2$，这也是单位距离飞行的圆柱体体积。单位距离的体积乘以空气密度 ρ 约为单位距离飞行所涉及的空气质量（$\mathrm{kg \cdot m^{-1}}$）。已知鸟的飞行速度为 $v(\mathrm{m \cdot s^{-1}})$，因此单位时间的空气质量或质量通量（$\mathrm{kg \cdot s^{-1}}$）等于单位距离的质量乘以速度。

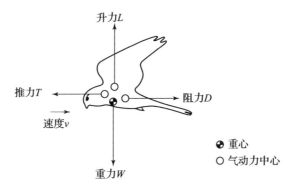

图 4.1　在一个垂直的平面中，四个合力作用在一个处于特定高度和匀速飞行的红隼身上，没有证据表明力的施加点如图中所示。在稳定飞行的条件下，顺时针和逆时针旋转的力矩应该被抵消

鸟利用翅膀给下方大量的空气加速获得自身的升力；同理，通过给后方的空气加速获得自身的推力。我们通过对垂直力和水平力的单独观察，可以得到鸟在匀速飞行时推力和升力的机械能的粗略估计（算法 4.1 更正式地使用方程式解释了这种方法）。

算法 4.1　质量流量模型在扑翼飞行升力和阻力的估算

在一个高度上匀速 v 飞行的鸟。升力的作用点与重心重合。在这些条件下，升力 L 与重力 W 大小相同，方向相反，推力 T 等于阻力 D。

单位距离飞行所加速的空气质量 m，沿着其飞行路径，大致包含在一个空气圆柱体中，且该柱体直径等于翼展 b：

$$m = \pi \left(\frac{1}{2}b\right)^2 \rho \quad (\text{kg} \cdot \text{m}^{-1}) \tag{4.1.1}$$

式中：ρ 为空气密度。

设鸟的飞行速度为 $v(\text{m} \cdot \text{s}^{-1})$，则单位时间内受影响的空气质量（质量流量，$\dot{m}$）为

$$\dot{m} = \pi \left(\frac{1}{2}b\right)^2 \rho \quad (\text{kg} \cdot \text{m}^{-1}) \tag{4.1.2}$$

空气质量的垂直速度为 $w(\text{m} \cdot \text{s}^{-1})$，单位时间的向下动量等于反作用力 L，即

$$L = \dot{m}w \quad (\text{kg} \cdot \text{s}^{-1} \cdot \text{m} \cdot \text{s}^{-1} = \text{N}) \tag{4.1.3}$$

空气的垂直动能是 $\frac{1}{2}mw^2$。用 $\dot{m}$ 代替 m 可得到单位时间的向下动能，它等于诱导功率 P_i，即

$$P_i = \frac{1}{2}mw^2 \quad (\text{kg} \cdot \text{s}^{-1}(\text{m} \cdot \text{s}^{-1})^2) = \text{J} \cdot \text{s}^{-1} = \text{W} \tag{4.1.4}$$

如果 L 等于 W，将式（4.1.2）和式（4.1.3）代入式（4.1.4），可得

$$P_1 = \frac{1}{2} \frac{W^2}{\pi((1/2)b)^2 \rho v} \quad (\text{W}) \tag{4.1.5}$$

诱导阻力 D_i 由升力的产生而引起的，速度为 v 时克服阻力所需的诱导功率为

$$P_i = D_i v \quad (\text{W}) \tag{4.1.6}$$

由式（4.1.4）和式（4.1.6）可得诱导阻力的表达式：

$$D_i = \frac{1}{2}\pi \left(\frac{1}{2}b\right)^2 \rho w^2 \quad (\text{N}) \tag{4.1.7}$$

推力，在匀速飞行时，鸟后方的空气向后方加速到更高的速度 $v + v_e$，获得的推力为

$$T = \dot{m}v_e \quad (\text{N}) \tag{4.1.8}$$

推力功率是增加的动能为

$$P_t = \frac{1}{2}\dot{m}(v + v_e)^2 - \frac{1}{2}\dot{m}v_e^2 = \dot{m}vv_e + \frac{1}{2}\dot{m}v_e^2 \quad (\text{J} \cdot \text{s}^{-1} = \text{W}) \tag{4.1.9}$$

续

以匀速 $D_d = T$ 水平飞行时，阻力为

$$D_d = \frac{1}{2}\rho v^2 A C_d \quad (N)$$ (4.1.10)

式中：A 为鸟的相关区域。

阻力系数 C_d 取决于区域的选择和几个未知因素。平衡阻力所需要的能量为

$$P_d = D_d v = \frac{1}{2}\rho v^3 A C_d \quad (W)$$ (4.1.11)

总机械飞行功率 P_{tot} 是 P_i 和 P_d 之和。

4.2.1　升力抵消重力、诱导功率和诱导阻力

升力是由翅膀拍打下方空气令其加速而产生。由于迎面气流 $v(m \cdot s^{-1})$ 是水平的，因此初始的垂直速度为零。因为加速，垂直速度由零（$m \cdot s^{-1}$）增加到最大值 $w(m \cdot s^{-1})$。如图 4.2 所示，空气向左倾斜向下移动。单位时间移动的向下动量是质量通量与空气垂直速度的乘积（$kg \cdot s^{-1} \cdot m \cdot s^{-1} = N$）。牛顿第三定律说明扑翼给下方的力等于鸟向上的反作用力。鸟给空气提供的垂直动能是受影响的空气质量与速度 w 平方的乘积的 1/2。为了获得单位时间的向下动能，质量必须用质量通量代表。单位时间的动能用 $J \cdot s^{-1} = W$ 表示，单位是 W。诱导功率一词通常用于表示产生升力所需的功率，它等于单位时间给空气的垂直动能。

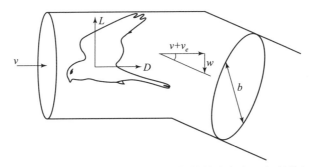

图 4.2　由于一只飞鸟的作用，一个假想的圆柱体的空气向下倾斜并加速向后运动（参阅正文以进一步解释）

若鸟在静止的空气中水平飞行，则升力 L 等于鸟的重力 W，这意味着重力

W 等于质量通量乘以向下的速度 w；换句话说，向下速度 w 等于鸟的重力 W 除以质量通量。如果我们用 W 除以质量通量代替向下速度 w 计算动能，会发现诱导功率与鸟体重的平方成反比，与质量通量成反比，与飞行速度 v 成反比。这说明低速飞行时诱导功率会很高，鸟类必须产生大量的能量才能保持在空中。

通过加速空气下方的空气改变飞行方向，不仅会产生升力，同时也会产生阻力，称为诱导阻力（D_i）。以速度 v 前进需要将空气向下移动，克服阻力的功率是阻力和速度的乘积，这与诱导功率 P_i，即单位时间内的空气动能相同。所以诱导阻力 D_i 等于 P_i 除以 v，即 D_i 等于单位距离飞行所影响的空气质量和向下速度平方（w^2）的乘积的 $1/2$。垂直速度 w 和翼展 b 显然是主要因素。

4.2.2　推力

鸟以飞行速度 v 在空气中匀速飞行。为了能保持匀速飞行，鸟必须产生相当于水平方向上的身体和翅膀带来的总阻力的推力。因此鸟通过翅膀给身后的空气加速至 $v+v_e$，获得的推力等于每秒影响的空气质量（质量流量）乘以与飞行方向相反的加速后的速度增量 v_e。单位时间内空气增加的动能是单位时间内空气以 $v+v_e$ 移动的总动能减去单位时间内空气没有加速的动能，称为推力功率 P_t。

鸟在匀速飞行时，作用在身体、翅膀、尾巴上的水平方向阻力之和 D 必须与推力大小相等、方向相反。空气被经过的鸟推到一边，造成动态压力的积累。伯努利定律指出（见第 1 章）这个压力与 $\frac{1}{2}\rho v^2$（$\mathrm{N \cdot m^{-2}}$）成正比。阻力等于压力乘以表面积和阻力系数（见第 1 章），该表面积可以选取鸟的正面或者总表面积，阻力系数取决于区域的选择、雷诺数、鸟的形状和表面的粗糙度等几个未知因素。扑翼飞行中鸟的形态不断变化，所以阻力系数也随之改变。

需要平衡阻力的力 P_d 为力与速度的乘积。阻力与速度的平方成正比，意味着 P_d 与速度的立方成正比，也导致在高速下，P_d 占总机械飞行功率（P_{tot}）的主要分量，即 P_i 和 P_d 之和。

这种粗略的分析说明，功率与飞行所需的速度呈 U 形曲线（图 4.3）。这意味着存在一个使飞行功率最小的速度（最小功率速度 v_{mp}）和一个使单位距离做功最小的速度（最大范围速度 v_{mr}），最大范围速度可以从原点与曲线做切线得到，这个速度是超过该速度（$m \cdot s^{-1}$）所需要最小功率（$W = J \cdot s^{-1}$）的值，这个功率是单位距离的工作量（$J \cdot m^{-1}$）。

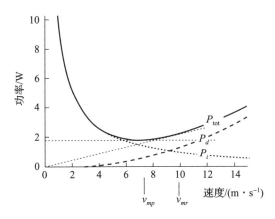

图 4.3　假设机械功率曲线是由理论预测的速度的函数，总功率遵循 U 形曲线（图中指出最小功率速度和最大范围速度）

鸟飞行所需的功率近似多少？试验证据表明，U 形曲线实际存在，需要通过使用变速风洞和某种方式测量速度变化，目前已有一些研究工作满足上述要求（见第 8 章）。事实上，只有 Tucker（1972）测量虎皮鹦鹉的第一次变速风洞研究表明速度和能量消耗之间存在 U 形曲线关系。因为在极低或极高飞行速度的试验中缺乏数据点，所以曲线平坦或者呈现 J 形。

没有证据表明鸟类飞行存在明显的最小功率和最大距离速度，试验证据是有争议的（Alexander，1997；Dialetal，1997；Tobalskeetal，2003；Welham，1994）。最主要的是因为鸟类不同于飞机，鸟类可以轻易改变飞行方式，无论是快速飞行还是缓慢飞行。我们只有知道飞行的鸟和空气之间的动态相互作用，才能了解鸟类飞行的空气动力学。粗略地假设一个空气圆柱体的偏转是不够的。鸟类通过给下方和后方的空气加速来飞行的机制是什么？这需要精确的流动可视化。

4.3　尾迹的可视化

在静止的空气中，飞行的鸟的尾迹显示了鸟和空气相互作用的关系，反映了鸟的动作所产生的反作用力。最早的关于飞鸟尾迹结构的研究来自 Magnan 等（1938），利用烟草的烟雾显示慢速飞行的鸽子在每次下冲时产生的烟雾环。Kokshaysky（1979）试图在苍头燕雀和花鸡的短距离飞行中定性观察尾迹。鸟在栖息的小围栏中被迫飞入一团木屑和纸屑中，当鸟被迫在黑暗中穿过尘云飞到对面的栖息地时，研究者拍摄了多张闪光照片（图 4.4）。图片显示，每个下冲过程都会产生一个闭合的旋涡环，而上冲则对尾迹没有影响。两翼的起始旋涡（见第 1 章）在身体上方相互连接形成旋涡环的上部，两个翼尖的叶尖涡产生旋涡环的侧部，旋涡环的下部在下冲过程结束时由两翼的停止旋涡形成。开始、尾迹、停止旋涡接近一个环形结构。环的平面不是垂直的，具有一个倾斜的角度。以倾斜向下的角度透过旋涡环的中心可以看到一个空气射流。在上冲过程中，两翼折叠在身旁，不会产生旋涡。

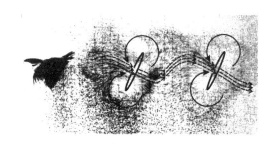

图 4.4　小鸟扑翼过程中的尾迹结构解释：一只燕雀飞过尘云，在下冲过程中形成旋涡环；上冲过程中会将尘拖拽但并不产生旋涡；一股空气通过两次下冲过程形成的旋涡中心点时会产生波动（经 Kokshaysky 许可）

GeoffSpedding 对飞鸟尾迹进行了定量研究。在第一系列试验中，研究者训练鸟在光照度较低的条件下被灯光诱导着沿着笼子下冲飞行。用充满氦气的中性浮力肥皂泡（直径近似为 2～3 mm）当作云来进行可视化流动。两个水平定向的相机在立体设置下拍摄了一系列图片。图 4.5 给出了一个示例，相同飞行行为下被每秒 200 帧（200 fp/s）的高速电影胶片拍摄，并在气泡试验中匹配翼拍运动学的旋涡结构。旋涡理论（Rayner，1979）用来估计尾迹中的动量和能量。Spedding 等（1984）分析鸽子慢速飞行尾迹时利用了这个理论。缓慢飞行的鸽子在下冲过程中产生旋涡环，类似于尾鳍尾迹中看到的环，环平面的水平角度在 11°左右。在尾迹中计算的动量仅是支撑鸽子重量所需的一半。用同样的技术研究欧亚寒鸦慢飞行（Spedding，1986），下冲过程中形成与水平角度较小的旋涡环，这与鸽子试验非常相似。而测量尾迹和支撑自身重量所需的动量存在很大差异，环中似乎只有 35% 的动量。Geoff 认为旋涡环模型可能过于简单，对于旋涡环的形状可能偏离真实情况、有可能不是所有的旋涡都卷入到环中这些问题都没有考虑到。鸽子和寒鸦的飞行速度都非常慢，分别为 2.4 m·s^{-1} 和 2.5 m·s^{-1}。1987 年，Spedding 研究普通的红隼，以 7 m·s^{-1} 的速度飞行，接近正常的巡航速度。尾迹的结果非常不同。没有一条单独的环，而是一对连续循环的旋涡痕迹。在上冲过程中，旋涡环的核心是 6.6 cm 宽，旋涡倾斜且向上移动。在下冲过程中，旋涡痕迹沿着翼尖向外和向内的路径，这时旋涡的核心是 3.2 cm 宽；并且计算出的尾迹动量几乎平衡了自身重量。

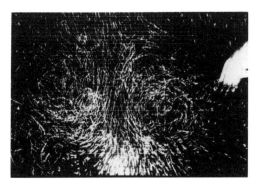

图 4.5　鸽子缓慢（2～4 m·s^{-1}）飞行时，一张立体相片显示了一个旋涡环结构

通过在云中拍摄氦气气泡的图像来实现流动的可视化。对于每个气泡每间隔 5 ms 便依次出现四个闪光灯和四幅后续图像。每个气泡反射前表面和后表面的光，并表现为双条纹。一个闪光灯的持续时间约为 3.5 ms，足够将移动的气泡描绘成两个小条带。因为气泡运动会变成一条渐弱的线，所以可以检测到运动的方向。

Colin Pennycuick 有着超过 40 年的鸟飞行研究，他利用他的专业知识在兰德大学的 Thomas Alerstam 动物生态系设计和建造了一个大循环风洞。该洞的设计是为了能容纳一只自由飞行的鸟（Pennycuick, et al., 1997）。它有一个 122 cm 宽、108 cm 高、最大风速达到 38 m·s⁻¹的八角星试验段。Geoff Spedding 被邀请与当地专家 Anders Hedenstrom 和博士生 Mikael Rosen 合作开发一种可视化方法，该方法对稳定飞行的鸟以不同的速度进行流动干扰。试验中的鸟是一只鸫鸟夜莺，一种在夜间进行长距离迁徙的鸟。试验前对鸟进行了数个月的训练，在弱光条件下，鸟必须在靠近测试中心的位置飞行，其中上游光是唯一的参考点，最终鸫鸟夜莺以 4 ~ 7 m·s⁻¹的速度稳定飞行。运动学分析（Rosen, et al., 2003）发现，翅膀拍打的频率始终是 14 Hz。这只鸟是怎么飞得更快的？翼尖振幅仅在速度范围内变化。下冲过程中翼拍周期随着速度的增加而稳定下降，但仅从 0.5 s 下降至 0.45 s。由于周期持续时间是恒定的，这意味着下冲速度增加，上冲速度减小。最大跨度也有轻微的增加，但这并不足以解释鸟是如何改变速度的。

研究人员假设，某些无法测量的运动行为可能会导致速度变化，如翅膀的旋转位移或者攻角。为了实现流量可视化，雾微粒被应用到风洞。在鸟的后面，垂直于气流的垂直脉动激光片照亮了雾粒子（Spedding, et al., 2003）。薄片被定位在连续的试验中三个跨度的位置，以捕捉翼梢后、翼中部下方和身后的气流流动。激光脉冲之间的延迟为 100 ~ 500 μs，这取决于流速。用数字图像测速法（DPIV）对薄片中雾颗粒的连续图像进行数字成像和分析（Stamhui, Videler, 1995；Stamhuis, et al., 2002），这需要两个连续粒子在流动中的图像。图像之间的时间延迟必须短，因为相同的粒子必须同时出现在两个图像中。在第二张图像中，如果粒子位置与第一张位置不同则说明它们被流体移动。通过对比图像，可以检测出粒子的位移，并显示出小区域中粒子群的移动方向和瞬时速度，瞬时速度是位移距离除以图像之间的时间差。因此，相机的范围被分成很多大小相同的小区域。通过计算两张连续图像之间的平均位移和每块小区域的平均位移方向可以计算出速度。所得到的矢量场是尾迹的定量二维表示，其中的旋涡结构可以被探测和分析。

　　兰德风洞中，鸫鸟夜莺尾迹的形态随着速度的增加而逐渐改变。在 4 m·s^{-1} 时，下冲过程会在尾迹形成一个明显的旋涡环，类似于鸽子和寒鸦后面的旋涡环，也与水平面有小角度。上冲过程也会产生旋涡环，并且随着速度的增加而增大。在最快的速度下，起伏的翼尖涡是尾迹中最明显的特征，它们在平稳飞行时不断地上下移动张开闭合。图 4.6 所示为在 Spedding 早期研究中，没有离散的环结构，尾迹类似于红隼的尾迹结构。尾迹的结构明显地取决于飞行速度，也有可能取决于翼拍的方式。Rayner（1995）认为短翅膀的鸟在任何速度下都使用旋涡环形态，而长翅膀的鸟会通过速度改变形态，后一类的鸟不会在中速或高速上冲过程中过多地折叠双翼，从而不断产生空气动力。这将导致一个连续的旋涡轨迹，如红隼和鸫鸟夜莺在高速飞行时所显示的轨迹（伸缩旋涡轨迹）。在低速时，长翅膀的鸟通过拉起翅膀使羽毛靠近身体形成一个张开的面改变它们的运动学。这种类型的慢速飞行会产生由多个不同的旋涡环构成的尾迹，虽然尾迹能反映鸟所施加的力的真实图像，但它并不能准确地显示翅膀运动是如何产生升力和推力的。我们必须研究翅膀上的流动才能知道鸟是如何飞行的。

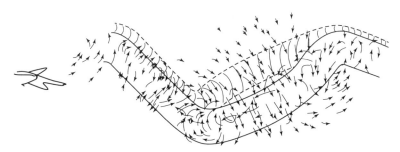

图 4.6　Spedding（1987）因一个下冲过程和随后一个

上冲过程导致的红隼拍翼飞行旋涡

■ 4.4　稳定滑翔翼附近的流动

　　理解鸟翼和空气间相互作用的唯一途径就是在自由飞行中定量观察鸟翼上的空气流动情况。兰德风洞试验表明，理想的试验虽然尚未完成，但是具有可行性。

我们用水替代空气利用数字粒子图像测速（DPIV）技术来量化流动现象（Stamhui，Videler，1995；Stamhuis，et al.，2002）。在水中使用 DPIV 的技术要求相对较低，主要因为在相同的雷诺数下流速较慢，并且更易用中性浮力颗粒来显示流动。我们的水洞有一个长 50 cm 的测试段，横截面为 25 cm×25 cm。再循环的流动由使其通过多个矫直结构而形成，并将流速控制在 0~1 m·s^{-1}。在水中用直径约为 50 μm 的中性浮力聚氯乙烯（PVC）颗粒显示水体流动。在与空气试验具有相同雷诺数的水中，鸟翼或者鸟翼的一部分模型会提供一个准确的流动速度和方向。此时我们得到的结果近似于真实情况。

通过这种方法，我们可以表明滑翔鸟类的翅膀可以通过至少两种流动模式保持飞行：普通的附着流动和前缘涡流（LEV）。为了研究普通的附着流动，我们详细研究了一个具有圆形前缘和锋利尾翼的鸟其翼部之间的相互作用。在第 2 章中我们看到大多数鸟类的臂翼显示出一种横截面轮廓。大型海洋鸟类具有长翼并适用于常规原则。

前缘涡流很有可能是由大部分的臂翼产生，因为横截面具有锋利的前缘（见第 2 章），臂翼可以很容易地保持在后掠位置，并且大多数鸟类容易改变臂翼的迎角。

我们用快速翼型来说明滑翔鸟类的前缘涡流的用途。另一个具有可变后掠角的快速翼型显示了当后掠角逐渐增加时，普通流动模式如何渐变成前缘涡流，以及这两种模式如何能同时存在于具有适当后掠臂翼的翅膀上。

4.4.1　普通的臂翼环流

鼻鹱是具有直窄翅膀的可滑翔鸟类，臂翼相对而言比较长。臂翼的横切面具有圆形的前缘和锋利的后缘。鸟臂翼比飞机更有弧度，尤其是靠近身体的位置最有弧度，并逐渐向腕部递减。高弧度可能是为了适应在低速下使用普通附着流动产生升力。

我们选择一只北方管鼻鹱其靠近鼻翼端点约为腕关节的位置取翼剖面，鸟翼在该位置的弦长约为 12.5 cm。我们构造一个 20 cm 长的透明有机玻璃翼，其弦长为 9.3 cm，沿着它的长度具有均匀的截面轮廓，即选定的管鼻鹱的剖面形状。该模型是透明的，以便能够由激光直射，并能够在隧道中心的模型中央对平行流动中的流动实现完全可视化。该模型是均匀的，所以我们不期望穿越隧道的流动有变化。雷诺数的取值约为 4.65×10^4，其取决于弦长和速度为 $0.5\ m \cdot s^{-1}$ 的水流，相同情况下的真实翼飞行速度为 $5.6\ m \cdot s^{-1}$，即 $20\ km \cdot h^{-1}$，这是一个非常低的飞行速度。然而试验结果表明，即使在这样一个速度下，机翼也可以产生流动模式下的升力。攻角——以翼前缘的下方与翼尾联成一条直线，并与水平线的夹角为 $6°$。图 4.7 显示了速度矢量场中的翼剖面，翼改变了流动的形态并对流动产生了局部的速度变化和方向上的变化。速度最高的地方在翼前缘的上后方，从那里很好地沿着横截面的曲率向下流动。翼下方的速度在减小，最明显的在弯曲位置。很明显地看到流动在遇到翼之后向上移动，这种流动称为上洗。我们可以用牛顿定律理解模型中力的作用。受翼影响的区域，原本是水洞中自由原状流动，流动从右向左以直线匀速移动。流动上的每一个方向改变和速度改变都是因为翼对流动施加了力，流动也会对翼施加反方向上的作用力。翼前部的上洗会导致翼向下的力，下面我们会看到速度向上的流动在经过翼上部时如何回到水平方向。方向的改变导致了翼的向上反作用力，也会发生在当水在翼后部向下流动时。由于靠近表面层的黏性力，流动沿着翼上方的弯曲凸形移动。在翼表面流动速度为零，从表面离开时速度逐渐增加到自由流动速度。在层流条件下，该层的厚度（见第 1 章中的有效普朗克边界层）是弦长除以雷诺数的平方根（Lighthill，1990）。我们的流动矢量场过于粗糙，不能显示 0.4 mm 的薄层。靠近表面的慢速水流和离开表面的快速水流之间的剪切力使流动弯曲并黏附于翼表面上（科恩达效应，the coanda effect，Anderson，Eberhardt，2001）。由于翼的作用，我们不仅看到流动方向上的变化，也有速度上的差异。流动在翼下方停滞，在弯曲顶部加速并达到最大速度。流动是由圆形的前缘推动，如果流动继续沿着倾斜向上移动，则在最高处会形成一个空隙。我们看到为什么流动沿着表面，而不是产生一个空隙后下冲到尾部，这就导致翼最顶端速度最快。所以水流被迫向下，翼上会有向上的反作用力。总升力效应是由翼上方的快速流动和翼下方的慢速流动的速度差反映的。速度差导致压力差，即对翼向上吸，这与伯努利定律一致。这不是单个的力，而是反作用力，是因为翼型与水平水流相互作用导致的不同速度。流动的方向变化、停滞、速度变化都是翼在流体上作用的一部分。

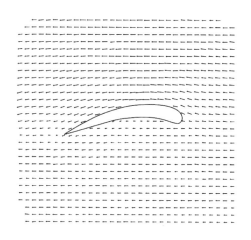

图 4.7　一个中间试验结果显示，一只北方管鼻鹱臂翼的透明模型与 **0.5 m · s⁻¹** 水流的相互作用。中性浮力粒子在 **25 cm × 25 cm** 的再循环水洞中由平行于水流的薄激光片照亮，两个相隔 **0.004 s** 的连续的数字图像提供了基于粒子位移方向和距离的均匀分布速度矢量图（文中给出了流动模式的解释）

　　图 4.7 的速度模型是相对于静态的翼和地面的。为了得到流动相对于翼在平均速度为 0.5 m · s⁻¹ 的情形，我们必须对每个矢量减去速度。如果我们这么做，翼下方的速度会为负，并指向翼前缘。因为矢量比平均速度更大，所以翼上方的相对速度为正。模型显示了翼涡流的环流。逆时针环流方向与翼前缘的上洗一致。无论是平坦陆地上的还是水上的鸟，靠近地面的鸟距离地面不到半个翼展时，都可以利用一种叫作地面效应的现象（Anderson，Eberhardt，2011）。在我们透明管鼻鹱翼段的中间试验中，约为 12.5 cm 的隧道底部低于 20 cm 的翼长，于是不能实现这种效应。这是为什么呢？在地面效应中，翼周围的环流因为静态表面而减少，这反映在上洗流动的减少。我们看到上洗会导致翼的升力降低。通过减小翼的攻角可以减小升力和阻力，使贴近地面飞行更容易。

　　图 4.7 的截面周围的定量流动模型，允许在该截面计算单位跨度的升力和阻力。然而要知道整个鸟翼上的力，需要翼上所有截面的升力和阻力特征。我们试验中的翼与鸟翼有一个部分稍有不同，因为试验中翼的两端被固定在洞中的墙上，没有可以造成翼尖涡流的自由翼尖。

飞行翼上的力与动态压力成比例 $\frac{1}{2}\rho v^2$（N·m^{-2}），这是一个点力，它与弦长相乘后与单位翼长上的力成正比。我们注意到，它是成比例的，并不是相等的。我们需要一个升力系数和一个阻力系数，这样才能精确计算力，因为系数必须考虑翼上的所有位置和攻角的各种情况，因此需要利用单位方形。这对于具有均匀横截面的飞机机翼而言相当容易，但对于翼形变化明显的鸟翼并不那么容易。

增加常规翼的攻角可以同时增加升力和阻力，直到流动突变，即流动不再附着在翼的上表面流动，而是在横截面的最高位置与翼表面分离。在这一瞬间，升力几乎完全消失，阻力急速增加。这种现象在普通飞机中称为"失速"。正如第 1 章中所述，流动分离并不一定总有害，三角翼可以通过控制分离的气流来产生额外的升力和阻力。

4.4.2　前缘涡流

我们经常可以观察到把臂翼放在后掠位置的滑翔鸟类，这通常是着陆前的情况。这为三角翼的后掠形状提供了部分翼型。我们在第 1 章中看到三角翼是如何产生前缘涡流的。外侧又硬又窄的锋利羽毛构成了臂翼的前缘（见第 2 章）。我们在水洞中测试了雨燕的翼型，以找出前缘涡流在后掠翼上的作用，并试图获得所需后掠角的大小。

雨燕是最极端的鸟类之一，它几乎一生都在空中栖息、交配和觅食，只在陆地上繁衍。雨燕每年有两次在冬季饲养区和繁殖场迁徙数千千米（Backman，Alerstam，2002；Lack，1956）。雨燕的速度可达 17 m·s^{-1}，但它通常飞行缓慢（Bruderer，Boldt，2001），在无风条件下的平均滑翔速度在 8 ~ 14 m·s^{-1}（Oehme，1968）。

成年雨燕有流线形身体、短叉尾（快速飞行时关闭）和弯长的镰刀状翅膀（图 4.8）。臂翼非常短，臂翼的骨架明显比同体型的鸣禽短得多。它们总共有 7 种羽毛，部分羽毛重叠，两种羽毛构成臂翼上的主要区域。臂翼的横截面具有圆形的前缘和锋利的后缘（图 4.8）。手翼始于腕部，约占总翼长的 85%；臂翼由 11 个硬质飞羽构成，最远侧飞羽（PXI）只有 3 cm 长并缺少适当的羽片。主要羽毛 PX 到 PI 发育得很好，羽毛长度从 14.5 cm(PX) 逐渐减小到 5 cm(PI)。当鸟翼完全伸展并在下冲程和滑翔过程中处于压力的情况下，微结构（pennula）将主要飞羽（Ⅶ～Ⅹ）紧密连接，这使得臂翼变成一个具有锋利前缘和锋利后缘的具有弧度的平面（图 4.8）。从臂翼向翼尖微微向下弯曲。窄的最外侧的主要飞羽 X（图 4.8 插入部分）是翼的尖锐锯齿型前缘。沿飞行方向的平均翼弦长为 5 cm。

图 4.8　滑翔中的成年雨燕，鱼雷形的身体和镰刀状的翅膀，且臂翼部分相对较短，手翼部分细长（J. F. Cornuet）。插图为手翼锋利前缘的扫描电镜照片（白色刻度杆为 100 μm），细长锋利的前主要飞羽 X 构成锯齿状切面（Videler，et al.，2004）

我们在水洞中研究快速滑翔姿态（60°臂翼前沿角度）的翼型物理模型的升力机制。只要雷诺数相同，水中和空气中的流动模型是相同的。平均风速 11 m·s⁻¹（无风条件下自由滑翔平均值）、翼弦长 5 cm、温度 20°、海平面上的空气中雷诺数为 3.75×10^4。翼型模型被放大 1.5 倍，平均翼弦长为 7.5 cm。为了在水中获得相同的雷诺数，所需的速度为 0.5 m·s⁻¹。

翼型模型由黄铜板（0.9 mm 厚）切割得到。弧形臂翼和腕关节用环氧树脂加厚和定形；臂翼具有弧形且弧度接近真实翼臂的形状。在真实的翼上，臂翼有一个圆角且有锋利前缘。

翼型模型在测试中被固定在墙壁上，攻角即臂翼弦与迎流的角度为 5°，这个小攻角足够产生稳定的前缘涡流。为了定量研究流动模式，我们使用一个垂直于流动的 3 cm 厚的激光片，依次在四个平面上照射翼型，屏幕上粒子位移的数字图像以每秒 25 帧的速度从尾部向下拍摄。然后利用 DPIV 技术在连续帧中分析粒子的方向和速度。

　　图 4.9 显示臂翼顶端存在明显的前缘涡流。图中，涡流中心表示为一个点，最大速度构成的环表示涡流核的形状。前缘涡流核直径从腕部 ［图 4.9 （a）］ 到翼尖 ［图 4.9 （c）］ 增加，意味着前缘涡流为圆锥形。涡流中心在翼上方并且沿着翼尖向前缘靠近。翼后 2 cm 的位置 ［图 4.9 （d）］，涡流中心依然位于翼尖向内的位置且核直径仍在增加。最大下洗速度沿着翼增加（同前缘涡流强度），且

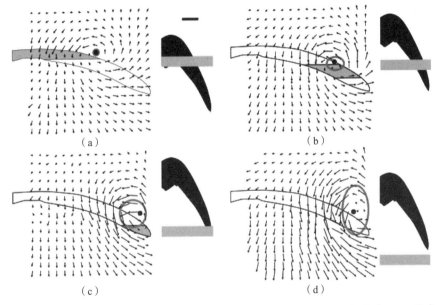

图 4.9　水洞试验中雨燕翼型的流动模型。在翼上（a）（b）（c）和翼后（d）四点，从后方以垂直于流动的方向，绘制粒子位移的速度矢量图，翼的轮廓在每种情况下都已表明。使用 3 cm 厚的激光片对粒子照射。（a）（b）（c）上的灰色区域为激光片位置，右侧的灰色条位置即激光板的位置和宽度。标尺（（a）右上位置）为 5 cm，适用于视图中所有模型。在四个面板中矢量以相同的尺度绘制。前缘涡流中心用黑点表示；以该点中心的灰色环代表最大速度构成的涡流核。前缘涡流核直径从腕部（a）向翼尖（b）（c）（d）增加，即前缘涡流为圆锥形（Videler，et al.，2004）

翼尖［图4.9（c）（d）］速度为臂翼后部［图4.9（a）］速度的2倍，这意味着升力沿着翼型向后增加。翼尖最大下洗速度约为自由流动速度的10%。涡流的旋转速度随自由流动速度的增加而增加，但涡流核的直径并不改变。图4.10显示滑翔雨燕鸟翼上的总气流。前缘涡流会在尾迹上产生两个尾随涡流。当传统附着流动作用在鸟翼上，因为涡流具有相同的旋转，所以无法区分翼尖会产生附着涡流。因此，研究鸟类尾迹的流动并不适合研究翼产生升力的机制。

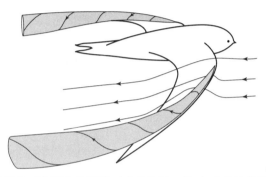

图4.10　雨燕在滑翔时鸟翼上的圆锥形前缘涡流。迎流受附着前缘涡流影响向下倾斜，显示升力产生下洗。前缘涡流分离从腕部开始，随后前缘涡流大部分被连接在翼上，但开始向上和向内靠近翼尖和翼后（Videler，et al.，2004）

前缘涡流能够在很宽的攻角范围内产生的升力，使气动特性（特别是升力）具有较强的稳健性。前缘流动的分离会导致前缘涡流和垂直于翼弦的气动力，在大攻角时气动力的阻力分量会很大。许多鸟类在滑翔时会使用后掠臂翼，后掠角度可以变化并且与滑翔速度有关（Pennycuick，1968）。鸟着陆时需要在低速时有高升力和高阻力；在大攻角时后掠臂翼可以做到这点，如降落在树枝上。鸟儿利用高升力保持高度，利用高阻力在滑翔时刹车。

鸟的臂翼和手翼在飞行中起着不同的作用，臂翼利用常规的气动原理，手翼利用前缘涡流产生升力。

4.4.3　后掠角度对流动的影响

在飞行时，气流接触飞机或鸟的后掠翼，后掠角决定了气流相对于翼的速度。前缘的垂直分量等于飞行速度与后掠角余弦的乘积，前缘的水平分量等于飞

行速度与后掠角正弦的乘积。水平分量不影响附着流动产生升力，但是对于前缘
涡流而言，它将向翼尖方向旋转空气。水平分量可以保证翼尖的前缘涡流直径足
够小，并加强在翼尖的脱落过程。

为了说明后掠对鸟翼流动模型的影响，我们研究了循环水洞中雨燕稳定低速
飞行的翼型。模型以一只雨燕标本为模型，整体由黄铜板构造而成，短臂部分遵
循真实鸟翼的自然横剖面中心，并具有略微弧度。手翼的后掠是可以调节的，并
且可以调整到滑翔状态的角度［图 4.11（a）］。模型［图 4.11（b）］在测量中
心被固定在墙上。使用 DPIV 技术可以利用垂直于流动的 2 cm 厚的激光片实现流
动模型的可视化。从后面用 25 Hz 的帧速率拍摄中性浮力粒子的位移，后掠角分
别为 10°、20°、40°、50° 和 70°，臂翼的攻角为 12°，流动速度为 0.2 m·s^{-1}
（与空气速度 2.8 m·s^{-1} 相同），3.5 cm 的弦长雷诺数为 7×10^3。

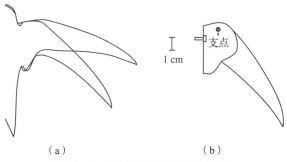

图 4.11　滑行的雨燕的手翼和翼型

（a）野外拍摄的滑翔雨燕手翼后掠角；（b）同雨燕大小的具有可调节的黄铜实心翼型，该模型用来
测试后掠角对前缘涡流的影响

图 4.12（a）表明，直翼后方的流动与沿着翼型的常规附着流动一致。翼上
发生恒定速率的下洗和涡度在脱落。翼尖涡流明显存在于翼尖。后掠角为 20° 的
图 4.12（b）并不改变流动模型，下洗、涡度沿鸟翼脱落并在翼尖形成明显的涡
流。速度和涡度图在后掠角为 40° 时有了不同［图 4.12（c）］，在靠近翼尖的地
方形成一个椭球涡流，这是翼尖涡流合并新形成前缘涡流的过渡情形。在后掠角
为 50° 时翼尖有了明显前缘涡流［图 4.12（d）］。后掠角 70° 时［图 4.12（e）］
鸟翼产生一个包含所有涡度的前缘涡流，它在鸟翼上方并与翼尖方向相反。

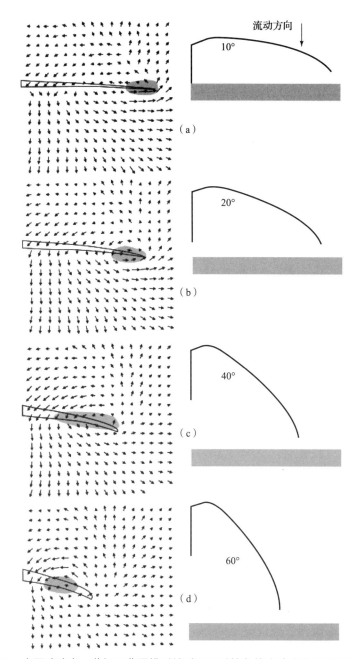

图 4.12 水洞试验中，黄铜雨燕翼模型针对不同后掠角的流动速度和涡流矢量图

（a）~（e）显示从后方观察到的垂直于流动的激光片中的速度矢量场（显示出水流速的垂直分量）。左侧的图中指出翼面轮廓和最大旋转涡度区域（灰色区域），右侧的图中显示前缘轮廓、后掠角和激光片（灰条）的位置和宽度

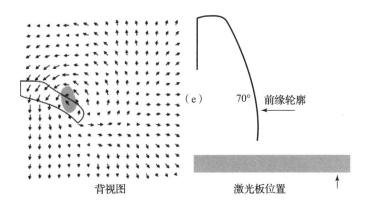

背视图　　　　　　　　　激光板位置

图 4.12　水洞试验中，黄铜雨燕翼模型针对不同后掠角的流动速度和涡流矢量图（续）

（a）~（e）显示从后方观察到的垂直于流动的激光片中的速度矢量场（显示出水流速的垂直分量）。左侧的图中指出翼面轮廓和最大旋转涡度区域（灰色区域），右侧的图中显示前缘轮廓、后掠角和激光片（灰条）的位置和宽度

　　该试验结果表明，直翼附近存在一种常规流动模型：流动具有黏性，翼尖出现涡流。即使在低速和低雷诺数时，增加后掠角也可以产生前缘涡流。观察鸟类飞行可以发现，大多数鸟类在飞行中会令锋利的前缘手翼保持在后掠位置。特别是在着陆时，即使低速也可以通过手翼的前缘涡流产生大升力和大阻力。

4.4.4　小羽翼的可能功能

　　大多数鸟类的小羽翼在臂翼和手翼之间。常见解释是：其功能是其作用类似于向前伸出的前缘襟翼（Handley Pageslat），该装置在前缘会延迟空气流动的分离，在大攻角时会推迟失速的发生。在飞机上，该装置被安装在前缘顶部，从横剖面看该装置是一个具有弯度剖面的板，它向平行于翼的方向延伸。Nachtigall 和 Kempf（1975）使用烟雾可视化流动，试图证明在攻角为 50° 时小羽翼延迟了鸟翼上方空气流动的断裂。然而，文章中的证据并不确凿，因为难以解释图片上的三维烟雾痕迹。前缘襟翼的功能是有可能的，但是小羽翼的长度使得此效应减小到翼上很小一部分。不同于向前伸出的前缘襟翼，小羽翼附在一侧并从翼部前缘向上延伸。延缓失速可能不是小羽翼的主要功能。

　　位于臂部末端的小羽翼更有可能的作用是在手翼前方生成前缘涡流。它的作用可能类似于飞机中使用的安装在前缘的锯齿状增升装置，即在后掠翼表面上产生稳定的涡流（图5.5，Barnard，Philpott，1997）。小涡流从臂部的附着涡流和手翼前缘涡流处分离，以稳定前缘涡流出现的位置。读者应该知道，关于小羽翼的功能，或小羽翼作为三角翼为鸟翼的手翼部分提供升力的假设，都是缺乏试验证实的。

我们还不是很清楚鸟类如何滑翔，更不用说它们在扑翼时如何产生升力和推力了。翼型的动态变化会极大地改变鸟与空气的相互作用，我们对这些空气动力学后果一无所知。

■ 4.5 扑翼飞行的空气动力学

4.5.1 常规流动

当气流以小攻角与翼接触时，气流会围绕具有圆形前缘的静态翼产生稳定的环流以及升力（见第1章）。我们可以构造一个围绕扑翼的环流吗？飞机设计师知道垂直位移会严重减弱或增强翼产生升力的能力。它们使用"斯德鲁哈尔数"表示翼的垂直位移和前进速度的比值，它必须小于0.5才能保证升力附着流动持续稳定。大多数鸟的臂翼能在这个限度内工作，但这对手翼来说不太可能。

准稳态或面元法已被用于计算鸟翼上常规附着流动产生升力和推力的大小。该方法需要将翼切成窄条。每个窄条在翼拍打周期已知的情况下与流速和攻角有关。每个窄条上单位长度下的空气动力，被分解成垂直于流动的分量和与流通反向的阻力分量。如果我们知道每个窄条上的升力系数和阻力系数，就可以计算单位翼长度上的瞬时升力和阻力。这些都取决于翼型的空气动力特征，并且必须在翼拍打时测量所有攻角下的每个部分，或者通过与记录的飞机翼数据来比较近似得出（在万维网有庞大的数据库）。在翼的一个拍打周期内，确定气流对每个翼段的方向是很困难的，因为需要对在静止空气飞行中的鸟翼运动进行三维分析。Oehme（1963）对欧椋鸟和欧亚黑鸟的翅膀做了三个切片，并用运动学分析自由飞行鸟类的入射角。Hummel 和 Mollenstadt（1977）通过 Bilo（1971）拍摄记录的数据，在麻雀下冲过程中的一瞬间做了准稳态分析。麻雀的斯德鲁哈尔数为 0.23，远低于上限 0.5。Bilo（1980）对数值这么低的准稳态方法产生质疑。他认为旋转和扭转振荡的频率比约为 22 Hz 的拍打频率高 12 倍，在向下击打翼时被叠加在基本运动上。在下冲过程中，翼远端以 260 Hz 的频率振动，麻雀的手翼比臂部更快速振动。此外，Bilo 发现，翼下末端的攻角在下冲过程中途前以 3 600°·s^{-1}下降，此后以 5 700°·s^{-1}快速增加。这些论点有力地证明了稳态空气动力学并不能解释鸟的飞行，我们应该寻找其他方法解释升力。叶片单元法可以给大型的鸟翼在中等频率到较低频率以下振动时给出合理的结果，即使在上冲过程中也可以保证翼的伸展。令人惊讶的是（据我所知）还没人做过这样的研究。

4.5.2　扑翼上的前缘涡流

鸟类的手翼在下冲过程中伸展，在上冲过程中向后掠过，这是为前缘涡度的发展留下空间，从而拍打手翼可以产生升力。Charlie Ellington 团队在剑桥大学对一个模拟天蛾的机械模型进行试验测试过程中，发现在翅膀向下扑动过程中，会于翅膀上方出现一组前缘涡流（Berg，Vanden，Ellingtom，1997，Ellingtom，et al.，1996）。机械模型翼的大小与形态类似于许多鸟类的手翼。下冲过程中，我们观察到从翼型铰链到翼尖大约 3/4 的距离有稳定流动，这种流动可能由离心力产生。随着流动，前缘涡流也在变化，同时前缘涡流螺旋着向它离开机翼的点旋转。前缘涡流不断变小并附着到翼前缘。Ellington 指出以"协和"式飞机为代表的三角翼飞机，沿后掠翼的前缘会有稳定的轴向涡流，同样的解释也适用于我们在雨燕翼上发现前缘涡流。Srygley 和 Thomas（2002）在蝴蝶扑翼上探测到稳定的前缘涡流，在果蝇扑翼上（Dickinson，et al.，1999；Sane，2003）和蜻蜓翅膀上（Thomas，2003）也探测到。

前缘涡流也许存在于鸟类手翼扑翼过程中，类似于我们在昆虫中的发现，关于这一点我们有试验支持。

研究者已经描述了产生升力的其他可能性，如悬停昆虫通过拍动、猛扑等动作产生环绕翅膀的环流和升力的相关机理（Ellington，1984；Maxworthy，1979；Usherwood，Ellington，202a，b；Weis – Fogh，1973）。在鸟类飞行原理的研究中发现新的非定常气动机理并不是一件令人奇怪的事情，例如 Bilo 对麻雀下冲过程中高频率扑动翅膀行为的研究。

目前，总的结论是，我们还不清楚鸟类到底如何飞行的。

4.6　尾部空气动力学

Adrian Thomas 1995 年在兰德大学攻读博士学位时，致力于研究鸟尾的气动功能（Thomas，1995）。他的论文主要是对鸟飞行中尾翼的形状和功能的研究现状进行综述。尾翼对于鸟的位置来说是在升力和重心后面。尾部的力会产生旋转力矩。主要涉及的力是升力、阻力和向左向右的转向力。尾巴有几个自由移动的自由度，它们可以向上和向下倾斜、展开和折叠、向左和向右旋转。

在许多情况下，鸟尾与三角翼非常相似，适用于三角翼的气动理论有可能也适用于尾翼，特别是当尾翼伸展到一定程度时。由边缘又硬又窄的羽毛构成锋利的前缘，大多数鸟都会用同样的方式操作。即使攻角很小，空气也会分离并在尾部边缘形成锥形前缘螺旋涡流，一个在左侧一个在右侧。这些涡流从低压处伸展，并通过增加尾部压力来产生向上的力。尾部的前缘越长，产生的升力越大。阻力由多个部分构成：前缘涡流升力引起的阻力，由迎流与表面摩擦引起的与表面积成比例的外形阻力。又硬又长的尾巴和细长的中心羽毛可能会控制阻力，这有助于空气动力学的稳定。

深叉尾部提供高升力和低阻力。一些高敏捷的鸟（谷仓燕子和护卫舰鸟）具有又轻又深的叉尾。另外，许多海鸟有大翅膀和小短尾。这仅仅有助于在高速下提高操作性，并不会有助于升力的产生。

海鸟可能生活在没有障碍物的环境中，所以它们的机动性比较低。林地的鸟需要旋转身体大幅度改变升力指向来避免碰撞。它们需要尾巴提供动态稳定性，避免伤害。因此，林地鸟类的尾巴通常比野外鸟类的尾巴更不开叉。欧亚麻雀鹰和长尾鹰有长长的直尾，它们在森林中有快速狩猎的习惯；后者生活在非洲森林的树荫里。

谷仓燕子用它们深叉尾的可变跨度来控制转弯的角度。最大的转弯半径是尾巴关闭、外圈羽毛展开时的半径。我们必须记住鸟尾函数关系的证明通常是间接的，这里迫切需要进行试验研究。

■ 4.7 总结和结论

我们对鸟类飞行的空气动力学的知识还远远不够，只能粗略估计所涉及的参数和它们的相对重要性。鸟类通过向下向后加速空气产生升力和推力，单位时间内给空气的动能等于所需的能量。由质量通量和鸟给空气的最终速度可以粗略计算出升力和推力的功率。产生保持重量的升力的功率与速度成反比。克服阻力所需要的推力与速度平方正比。从这一点出发，我们得到飞行功率和速度的 U 形曲线。如果是这样的话，则存在一个最小功率速度使得所需的总能量最小，和存在一个最大范围速度使得单位距离的做功最小。但是在鸟类身上是否确实存在类似 U 形曲线尚未被试验验证。

鸟类和空气的相互作用对我们理解其中的物理过程至关重要，通过观察飞行中鸟身后的尾流，可以揭示这个相互关系。我们通过定量和定性研究，包括粒子图像测速，解释了尾流可能包括涡流和涡流环。对于不同的拍翼方式，速度增加的方式也不同。尾流的形态包括了在单个下冲过程中形成的独立涡流环，以及在连续上下扑动中形成的连续涡流环。

在水洞中利用与空气相同的雷诺数，研究机翼环流模型的粒子图像测速法，精确地揭示了机翼和流体之间的相互作用。滑翔是最简单的情况。围绕圆滑前缘和锋利尾翼的稳定流动，显示了机翼如何改变流体的方向和速度。如果机翼的横切面设计良好，流体作用到机翼的反作用力具有较大的向上升力分量和较小的水平（阻力）分量。

鸟手翼具有锋利的前缘，在滑翔时保持在后掠位置。一个雨燕翼型说明，即使在小攻角和低速的情况下，手翼也可以诱导翼上的前缘涡流。翼下的正压和翼上的前缘涡流正压产生升力和一定的阻力。另一个雨燕翼型显示，当后掠角增加时翅膀表面常规的附着流动逐渐被前缘涡流取代。

我们通过讨论小羽翼的可能功能得到了以下结论：我们对飞鸟中大量存在的

这种飞行器官的功能依然很不了解。

扑翼飞行的空气动力学更是难以琢磨，例如，有没有可能在扑翼上附着有环流或者瓦格纳效应阻止了附着的环流？在大型鸟中，臂翼在拍打过程中可能有附着的流动。部分小型鸟类可能和昆虫一样在高速拍打翅膀的过程中利用前缘涡流产生升力，其他昆虫中的升力机制还尚未在鸟类中进行研究。

虽然鸟类有许多不同形状的尾部，但实际上在展开时都作为三角翼使用，前缘涡流可能是尾部的主要气动特征。

我们对鸟类扑翼飞行空气动力学的理解还处于起步阶段。

第5章

5

鸟类飞行的演化

5.1 引言

古生物学是一个非常难研究的领域，其终极目标是通过化石发现演化的过程。这些化石证据，由于其本身特性，只能是旁证，因为无法进行试验验证。这使得提出的假设很难得到验证，可能也是引起很多争论的原因。一种学说和它的反对理论比其他学科辩论得更起劲。古生物学与演化生物学有很强的联系，演化生物学是一个比较教条的领域。例如，Mayr（1963）强烈主张新物种的产生是由地理变化引起的部分物种与祖先分离的情况（称为"异域/地理物种形成说"）。这个学说在 20 世纪下半叶占主导地位，并仍拥有许多拥趸，尽管已经有新的证据（特别是对水生态的研究）表明同域演化是更为一般的演化过程。"异域/地理物种形成说"很难解释鸟类在世界范围的迁徙。同域物种形成说可能是鸟类演化的一般路径，可能有极个别例外。

150 年前，自从人们发现了一些现代鸟的祖先——"始祖鸟"的石版画后，就对鸟类和它们飞行运动形式的演化开始了激烈的讨论，并且直到现在也未停止。讨论的问题主要集中在始祖鸟是否为祖先、它是如何演化的以及始祖鸟是否会飞等。对我们理解鸟类演化的过程，始祖鸟仍然非常重要，尽管近些年又出土了许多近似鸟的化石。这些化石有的是不会飞的长羽毛的恐龙，有的是已经进化出关键部位的羽毛可以平飞的现代鸟（Witmer，2002）。围绕鸟类飞行器官的演化仍然集中在始祖鸟身上，因此本章的主要内容致力于介绍一些 20 世纪发展的观点以及本人的研究方法。

在 20 世纪，针对鸟类飞行的演化的起源研究，存在两个反对阵营。一类假说认为，鸟类的飞行起源于爬树动物，演化出翅膀后，开始向邻近的较低树干滑翔（称为"树栖起源说"）；另一类学者认为，鸟类飞行起源于双足奔跑的动物用胳膊去捕捉昆虫，胳膊演化为翅膀使得动物能够越跳越远（称为"奔跑起源说"）。人们分析原因总是用高度的目的性思考方法，因此研究生物特性被认为是分析近代鸟类飞行器官合适的一步。同时，为解释现象，情景假想不总是试图遵循最小的假设限制条件。由于每一种古代物种和现代物种都成功地适应了当时的生态环境，因此为理解物种适应性，研究生态背景的结构和功能很有必要。例如始祖鸟，不能仅作为鸟类飞行演化的一个阶段进行研究，而是需要作为一个适应当时环境的动物，去研究它如何活动、觅食和繁殖。

我的假设是始祖鸟是一个沿特提斯海生活，到泥滩觅食的海洋生物，它的长腿和翅膀使得它能够奔跑或滑过水面或泥滩。这些行为的生物学细节可以推测始祖鸟必须适应的生活环境，这样的环境使得它与传说中的美国蜥蜴状蛇怪运用同样的技术。然后，我解释了始祖鸟的特殊运动方式是如何适应假设的当时生态环境的。

过去几十年，仍然有大量中生代似鸟动物化石出土。有些进化程度低于始祖鸟，有些进化程度高于始祖鸟。与预期相反，大多数出土的新化石，并没有使鸟类演化路径解释得更清晰。关于鸟类的进化，近年的学者和研究书籍基于不同的假设得到不同的研究分支，问题是，几乎每一个新发现的化石都代表一个全新的分支。这个问题超出了本书的范围，那是古分类学研究的事。因此本书关注飞行器官的形成和功能，建议感兴趣的读者阅读这方面的文献：Chatterjee（1997）；Chaiappe 和 Witmer（2002）；Dingus 和 Rowe（1998）；Feduccia（1999）；Gauthier 和 Gall（2001）；Hou（2001）；Paul（2002）；Shipman（1998）。中生代鸟类化石目前在世界上各个地方出土，其中中国存量最多。这些化石比始祖鸟最少晚几亿年以上，见证了过去 15 亿~6.5 亿年前期间中生代鸟种类繁多的盛况。在一些不相关的物种中发现了帮助飞行的相似的适应性身体结构。根据解剖细节可以将中生代鸟类划分成几个大类。不幸的是，这几大类在 6.5 亿年前的大灭绝事件中未能存活。一些小的、擅长飞行的类群，几乎没有灭绝时代前的化石记录。这些幸存者，带着飞行技术进入第三系，成为现代鸟的祖先。

■ 5.2　始祖鸟

在德国靠近索伦霍芬的海洋沉积物中，人们发现了 10 个始祖鸟化石，这些化石迄今已有 15 亿年了，化石上有始祖鸟的骨骼和一些松散的羽毛。索伦霍芬为热带珊瑚礁潟湖，潟湖中分散着由珊瑚和长满海藻的礁石组成的小岛。这些礁石是生物骨骼遗骸的海洋沉积物，主要是微小的钙质浮游原生生物的。例如，颗石藻。这些礁石挨着环绕全球的古地中海，气温常年保持在 30℃（±5℃）。蓝 − 绿藻和菌类占据了潟湖的底部，还有一些稀疏的大型底栖动物生活过的痕迹。大一点的化石通常是会游泳的生物，包括死亡的鱼。这里的气候主要受季风影响，有旱季和雨季。东风使得浮游生物在夏天蓬勃生长。陆地变得平坦而低洼，悬崖存在的证据比较弱且有争议。植被稀疏，主要有种子蕨类植物、针叶树、茎多肉植物和红树类盐生植物。那里没有树。灌木丛最高 3 m，是最高的植被。陆地动物化石包括小恐龙、翼龙和大型昆虫。海洋沉积物化石通常形成很快、分解期很长。周围环境大概与现在的卡里科亚（委内瑞拉）相似（Buisonje，1985；Viohl，1985）。

索伦霍芬盛产高质量的砂岩，人们从古罗马时代就开始开采。那些砖石的漂亮纹理对胶印非常有用。这种绘画技术因为使用了这些砖石，在 19 世纪中叶达到顶峰。因此这种化石的细节被保留得很好。最早的始祖鸟骨骼在 1855 年平板砂岩上被发现，但这个化石当时被认为是小翼龙——翼手龙（peterodactylus crassipes）的残余部分。这个化石一直存在哈姆勒的泰勒博物馆（荷兰），直到 1970 年美国古生物学家 John Ostrom 认出它是始祖鸟化石。1860 年，发现的羽毛化石有助于人们解释其他的似鸟生物化石。迄今为止最漂亮的化石叫柏林化石（以其存放地命名），这个化石于 1876 年被发现（图 5.1）。几个化石的羽毛印记并不明显，一开始被认为是兽脚亚目恐龙——小型双足食肉恐龙。将始祖鸟曲解为兽脚亚目恐龙也没有太大问题，因为始祖鸟的一些特点表明，它与这类的蜥蜴臀恐龙有很近的关系。从普通的骨骼解剖学对比来看，始祖鸟可划分为（长羽毛的）恐龙。Thomas（1825—1895）强调，在同样的石灰石中发现的美颌龙化石表明，始祖鸟与小型双足恐龙美颌龙有着惊人的相似之处。始祖鸟头骨以及头骨后方具备最明显爬行动物的特点。始祖鸟头骨具有恐龙特点，只是相对大脑更大。始祖鸟头部没有鸟类的鸟喙而是带有锥形牙齿的下颚，其脊柱、肋骨、腹肋和尾骨均有兽脚亚目动物特点，其骨盆带有兽脚亚目动物的长耻骨特点，这个特点在双足恐龙中很常见，很可能有利于向后运动而非垂直运动，腿长而有力。脚部有 3 根前向脚趾和一个短脚趾——拇指，长在跖骨上方相当高的位置。每根脚趾头都长有尖尖的趾甲。胸部由许愿骨（弹簧骨、融合着小肠）、肩胛骨和喙突组成。许愿骨在伦敦化石上可以清晰地看到（1861 年发现）。除了慕尼黑保存的 1992 年的化石，其他化石都没有胸骨或软骨组织。在 20 世纪初，有大量的研究关注在许愿骨是否存在这一问题。然而，最近在双足恐龙化石残片中也发现了许愿骨，像迅猛龙和偷蛋龙，证明早在始祖鸟之前就存在许愿骨。空心骨也同样如此。所有兽脚亚目动物，包括最大的暴龙也有许愿骨和空心骨，这说明许愿骨和空心骨并非尝试飞行的动物所独有。始祖鸟肩关节处肱骨的关节窝看起来与现代鸟相同，是横向的；肩胛骨和喙突在关节处相接，但是没有三叶管。尚不清楚喙上肌的肌腱是否穿过肩部，肌止点在肱骨。所有的化石中都能看到突出的被拉长的三角肌嵴，表明始祖鸟有健壮的胸肌，尽管没有明显看到胸肌的肌起点。桡骨和耻骨长而细，非常接近现代家禽，可能也包含能够弯曲和伸展翼展的机械系统。始祖鸟能够折叠鸟翼的"手"部分，至少部分可以沿着腋下向后翻转，因为它腕部含有两个腕骨，使得腕关节可以活动。Vazquez（1992）阐述了始祖鸟和现代鸟腕关节的不同，指出始祖鸟的身体条件使得鸟翼的"手"部不能完全缩回。"手"部长为翼展的 40%，并有三个爪子。掌骨未融合。化石残片中手爪异常尖锐，没有磨损的迹象，而脚爪有磨损现象。爪子保存最完好的是库勒博物馆（哈勒母）的化石。图 5.2（a）所示为一个磨损的脚爪，图 5.2（b）所示为典型的手爪，可以看出明显看出手爪和脚爪骨头最后一个关节的区别。手指指骨有两个槽，倒数第二指骨的远端髁正好合适，而同等位置的脚爪却只有一个槽 [图 5.2（c）]。

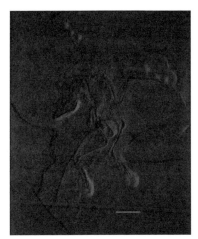

图 5.1　始祖鸟柏林化石样本（比例尺 5 cm）

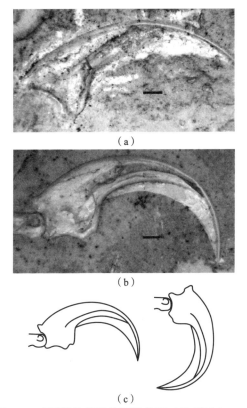

（a）

（b）

（c）

图 5.2　库勒博物馆的始祖鸟化石（比例尺 1 mm）

（a）足部小指爪子；（b）最后和倒数第二个手指关节，没有爪；（c）为图（b）角质轮廓图：左图为从关节方向看，倒数第二根手指关节的起始位置；右图为远端踝关节的替代关节窝

始祖鸟 1.5 亿年前的化石最引人瞩目的特点是羽毛，因为它的羽毛竟与现代鸟雏形相同，由轴和不对称的羽片组成。像现代羽毛的特点一样，羽片由一排倒钩组成，每一个倒钩上有众多的羽小枝，羽小枝由钩和凹槽互相连接（Griffths，1996）。这种多孔的羽毛最大的功能是防水。同样的材质，这种多孔的表面比固体表面更加防水（Dyck，1995）。后来，这些羽毛变得不透风了，形成了鸟翼的功能。这种结构是如何进化的呢？连最简单的飞行都不会的鸟类祖先形成这种飞行功能的前后关系又是如何呢？

5.3 树栖起源说还是奔跑起源说

19 世纪末以来，以始祖鸟作为鸟类祖先，对于鸟类飞行的起源，有两种对立的学说占据了主导地位。树栖起源说认为，飞行始于运用鸟翼从树上滑翔到森林地面（此学说的最新概述为 Feduccia（1999）阐述的）。奔跑起源说指出，快速奔跑的双足恐龙通过展翅来维持稳定，渐渐地有了起飞、离开地面的能力（Padian 和 Chiappe（1998）在分析了两种假说后支持奔跑说）。

树栖起源说至少要求两项技能：爬树和滑翔，支持者和反对者争论的焦点如下。

支持者的观点：

（1）始祖鸟的手爪和脚爪具备典型的爬树特点和树栖鸟的特点（Feduccia，1993）。

（2）"起飞"这一飞行最困难的阶段，利用树的高度差将变得非常容易（Rayner，1985a）。

反对者的观点：

（1）陆地居住的不爬树的鸟和兽脚类恐龙也有相同的手爪和脚爪特点。

（2）缺乏明显的证据证明始祖鸟手爪有尖锐的指尖（Peters，Gorgner，1992；Wellnhofer，1985）。

（3）始祖鸟脚的拇指太短，不适宜栖息在树上（Wllnhofer，1993）。

（4）始祖鸟鸟翼的空气动力学特性对滑翔而言不是最优设计（Rayner

1985b）。

（5）平稳安全的着陆需要鸟翼向后旋转，起到空气制动机的作用。在现代鸟中，这个动作由喙上肌控制。喙上肌的肌起点在胸骨并通过三叶管肌止点在肱骨上方（Poore，et al.，1997）。没有明显的证据表明，始祖鸟有这样的肌肉组织。引用 Balda 等（1985）的观点：始祖鸟这样大小的动物，进入滑翔状态所需的形态改变将导致其进入亚致死状态。

（6）在索伦霍芬附近或更远的地方，没有找到树木化石，因此可能没有树木可爬。体型最大的植物是多枝灌木，约 3 m 高（Buisonje，1985；Viohl，1985）。

奔跑起源假说在 Ostrom 的 "始祖鸟祖先具有用带羽毛的手捕捉昆虫的能力" 这一观点提出后，获得了广泛关注，主要争论点如下。

（1）始祖鸟化石形态特征显示出它是个敏捷的双足奔跑者。

（2）兽脚类恐龙祖先已经进化到前肢和后肢可以独立运动。

（3）前肢产生的升力即使不足以飞起来，也可以增加双足恐龙奔跑时的稳定性（Balda，et al.，1985）。

持反对意见的 Rayner（1985b）指出，像始祖鸟这样体型的动物，需地面速度达到为 6 m·s^{-1}，这个速度是现存的蜥蜴和鸟速度的 3 倍以上。关于奔跑起源说的另一个反对意见是：始祖鸟身体适应加速奔跑的原因是躲避捕食者或者抓捕快速飞行的昆虫。不论哪种情况，起飞状况将会非常惨烈，由于没有推力平衡阻力，速度会迅速下降。Quoting Rayner（1985a）指出："奔跑模型的局限性在于，没有生态优势适应奔跑 – 跳跃 – 滑翔模式：由于直接跑比较快，所以不可能用这种模式逃避捕食者，而且，现代动物也没有用如此高的速度跑到觅食点的。"一些这方面的学者在两种假说的基础上提出了新的内容。Thulborn 和 Hamley（1985）对比了始祖鸟和苍鹭后指出，始祖鸟的鸟翼可能是在淡水区觅食时，扇动水面来发现淹没的猎物。展开的翼面可以使始祖鸟随着波浪运动，扩大了觅食范围。

树栖和奔跑假说都没有考虑动物生活的环境。现代化石的大量藏品使的人们可以研究始祖鸟生活的生态系统。关于生态系统的设想应当尊重事实并适用简约法则。所有的始祖鸟化石均在海洋沉积物中发现，最简单的解释就是，发现化石的地方就是它死去的地方。索伦霍芬附近没有树，因此要说始祖鸟在一片遥远的森林环境树栖太牵强了。

一些解剖学特点既不支持树栖学说也不支持奔跑学说。例如，始祖鸟特有的羽尾的功能，在两种学说中都有问题。始祖鸟的尾巴从本质上与现代鸟不同。在空气上方，它能产生大量升力和阻力，但是尾骨的结构使得它很难控制这些力。两种学说都不清楚飞行是如何逐步进化的，每次的进化增加了什么身体变化。例如，奔跑中的动物，产生的升力会减小后腿推力获得的最大速度（一级方程式赛车运用气流偏导器来抵消升力）。逐步理论需要一个功能，不一定是飞行，这个功能促进始祖鸟身体特征缓慢进化，这些特征后来也适宜飞行。我提出了一个替代观点（Videler，2000）。

我的观点是：始祖鸟是一种海洋水鸟，能够跑过水面和泥潭寻找食物。在动物王国，跑过水面是一项广泛的技能，无须奇迹发生。蛇怪能够用脚面不断拍打水面来支撑自身重量，那么始祖鸟能够运用相同的技能吗？

■ 5.4　恐龙起源假说

中美洲双冠蜥蜴似乎是微型恐龙。它们更通俗的名字是"蛇怪"，表明它们具有跑过水面的能力（Deventer，1983）。所有中美洲双冠蜥蜴都是双足奔跑的。小型蜥蜴跑过水面来逃避捕食者，并开辟新的捕食区［图5.3（a）］。成年蜥蜴的体重在200～600 g。雄性蜥蜴最大体长达1 m，雌性蜥蜴最大体长0.6 m，体重最大300 g。它们体长的3/4为尾巴。双冠蜥后肢较长，足部略扁平。脚面拍打水面时脚趾转动。脚趾侧边缘在转动后增大了接触面积（Laerm，1974）。已经报道的双冠蜥最大奔跑速度为2.3 m·s^{-1}（Rand，Marx，1967）。跑过水面克服重力的不是表面张力而是拍打水面的动态效应。每一步可划分为三个明显阶段：拍击阶段，平足拍击水面；接着，在冲程阶段，脚部推水向下产生气腔；收缩阶段，脚部在气腔破裂前快速退出。这种运动模式下，脚部大小以及腿长是影响运动有效性重要的因素。跑过水面的能力与体重相关；一只200 g的蜥蜴仅能支撑自身重量。体重与速度并不相关，但是大型成年蜥蜴确实没有幼年蜥蜴跑得快；迈步频率在5～10 Hz；总是有一只脚在水里，因此迈步周期在0.1～0.05 s。较重的成年蜥蜴踩水时，脚部下沉太深，在收缩阶段不能在气腔破裂前快速收缩。
因此，跑过水面的能力与体重、迈步频率和脚部拍击水面的频率相关。

在我的理论中，始祖鸟的祖先是 Jesus – Christ 恐龙，1.5 亿年前，它能够利
用跑过水面的技能逃脱捕猎者的追捕，并在欧洲中部珊瑚礁中的岛屿中来回穿行
[图5.3（b）]。这些祖先已经有羽毛并能在水面漂浮。最初，它们用前肢在跑过
水面过程中维持平衡。渐渐地，前肢演变为鸟翼产生升力，增加了大体重动物能
够跑过的距离。最初，推力和克服重力的力均由脚部拍打水面产生，渐渐地，翼
面产生的升力可以克服部分重力。在这种模式下，翅膀每一次增加升力的进化都
有正向的影响，能够增加逃离捕猎者的能力以及扩大捕食范围。自然选择会优选
出翅膀产生升力的特点。始祖鸟的翅膀（从化石证据来看）无须脚部的低速拍
击也能产生升力，但是无法产生推力。

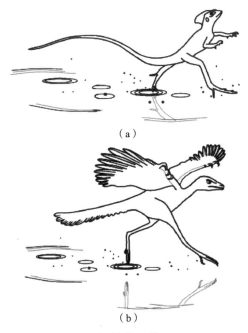

（a）

（b）

图 5.3 蛇怪和始祖鸟跑过水面。蛇怪的草图基于 **Stephen Dalton** 的跑过水面的蛇怪照
片（**Alexander 1992**）；始祖鸟的相关尺寸选用柏林化石（**Videler，2000**）

（a）蛇怪；（b）始祖鸟

伦敦、柏林、慕尼黑和爱希施泰的化石样本表明，始祖鸟的脚可弯曲超过90°，

足够灵活，可以拍击水面。始祖鸟可能有能攥住的蹼，但是目前未发现相应的软组织化石。始祖鸟后肢的解剖学细节没有透露出为何它不能像蛇怪那样折叠脚部的原因。跑过水面需要踝关节力量和极限动作。始祖鸟在这些特点上与蛇怪相同。

　　Rietschel（1985）研究了始祖鸟鸟翼的细节。他研究的右翼复原图如图5.4所示。对于同样大小的鸟类而言，始祖鸟的鸟翼异常大，需要较大的力量才能扇动如此重的鸟翼。鸟翼长度的40%为手部。手部是弧形的。从手部横截面可以看出，前缘为圆形，整体细长，后缘尖锐。手部明显能够产生升力，即使在大攻角情况下也是如此。

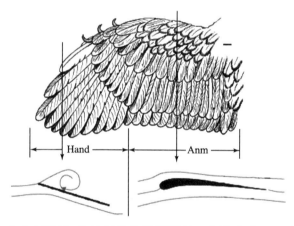

图5.4　Rietschel（1985）的始祖鸟从腹侧看的，右翼重建图（作者授权，比例尺1 cm）。鸟翼手部和肘部的总截面表明有可能产生升力（Videler，2000）

　　手部由12根细窄羽片组成，形成了鸟翼前缘。手部前缘尖锐且后掠，主轴略微向后弯曲。这种鸟翼可以在低速和高攻角时延迟动态失速，形成前缘涡流，这种鸟翼特别适合高攻角（攻角达60°~70°）低速飞行。始祖鸟不能平飞，因为缺少相应的器官，但是它想必可以调节手部开合产生不同速度下所需的升力。这个观点可以解释始祖鸟指上三爪的作用。飞机设计产生升力通过近翼端附着气流和后掠翼产生前缘涡流，通常需要一个装置分离两种气流。翼刀和锯齿形前缘通常用于产生抵消前缘涡流和分离气流的作用。始祖鸟指尖位于鸟翼肘部和手部之间，是前缘的凸起位置，可能与飞机设计控制前缘气流的装置作用相同（Ashill，et al.，1995；Barnard，Philpott，1997；Lowson，Riley，1995；Videler，2000）。

蝙蝠前缘爪子［图 5.5（b）］、一些翼龙［图 5.5（c）］和鸟的翼尖可能也起到相同的作用。始祖鸟手部三爪可能起到使气流最优化的作用。始祖鸟三手爪中的每一个都可以根据手部的姿势调节，甚至交替变换。无须用手爪时，手爪可能会撤回到羽毛之间。这个功能也许可以解释，为何手爪外部无任何附着，以及为何最后一个指尖与剩下的手指之间有双姿态关节组成的连接器。根据这个特性，始祖鸟手爪可能存在两个状态：伸展和收缩。

　　始祖鸟尾部保持向后姿势，能够产生不同的升力或阻力来维持跑过水面时的身体稳定。低速奔跑时，尾部轻微运动，对控制不会产生较大影响，但是可以帮助它平衡脚面击打水面产生的升力。

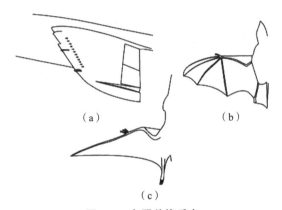

图 5.5　鸟翼前缘爪尖

（a）翼面可见翼刀——英国战斗机；（b）蝙蝠翼面第一个爪尖；（c）翼龙的三个自由指

　　人们针对始祖鸟的新观点通常持极度保留态度，因为化石有着不可撼动的地位（Witmer，2002）。我的文章 2000 年在《始祖鸟》杂志上发表，之后此杂志上的另一篇文章（Ma, et al.，2002）质疑我的观点，试图证明我的观点是错误的。下面是我对质疑部分的回答。

▥ 5.5　始祖鸟如何跑过水面

　　要回答这个问题需要力学分析。Glasheen 和 McMahon（1996a，b）曾建立了蛇怪跑过水面的力学模型，他们提出了的模型包括一个异速方程，其中动物体型是一个重要参数。这个模型同样可用于计算始祖鸟。模型具体内容见算法 5.1。这个模型可以计算始祖鸟脚拍击水面的冲击力。始祖鸟每一步克服重力所需的最小力应当小于拍击阶段和冲击阶段产生的升力总和。始祖鸟总升力由鸟翼滑翔和尾部产生。升力和相关阻力已在第 4 章运用通量模型计算。奔跑的动物鸟翼和尾翼引起的向下偏转的空气质量也考虑了。算法 5.2 的方程式表达了这个模型。在每个迈步阶段，冲程期间，脚部产生的瞬时推力需大于阻力的计算值。瞬时力平衡方程能够回答始祖鸟是否能跑过水面的问题。算法 5.1 给出了各种模式下的物理量。

算法 5.1　Glasheen 和 McMahon（1996a，b）的蛇怪模型

蛇怪的体长超过自身体重的 100 倍，关系如下：
体长 L_L：

$$L_L = 0.170\ 4M_b^{0.338} \quad (\text{m}) \tag{5.1.1}$$

脚长 L_F：

$$L_F = 0.132\ 1M_b^{0.302} \quad (\text{m}) \tag{5.1.2}$$

体重 M_b 单位为 kg。Glasheen，McMahon（1996b）采用的乘法因子不同，因为他们的模型体重单位为 g。

最大拍击力为

$$\text{最大拍击力} = \left(\frac{4}{3}\right)\rho_{\text{water}}r_{\text{eff}}^3 u_{\text{peak}} \quad (\text{N}) \tag{5.1.3}$$

式中：ρ_{water} 为淡水密度，即 $\rho_{\text{freshwater}}$，在始祖鸟模型中，ρ_{water} 为海水密度，即 ρ_{seawater}（算法 5.2）。

与蛇怪脚部物理模型产生相同拍击力的圆平面半径用 r_{eff} 表示。r_{eff} 可用下式计算，即

$$r_{\text{eff}} = 0.024\ 9M_b^{0.252} \quad (\text{m}) \tag{5.1.4}$$

模型中最大冲击力的计算为

$$\text{最大冲击力} = 0.5C_D S\rho_{\text{water}}(u_{\text{rms}}^2 + gL_L)\left(\frac{L_L}{u_{\text{rms}}}\right) \quad (\text{N}) \tag{5.1.5}$$

模型中阻力系数 C_D 与表面积 S 的乘积与体重的关系为

$$C_D S = 0.001\ 4M_b^{0.517} \quad (\text{m}^2) \tag{5.1.6}$$

模型假设冲程阶段脚部以常速下降，速度 u_{rms} 为 2.5 m·s^{-1}，下降深度为腿长 L_L，重力加速度 g 为固定值 9.81 m·s^{-2}。所需最小垂向力为体重和下降周期 T_{step} 的乘积，即

$$\text{最小垂向力} = M_b gT_{\text{step}} \quad (\text{N·s}) \tag{5.1.7}$$

算法 5.2　滑过水面：始祖鸟近似质量滑翔模型

奔跑中的动物，翼面和尾部使空气向下偏转，如图 5.6 所示。地面效应产生升力来提高升力和诱导阻力，通过升力产生和寄生阻力以及外形阻力。

升力 L：

空气质量 M_a 等于直径为翼展 b 的圆柱体表面积与奔跑速度 u 和时间 t 的体积，即

$$M_a = \rho_{air} \pi \left(\frac{1}{2}b \right)^2 ut \quad (\text{kg}) \tag{5.2.1}$$

式中：ρ_{air} 为空气密度（表 5.1）。

经过时间 t，空气加速向下偏转的速度为 w，空气向下的动量为

$$M_a w = \rho_{air} \pi \left(\frac{1}{2}b \right)^2 utw \quad (\text{Ns}) \tag{5.2.2}$$

式（5.2.2）两边除以 t 就可以获得动量的变化，它等于空气对始祖鸟（表 5.2）向上的升力，即

$$L = \rho_{air} \pi \left(\frac{1}{2}b \right)^2 uw \quad (\text{N}) \tag{5.2.3}$$

变量 w 未知。图 5.6 显示 w 与 ε 和 u 的关系为：

$$w = u\tan\varepsilon \quad (\text{m} \cdot \text{s}^{-1}) \tag{5.2.4}$$

联立式（5.2.3）和式（5.2.4），可得

$$L = \rho_{air} \pi \left(\frac{1}{2}b \right)^2 u^2 \tan\varepsilon \quad (\text{N}) \tag{5.2.5}$$

地面效应 G：

滑翔可以使鸟在水面运动较短距离得益于地面效应 G，地面效应可以产生一个增强的升力而没有阻力，即

$$G = \frac{2L}{AR} \quad (\text{N}) \tag{5.2.6}$$

式中：AR 为纵横比，等于翼展 b 的平方除以翼表面积（Anderson，Eberhardt，2001）。

诱导力 P_{ind} 和诱导阻力 D_{ind}：

诱导力产生升力，等于向下偏转空气的动能除以 t，即

$$P_{ind} = 0.5 M_a w^2 t^{-1} \quad (\text{W}) \tag{5.2.7}$$

式（5.2.1）除以 t，可得

$$P_{ind} = 0.5 \rho_{air} \pi \left(\frac{1}{2}b \right)^2 w^2 u \quad (\text{W}) \tag{5.2.8}$$

诱导力也等于诱导阻力乘以速度 u，即

$$P_{ind} = D_{ind} u \quad (\text{W}) \tag{5.2.9}$$

因此诱导阻力的表达式可以写为

$$D_{ind} = 0.5 \rho_{air} \pi \left(\frac{1}{2}b \right)^2 w^2 \quad (\text{N}) \tag{5.2.10}$$

在这个气动模型中，下洗角 ε 是唯一的未知量。

外形阻力和寄生阻力 $D_{par+prof}$：

续

当鸟翼处于无法使空气偏转的姿势时产生外形阻力。寄生阻力与身体穿过空气时，身体其他部位与空气摩擦产生。外形阻力和寄生阻力难以估计，它们遵循以下规则：

$$D_{\text{par+prof}} = 0.5\rho_{\text{air}}AC_{\text{par+prof}}u^2 \quad (\text{N}) \tag{5.2.11}$$

式中：A 为正面区域；$C_{\text{par+prof}}$ 为有效阻挡空气流动区域的比例。

表 5.1　模型中采用的物理参数值

参数	数值	单位
重力加速度 g	9.81	$\text{m}\cdot\text{s}^{-1}$
空气密度 ρ_{air}	1.23	$\text{kg}\cdot\text{m}^{-3}$
海水密度 ρ_{seawater}	1 024	$\text{kg}\cdot\text{m}^{-3}$
淡水密度 $\rho_{\text{freshwater}}$	998	$\text{kg}\cdot\text{m}^{-3}$

表 5.2　柏林始祖鸟化石的相关数据

参数	数据
体重 m_b	0.25 kg
体重	2.45 N
翼展 B	0.6 m
翼表面积	0.06 m^2
纵横比（AR）	6
大腿长度（股骨）	0.054 m
小腿长度（胫跗骨）	0.071 m
脚长 L_F	0.076 m
臀部到脚跟距离 L_L	0.125 m

5.5.1　脚和水面相互作用的计算方程

直接测量柏林化石的骨骼长度可得到始祖鸟腿长（图 5.1）。化石板上的右腿（也可能是左腿，对于这个化石如何形成仍存在争议）几乎保留完整，由于整个右腿处于一个平面，因此我们可以直接测量右腿长度，无须修正。Yalden（1984）对始祖鸟的体重做了有根据的估计。柏林化石上的始祖鸟，合理的体重值为 0.25 kg。

始祖鸟腿和脚的长度可对比同等大小的蛇怪，运用 Glasheen 和 McMahon

（算法 5.1）的异速方程。蛇怪的腿和脚的长度约等于体重的 100 倍。始祖鸟脚短些但腿长些。

蛇怪模型将每一跨步阶段划分为三个阶段：①拍击期；②冲击期；③延时期。垂直方向所需最小冲量为重力乘以跨步持续时间。总有一只脚在水里，因此一个迈步周期等于两个跨步周期。假设始祖鸟存在没有脚在水里的滑翔阶段。拍击期脚垂直向下。根据 Glasheen 和 McMahon 的模型，最大拍击力与水密度、跨步速度和产生同等冲击力的第三力作用的圆半径成正比。在蛇怪模型中，跨部速度是变量，且不是体型的函数，Glasheen 和 McMahon 用了上限 $3.75 \text{ m} \cdot \text{s}^{-1}$，这个值是冲击期测得的脚向下速度平方根的 1.5 倍。没有明显的反对理由表明始祖鸟不可以使用这些数据，最大冲量为下降脚的平均阻力乘以阻力作用的时间。模型假设，脚部以常速下降且下降深度为腿长。整个冲程期脚方向与下降方向正交。冲击力与垂直方向存在偏角 β。最大冲击力的纵向和横向分量用力乘 $\cos\beta$ 和 $\sin\beta$ 表示。冲击力和拍击力纵向分量的总和必须大于跑过水面所需的最小纵向力。冲击力纵向分量需大于奔跑时的阻力。

表 5.3 中所列数据未考虑始祖鸟潜在的产生升力的能力。Glasheen 和 McAhon 发现蛇怪的跨步频率为 5~10 Hz，与体重无明显的关联。因此，这个频率数据用于始祖鸟也是合适的。始祖鸟最大拍击力 x 比蛇怪更大，因为它拍击的海水比淡水密度大。始祖鸟腿更长，会导致更高的最大冲量。在跨步频率 10 Hz 的情况下（跨步周期为 0.05 s），两种动物总的最大冲击力比所需最小冲击力大。同等体重下，同样由于始祖鸟比蛇怪腿长，其剩余冲击力比蛇怪大。在跨步频率为 5 Hz 时，始祖鸟和蛇怪的剩余冲击力为负数，意味着它们不能跑过水面。模型中蛇怪的体重为 0.25 kg。

表 5.3　始祖鸟和蛇怪跑过水面的能力对比

参数	柏林化石		蛇　怪		单位
脚长 L_F	0.76	0.076	0.087	0.087	m
臀部到脚跟距离 L_L	0.125	0.125	0.107	0.107	m

参数	柏林化石		蛇　怪		单位
最大拍击力	0.028	0.028	0.027	0.027	N·s
最大冲击力	0.130	0.130	0.106	0.106	N·s
合力	0.158	0.158	0.133	0.133	N·s
迈步频率	10	5	10	5	Hz
迈步周期	0.05	0.10	0.05	0.1	s
所需最小力	0.123	0.245	0.123	0.245	N·s
效率	29	−35.5	8.6	−45.7	%

5.5.2　奔跑中始祖鸟的气动力计算

始祖鸟跑过水面时由鸟翼和尾羽使空气偏转向下，产生升力。空气与鸟翼长长的单侧羽毛的尾巴之间的空气作用关系非常复杂。假设受影响的气流为密度均匀的圆筒可以简化模型。图 5.6 展示了动物如何匀速奔跑，张开的鸟翼和展开的尾巴如何导致空气偏转。圆筒的直径近似等于翼展。第 4 章介绍的近似原则适用于计算匀速奔跑的始祖鸟鸟翼和尾羽产生的升力。计算时速度取 2 m·s^{-1}，这是 Alexander 1976 年计算的与始祖鸟同等大小的恐龙的最大奔跑速度。算法 5.2 展示了计算方程。单位时间内的气流体积等于圆筒的横截面积乘以奔跑速度，再乘以空气密度就可以计算出单位时间内的气流质量，再乘以空气向下偏转的速度就可以计算出施加在空气上的力。奔跑的动物用鸟翼和尾羽将空气向下偏转 ε 产生升力。升力是使空气加速向下的力的分量，这个动作产生与奔跑方向相反的阻力。阻力乘以奔跑速度是阻力功率。阻力功率同时等于单位时间施加在向下空气上的动能。因此阻力可以用阻力功率除以奔跑速度计算。始祖鸟身上的阻力包括与产生升力相关的阻力、鸟翼和尾羽的外形阻力，以及头部、身体、和腿的摩擦阻力。外形阻力作用于鸟翼和尾羽，当空气没有偏转向下时存在。摩擦阻力与身体其他部位所受压力以及在运动过程中与空气摩擦产生。摩擦阻力难以计算，它与两个因素成比例：奔跑中不产生升力时的正面区域和阻力系数，阻力系数受影响气流面积的分数。

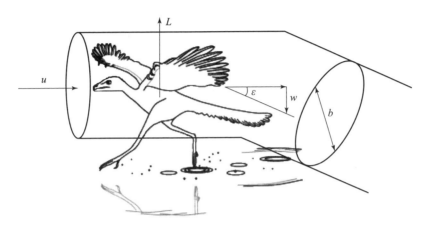

图 5.6　始祖鸟以速度 *u* 跑过水面示意图。相对于始祖鸟，空气速度为 *u*。鸟翼鸟尾处于滑翔姿态时，空气向下偏转的角度为 *ε*。空气圆柱模型直径为 *b*，与翼展相同。空气加速到 *w*，升力 *L* 方向向上

根据鸟后受影响气流的速度和方向，对始祖鸟和空气作用模型两端积分。因此产生的升力包括鸟翼、身体、尾羽各自产生的升力，忽略手部和肘部不同姿态对升力和阻力的影响。鸟翼与水面贴近，可以提高地面效应（见第 4 章）。地面效应的大小与升力成正比，与鸟翼纵横比（翼展平方除以表面积）成反比（Anderson，Eberhart，2001）（图 5.7）。

图 5.7 展示了下洗角 *ε* 在 0°～35°时的气动力计算值。总升力由虚拟的圆筒形空气偏转产生，地面效应随下洗角的增加而增大。始祖鸟的以 2 m · s⁻¹ 速度奔跑时，摩擦阻力增加，但比产生的升力小得多。图 5.8 展示的是在不同下洗角情况下，升力如何决定净剩余冲击力，以及三种跨步频率下跑过水面的能力。我们可以看到 0.05 s 跨步周期下，不借助升力的帮助，始祖鸟已经可以跑过水面了。0.1 s 跨步周期时，由于鸟翼和尾羽产生升力仅需要比 0.16 N 少一点的冲击力即可。升力的值可根据模型计算，下洗角大于 26°。平均跨步周期 0.07 s 的结果也在图 5.8 中示出，在此情况下，下洗角需大于 11°。

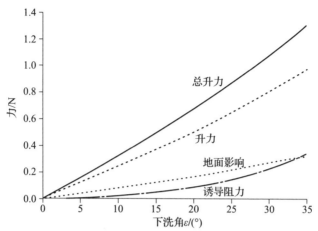

图5.7　始祖鸟以2 m·s⁻¹跑过水面，下洗角对升力和空气阻力的影响（力的计算基于 Ellington 的通量模型（2000））

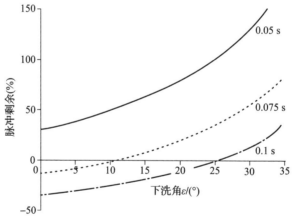

图5.8　以2 m·s⁻¹速度奔跑时，体重0.25 kg 的始祖鸟运用蛇怪的技巧跑过水面，能够产生剩余冲击力，并且稳定的鸟翼和鸟尾能够使空气向下偏转产生升力，模型指出了跑过水面的三个阶段

假设始祖鸟正面面积0.009 m²，阻力系数0.25，计算得外形阻力和摩擦阻力的和为0.006 N，数值太小可以忽略不计。每次迈步，冲击力需克服的诱导阻力，在下洗角为26°时约为0.017 N·s。始祖鸟向后冲击角度为β，β值仅需7.5°，就可以产生大小0.130 N·s的力，其纵向分量可达0.129 N·s。剩余冲击力几乎不受这个向后小角度的影响。

分析表明，体重0.25 kg 的始祖鸟能够跑过水面，只要它的跨步频率达到

10 Hz 或者能够产生升力。

5.5.3 生态演化

很多鸟类跑过水面都是振翅先于起飞。人们普遍认为始祖鸟不能拍打翅膀，跑过水面时，只能采取滑翔姿态。北美鹛鹛在求偶时跑过水面采取的也是鸟翼静止的姿态。图 5.9 所示为一段 BBC 影片的草图，影片《鸟的一生》由 Attenborough 制作。影片完美地展示了两只鸟的仪式。它们 1 200 g 的身体，通过脚拍击水面已经升空完全离开水面。鸟翼并不产生升力，因为奔跑时，鸟翼后缘羽毛是飘的。北美鹛鹛的腿向后角度很大，是产生动力的理想姿势。三个前脚趾有较宽且独立的蹼，后脚趾有较小的蹼（Del Hoyo，et al.，1992）。从影片中可以看到，总有一只脚在水里。这些鹛鹛保持身体在水面的体重是始祖鸟的 4 倍。遗憾的是，到目前为止，还没有针对这个明显行为的生物力学研究发表。在水面奔跑时，也没有迹象表明脚蹼很重要。无论如何，没有任何一个化石显示始祖鸟有蹼。鹛鹛的例子还有其他的生物力学方法解决这个问题。始祖鸟可以使用蛇怪或者鹛鹛的方式跑过水面，也可以使用其他完全不同的技术跑过水面。

图 5.9 北美鹛鹛在求偶仪式上跑过睡眠（草图基于 BBC 纪录片《鸟的一生》）

对于始祖鸟跑过水面的生态优势可能是逃避捕食者和开发在海岛上的远距离的繁殖区。所有的化石都是在近海的海上沉积物中发现的。一些化石显示，它是在被石化的时候死的。例如，柏林、伦敦、Eichstatt、索伦霍芬、索伦霍芬 Aktien

和第十化石非常完整，就排除了它在陆地死去并长时转移到海上被石化的可能（Mayr，et al.，2005）。伦敦和柏林的化石，鸟翼处于被拉伸的滑翔姿态。跑过水面需滑翔的鸟翼和尾羽产生升力，经模型计算很明显无任何风险，表明始祖鸟可以跑过水面。Elzanowski（2002）受牙齿形状启发，提出了始祖鸟主要以软体节肢动物为食。Kolbl - Ebert（Jura 博物馆，Eichstatt）展示了大量水上运动者，我们注意到 chresmoda obscura。这种大型昆虫与始祖鸟生活区域相同，可能是始祖鸟的食物之一。它们的外骨骼可能非常薄可以减少体重，表面张力可背起接近 5 cm 的动物。想象一下，始祖鸟是个专业的水鸟，以潜水或泥潭的水上运动者为食，那么始祖鸟具有跑过水面的能力非常符合这个情境。

　　我的理论是始祖鸟是个类鸟动物，具有以 2 m · s^{-1} 的速度跑过长距水面的能力。它的鸟翼非常适合产生升力来拉起大部分体重，但是不产生推力，能够滑翔但不能飞翔。若始祖鸟进化为鸟类，它还需要减重，鸟翼还得进化出可以飞翔的生理结构，要有合适的胸骨，尤其是有突起可以容纳喙上肌和肌腱系统，以使得它可以在上冲程运动。索伦霍芬的海洋层发现了三块始祖鸟骨骼化石，伦敦化石发现的位置更深，而且更大。第 7 块化石（Munich 或索伦霍芬 Aktien Verein 化石）在 14.6 m 地层处发现。它被认为是新物种——巴伐利亚始祖鸟，因为它的体型只有伦敦化石的 73% 左右，并且可能有钙化的胸骨，如图 5.10 所示。麦克白始祖鸟

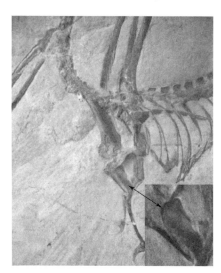

图 5.10　索伦霍芬 Aktien Verein 化石中始祖鸟钙化的胸骨（比例尺 1 cm）

在地下 8.5 m 处的岩层发现，体型在前两者中间。这些事实（Wellnhfer，1993）虽未证明但支持了我的观点——始祖鸟是鸟类演化过程中的物种。同样出土地址的距离年代较近的化石，可能给出了会飞的始祖鸟是如何形成的答案。然而，始祖鸟会飞时，就不会在岛屿间奔跑，在奔跑过程中死掉或淹死的机会大大减少，找到这种化石的机会几乎没有。最近的研究发现，始祖鸟离开索伦霍芬不久，世界上充满了或多或少能够飞行的有羽恐龙。

■ 5.6　其他与鸟类飞行相关的化石

从始祖鸟晚期到白垩纪末期，有羽恐龙快速适应环境并占据了整个世界。远到西班牙和中国，最近出土了一些这一时期的见证者。一些领域内的科研人员想要运用这些数据构造进化树。然而，出土的种类多到几乎每一个化石都有自己的分支。目前最合理的解释大概就是飞行有多条演化路径。此外，与飞行特征相关的解释仍然面临第 4 章所讲的人们对鸟类飞行的气动力学细节不了解。在 15 亿至 6.5 亿年前这个漫长的时期中，鸟类演化最有可能的就是突然变异或多条演化连续发展。大灭绝事件在白垩纪晚期，灭绝了一些鸟类谱系，并标志着一个新的快速演化时期，在古新世到始新世约 3.5 亿年前。很有可能是大灭绝事件消灭了一些飞行演化的替代路径，并进一步限定到我们发现的现代鸟的路径。

在索伦霍芬石灰岩中没有发现始祖鸟的潜在祖先，但是在别处发现的兽脚类恐龙或多或少符合我们的想象。例如，在化石富饶的中国西南部，有两块小型兽脚类恐龙化石——中华龙鸟，它长着长长的尾巴（Chen，et al.，1998）。中华龙鸟的骨骼与美颌龙有很强的亲属关系。尾部最大有 68 m 长，并有 64 个椎骨。中华龙鸟后腿很长，头骨较大并有齿喙。前腿短而粗硬。这些化石很有趣，因为中华龙鸟的皮肤从头到脚长满了厚厚的羽毛。羽毛为多分枝粗羽轴，几厘米长，比近似体型哺乳动物的头发要粗很多。羽轴可能是空的。羽片的厚度表明可能最主要起保温作用。一些作者认为这种结构是真皮衰变后的胶原纤维（Lingham - Soliar，2003）。中华龙鸟化石的年代仍然是谜。测试表明它有侏罗纪 - 白垩纪的混合特性，比索伦霍芬化石晚。Chen 等还发现了一种类鸟动物化石，它有着对称的羽毛，Protarchaeopteryx——可能也是一种有 30 节尾椎的有羽恐龙。一些在同区域出土的尾羽龙可清晰地看到羽毛，但可能是另一类不会飞行的鸟或者根本不是鸟，属于另一个恐龙谱系——偷蛋龙（Zhou，Hou，2002）。1996 年，在巴塔哥尼亚出土的另一个不会飞行的恐龙化石，有一个跟飞行相关的非常有趣的特点（Novas，Puerta，1997）。半鸟龙是 2 m 长的兽脚类恐龙，生活在比始祖鸟晚很多的白垩纪上半叶。化石中有一些椎骨，尤其是骨盆带、后腿骨以及我们近期很关注的左肩胛骨和残缺的肱骨。肩关节保存完好，表明肱骨可以自由活动。像鸟一样，半鸟龙肩关节面向横向，有可能提升肱骨，使肘部向上。半鸟龙前肢可能能够上下运动。它为什么要这么做一直是个谜。没有发现羽毛存在的迹象，所以我们无法证明肘部实际是有羽并通过拍打空气产生升力。

中国侏罗纪晚期 - 白垩纪早期（可能）富含多种湖泊沉积物中发现的鸟类化石。我们不应将每种新物种当作进化的每一阶段，而应视其结构为特定生态环境下的适应性改变，除非我们清楚地确认了物种之间的祖先关系。下面列举一些与飞行特点相关的鲜明示例，来看一下早期鸟类的多样性。

Xu 等（2003）介绍了一种特别小的恐龙，在中国东北辽宁九佛堂发现。小盗龙约 77 cm 长，长长的尾巴单侧长羽毛，占据了身体 1/2 长。小盗龙有四个鸟翼，两个由前肢形成，两个由后肢形成。前翼和后翼由初级和次级羽毛组成，一些由不对称叶片组成，并且保留了鸟翼转换。骨骼的主干有一个平胸骨，融合了肩胛骨、喙突和坚硬的肋骨。肩关节窝横向。前翼由肱骨支撑，尺骨和细桡骨不连接掌骨，爪尖有三个手指。一些最明显的特征与第一个手指有关，被解读为小鸟的祖先。后翼由后肢骨骼支撑，只有脚趾可以自由活动。作者认为小盗龙树栖并且能够滑翔。奇怪的是，这种四翼小恐龙被 William Beebe（1915）假设为幼鸽后肢上端演化出飞行特点。Beebe 假设有四翼的先鸟存在，在飞行演化中划为进鸟龙科。

一些区域的其他长尾鸟胃里保存着它们吃下去的种子。原始热和鸟（Zhou，Zhang，2002）从头到尾约 70 cm。尾部占据了身体一半的长度并有 22 节尾椎。胸骨较短，没有融合侧梁，表明其没有主要飞行肌肉的肌起点。肱骨有大的三角肌嵴。肩胛骨和喙突不融合。许愿骨呈大回旋镖形。没有三叶管（Zhou，个人交流）。作者认为它擅长飞行并树栖，脚部的大爪子非常适合抓树枝。

1995 年，中国发现的孔子鸟最可能会飞（Hou，et al.，1995，1996；Martin，et al.，1998）。大量的化石样本被保存。它们大约 25 cm 高。尾椎减少到 4~5 节并有尾综骨。孔子鸟有鸟喙但没有牙齿。胸骨无龙骨，并有回弹型许愿骨。肱骨有巨大扩张开的三角肌嵴。大量雄鸟和雌鸟被发现肩并肩。雄鸟尾部有长长的装饰羽毛。每个鸟翼有三个手指，并且第一个手指有扩张的质骨和强壮的爪子。孔子鸟可能在热带雨林的淡水湖旁群居，它们的生活方式与鹦鹉类似。

长趾辽宁鸟与孔子鸟在同一地方发现，是第一种被发现的古鸟，胸骨有龙骨并与喙突连接。它有尖尖的爪子，身型较小，最符合飞行条件。丰宁原羽鸟大小与欧椋鸟近似，同样与孔子鸟同地发现，表现出更多与现代鸟相似的特点。它有尾综骨、长的喙突、支柱状的锁骨和有三角肌嵴和外侧突的胸骨。手骨比前肢长，小翼羽贴近小翼指。它是第一个保留三叶管的化石（Zhang，Zhou，2000）。

可能最早的飞行家是西班牙发现的奥亚斯始小翼鸟（Sanz，et al.，1996）。它是小型涉水鸟，翼展 17 cm。它的名字暴露了它被认为是第一个有小翼羽的鸟。另一个衍生特点是它有三叶管。因此，第一个具有所有现代鸟基本结构特征的鸟出现在 10.5 亿年前，比始祖鸟晚 4.5 亿年。

如果我们忽略 Chatterjee（1997）的研究，上述结论是正确的。Chatterjee（1997）宣称在得克萨斯州发现了 22.5 亿年前同样复杂的鸟的化石。他假定这个为鸟的祖先并命名"原鸟"。如果这个结论为真，他将鸟的演化提前到 7.5 亿年前的二叠纪晚期，排除了鸟类的祖先是恐龙。原鸟胸骨含大龙骨，有三叶管，鸟翼肘部羽毛有轴。此专家的结论非常值得怀疑。Chatterjee 的假说和他的著作《鸟类的崛起》致力于原鸟是非常引人注目的，但这一令人兴奋的主张还有等待真实的证据证明。

在大约 6.5 亿年前的大灭绝事件中，大多数中生代鸟类分支都消失了，现代鸟的鼻祖——非雀形目鸟类作为极少数幸存者开始辐射。人们认为鸭子、潜鸟、tube-nose 以及其他分支的祖先也幸存下来，但是缺乏证据证明。到始新世早期，鸟类飞行器官的基本结构或多或少形成了，并有遗留未演化的，但我们应当谨记每一个单独的物种跟这个基本的结构都有偏差。在这个阶段，继续研究飞行演化的细节不可能了。在 1 亿 ~ 3 亿年前的中 – 第三纪，大多数鸟类分支——雀形目，开始出现并多样化。早期演化的化石非常缺乏（Feduccia 1999）。

现代鸟的基本结构包含有龙骨的胸骨，通过喙突与肩关节保持固定距离；三叶管作为喙上肌的滑轮，喙上肌负责抬起鸟翼及前缘的小羽翼，小羽翼在鸟翼肘部和手部之间与中生代鸟类突出的手爪作用一致。

5.7　总结和结论

大多数人认同鸟类从 15 亿年前的侏罗纪时代开始演化。人们发现了一些侏罗纪时期的有羽小兽脚类恐龙化石。巴伐利亚的索伦霍芬海岸以及德国出土的系列化石有着重要的意义。古新世的始祖鸟化石（10 个骨架化石一个有羽毛），使得鸟类飞行如何演化在一个世纪内长据争论的中心。因此，本章主要关注生活在特提斯海热带后礁区域边上的动物。始祖鸟翅膀较大且尾部有长长的单侧羽毛。这种特点特别适合低速滑翔；由于缺少相应的器官，可能无法做到扇动翅膀。

自从一个世纪多以前人们发现了始祖鸟化石，对于这些鸟类如何飞行，就形成了树栖假说和奔跑假说两种对立的阵营。这些争论专业和常规时常交换位置。始祖鸟生活的生态环境几乎从未考虑过，尽管有很多化石证据。一些论点违反了简约原则。因此，本书提出了一个新的假说，能够解释始祖鸟特有的解剖学特点，并给了它生活和死亡环境的生态位。这个假说将始祖鸟描绘为一个岸边栖息的鸟，能够跑过水面或泥潭去寻找食物或躲避捕猎者。始祖鸟可以运用这种蛇怪使用的"跑过水面"的技术产生升力。跑过水面期间，鸟翼和尾部处于滑翔姿态能够帮助产生升力。本章运用两个数学模型进行量化计算证明始祖鸟可以做到。由蛇怪建立的模型可以计算出跨步频率在 5 ~ 10 Hz 时每一步产生的冲击力。运用现实的频率 5 Hz，鸟翼和尾部产生的升力可以使动物以 $2\ \mathrm{m\cdot s^{-1}}$ 速度奔跑于水面。在这个速度下，运用第 2 章近似质量通量模型的改进版计算了在一定下洗角下的升力和阻力大小。地面效应产生的升力也考虑在内。这些计算表明，始祖鸟可以跑过水面。本章也讨论了一些现存的有同样行为的鸟。在始祖鸟化石出土的同样地点，发现了大量的水面运动者化石，表明它们可能是始祖鸟利用跑过水面技能捕食的对象。一些时间序列的化石可能指示在向扑翼飞行方向演化。

最丰富的有羽恐龙化石出土地点在中国，但在世界其他地方也有很多。这些化石表明中生代鸟类存在与飞行特点有关的并行演化路径。本章给出了些中生代辐射的例子，并讨论了与飞行相关的结构。6.5 亿年前的大灭绝事件，使白垩纪鸟类大量谱系消失。只有极少的会扑翼飞行的次要分支幸存，成为了现代鸟类的祖先，并在第三纪早期快速辐射。

第 **6** 章

鸟类飞行模型

6.1 引言

一套飞行行为以起飞开始，接着在空中飞行一段距离后以着陆结束。通过分析在受控条件下的重复飞行，可以探测鸟对飞行策略的选择。一只鸟在飞行时必须考虑高度、速度、加速度、减速度，在拍翼或滑翔时如何使用翅膀以及尾部的动作，这是几个重要的点。我们在受控条件下对普通红隼的自由飞行进行研究，表明了这类行为的复杂性。

鸟类飞行最显著的特征或许就是飞行中鸟翼的循环拍打。鸟翼不仅可以上下拍打，也可以折叠、伸展、旋转并改变速度。对这些运动的描述可以身体与周围空气或地面作为参照系。运动学分析关注与时间有关的位移，而不是力。动物飞行运动学必须研究三个维度，因为运动发生在正交参照系 *Oxyz* 中。在标准条件下，通过控制试验变量来研究翼拍周期。对小鸟单翼拍打的精确分析强调了不稳定效应的存在性。我们试图弄清是否存在一种适用于大部分物种的扑翼飞行原理。

蜂鸟可以在静止空气中停滞很长时间；一些小雀形鸟也能做到这点，只是时间较为短暂。研究揭示了这种飞行技术的细节，并说明了蜂鸟飞行的一些局限性。

大约有 12 个物种能在有风的条件下与地面保持固定位置，各种红隼因为这种能力被人所知。在与地面保持固定位置的悬停或有风悬停的鸟，为（高速）拍摄野外飞行提供了可能。拍摄有风悬停的鸟需要对运动进行精确定量分析。

鸟翼的重复间断拍打在鸟中很常见，在间断时鸟类要么折叠翅膀要么像滑翔一样伸展翅膀，有些物种同时使用这两种模式，这种飞行方式可以理解为节省体力。这也是大型鸟类编队飞行的情况，但我们必须找到确凿证据支持这种情况。

各种滑翔是以最节省体力的方式保持在空中的终极飞行策略。鸟类可以用至少四种方式利用大气条件进行滑翔，这将在后面简要解释。

涉及急转弯的技术动作是鸟的日常练习，但通过试验，我们可以理解这些不容易设计的动作是如何实现的。目前已有很多对野外鸟类的速度测量数据，但这些数据未必可靠，即使是采用最复杂的方法测量速度也会出错。这些试验的目的在于真实还原不同种群、不同体型、不同速度的飞行鸟类。

▮ 6.2　飞行计划

一个简单的飞行，以起飞开始，加速至一个巡航速度，最后以着陆结束。我们首先关注这样飞行的特征，然后研究在保持巡航速度时的翼、身和尾部的运动。

在野外，几乎不可能精确测量到从起飞到着陆的整个飞行特征，不可预知的条件和所需仪器的复杂性是主因。因此，我们设计一个试验装置，能够在受控条件下随意测量飞行行为（Videler, et al., 1988a, b）。我们捕获了两只野生成年红隼，分别是雌性红隼（Kes）和雄性红隼（Jowie），并训练其猎鹰技术（Glasier, 1982）。在哈伦（荷兰）的生物中心，研究人员每天在工作时间后，就去到长为141 m、宽为 3.42 m、高为 2.4 m 的直达走廊对这些鸟进行训练。每只鸟在两只猎鹰手套间（研究生志愿者）上、下飞行。在 80% 的着陆手套上会随机放一块碎老鼠肉。直到鸟被放生野外前，这一系列试验约进行了半年。一个试验中，我们对没有负重的鸟，测量了从起飞到着陆的飞行策略。圈养期间，两只鸟的平均体重为 190 g 和 160 g，这比它们被捕获时轻了 20 ~ 30 g，在这一体重上说明它们状态良好，渴望飞行。每只鸟每天都有一段飞行时间。只要它们敏锐，就允许它们上、下飞行。我们改变它们的体重，给它们用铅制而不是皮质的脚镯，每对为 0.3 N（31 g）或 0.6 N（61 g），这些体重代表普通野生红隼的猎物体重范围（Masman，et al.，1986）。在相同负重情况下，我们让它们飞行两个距离，看鸟类会不会用不同的策略进行长短距离不同的飞行。一场试验，其中一个飞行 50 m 或 125 m，另一个要负重飞行。飞行的次数在 50～156。Kes 飞行 94 次，Jowie 飞行 78 次。飞行次数与试验开始时的体重无关，只有当手套上有老鼠块时才会尽可能多地飞行。

试验中，飞行数据被记录在连接石英钟的计算机上，以便精确地记录时间。猎鹰左手套的电子开关记录着陆和起飞的时间，精度为 0.01 s。从这些数据可以推算出飞行次数、飞行时间和飞行方向。在轨道上固定四个位置，在地面上安装红外线灯，通过红外感光单元记录鸟通过的瞬间。这些位置将 50 m 和 125 m 的飞行分为 10 m 和 25 m 的分段（图 6.1，Kes，试验一和试验三）。鸟在接近终点时总是在拍翼和滑翔之间变换，这种变化被手工记录并存储在内存中。这些数据提供了滑翔时间的准确估计。将红外感光单元集中在距离走廊尽头 10 m 的位置，可以更好地获得 125 m 飞行的起飞和着陆的记录。在走廊侧壁做标记，可以获得飞行高度的估计。通过距离除以经过两点所需的时间可以计算速度。对于每次飞行，巡航速度被估计为中间两个记录点的速度（50 m 时为 20 m·s^{-1} 和 30 m·s^{-1}，125 m 时为 50 m·s^{-1} 和 75 m·s^{-1}）。

6.2.1 不同距离和体重的飞行策略

飞行策略数据是从每只鸟的 13 次试验得到，在无负重，负重 0.3 N 和负重 0.6 N 的情况下，每只鸟在每种情况下至少飞行 2 次。Kes 在 100 km 总飞行距离上记录了 1 226 次记录：42.5 km，无负重，34 km，负重 0.3 N 和 23.5 km，负重 0.6 N。Jowie 在不那么费力的 85 km 的总飞行距离上被记录了 1 017 次，分别是：29 km，无负重，33 km，负重 0.3 N 和 23 km，负重 0.6 N。

红隼的飞行方式比较单一，从猎鹰手套的位置（1.8 m 高）开始扑翼下降，经过 2/3 的路程到达另一个猎鹰人，紧接着是一个滑翔，最后猛扑到手套上。高度在 0.3～0.8 m 的飞行高度很稳定。飞行高度并不影响飞行的持续时间。

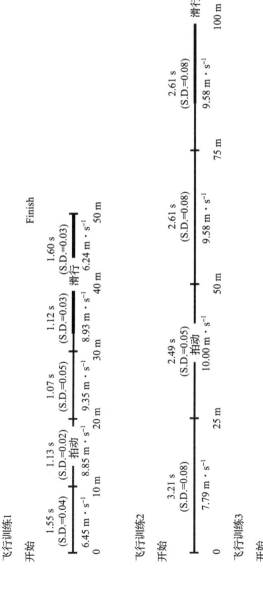

图 6.1 平均数值为例，训练有素的雌性红隼 (Kes) 的三次无风飞行的数据。试验一：平均体重 192 g；156 次飞行。试验二：平均体重 193 g；56 次飞行。试验三：平均体重 190 g；92 次飞行。记录点在走廊尽头 (Videler, et al., 1988a)

这两只鸟没有差异。在没有负重或负重 0.3 N 时，Kes 以 0.3 ~ 0.4 m·s⁻¹ 的速度飞行，比 Jowie 快。当距离为 125 m，负重为 0.6 N 时，就没有速度差异了。

125 m 飞行的无负重平均巡航速度，Kes 为 9.71 m·s⁻¹，Jowie 为 9.45 m·s⁻¹。两只鸟的 125 m 飞行的平均速度比 50 m 飞行快 1 m·s⁻¹。巡航速度与起飞着陆关系不大，125 m 飞行速度快 0.5 m·s⁻¹。这个结果表明两只鸟故意选择低速飞行较短的距离。

当负重时，两只鸟降低了平均飞行速度。由图 6.2 可以看到这点。增加 0.3 N 负重会降低巡航速度 0.4 m·s⁻¹。增重对 Kes 的影响比 Jowie 更大。Kes 的 125 m，负重 0.3 N 的平均飞行速度比无负重要快。Kes 第一次负重 0.6 N 飞行的平均速度和巡航速度明显比其他试验偏高，增加了测量的标准偏差。一次试验的 96 次飞行的详细观察表明，38 次飞行后有明显的行为变化，如果剔除前 38 次飞行的数据，则标准偏差会很明显。Kes 明显开始飞行时很快，甚至比无负重飞行更快。最后 58 次飞行的结果与 Kes 和 Jowie 的其他 50 m/0.6 N 的飞行结果很相似。这些数据表明，鸟类确实是在最开始时便决定选择哪种飞行策略，若有些时候因为某些原因发现这并不是最好的策略，则会立即改变飞行策略。

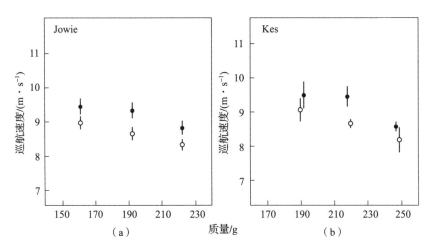

图 6.2　一只雄性和雌性红隼，在无风的走廊，飞行 125 m（填充符号）和 50 m（开放符号），绘制的平均巡航速度（标准偏差）和总质量。使用铅质脚镯代替皮革脚镯增重（Videler, et al., 1988a）

6.2.2 起飞

两只红隼总是在起飞时拍动翅膀，最初几米的高度损失很小，大约在 20 m 的高度达到巡航速度。我们没有测量离开手套的加速度或者力。Bonser 和 Rayner（1996）、Bonser et al.（1999）研究了欧椋鸟的起飞性能（平均体重 76 g，0.75 N）。椋鸟在最初跳跃阶段折叠双翅，随后腿部产生推力；经测量加速度为 14 ~ 48 m·s^{-2}。在 4.5 ~ 20 mm 粗的树枝上，最大推力为 1.2 N，推出角度为 70°，椋鸟在树枝上不调整推力及与树枝的角度。最细的树枝形变损失的能量为 0.015 J，这些能量可以使鸟垂直上升 2 cm。每个物种起飞时的最大跳跃力是不同的，椋鸟的跳跃力是自身体重量的 4 倍，鸽子是 2.3 倍且最大加速度为 15.6 m·s^{-2}（Heppner，Anderson，1985）。

Tobalske 等（2004）认为蜂鸟细小的后腿会限制起飞的推力，他们测量了平均体重为 3.2 g 的棕蜂鸟的起飞性能，其起飞角度在 65° ~ 78°，仪器测到的推力为 0.047 N（体重的 1.6 倍）。高速拍摄显示，动物在起飞逃跑时翅膀拍打频率为 53 Hz，峰值加速度为 40 m·s^{-2}。我们很难从鸟翼与空气的相互作用中分离鸟翼的力。在鸟的腿发力的 122 ms 间，翅膀展开并完成上冲过程，逃跑时总加速力为 0.055 N（1.8 倍体重）并达到峰值。椋鸟的跳跃力比鸽子小，短腿可能是造成部分差异的原因。

6.2.3 滑翔停顿

人们对鸟着陆的精确测量一般很罕见，已有的数据显示不同的物种选择不同的策略。

椋鸟的起飞和着陆力都随自身体重线性增加：一只体重 60 g 的椋鸟，着陆力为 0.6 N，起飞力为 1.2 N；另一只体重 80 g 的椋鸟着陆力 1.8 N，起飞力平均为 2.3 N。椋鸟的起飞力比着陆力高 45%，起飞角和着陆角相似都为 70°（Bonser，Rayner，1996）。

野外训练的红隼总是迎着风在手套上着陆，触觉没有明显的影响（试验时戴上手套是值得推荐的，因为红隼在着陆后会用锋利的爪子紧紧地握住手套）。

图 6.3 显示了红隼在着陆前的 1 s，臂翼起到了空气制动器的作用，几乎保持垂直于飞行方向；左臂翼上部的分离流动抬起了覆盖物。红隼接近目标时不失高度，保持脚在手套的高度。小羽翼拉伸并抬起，可能利用锋利的前缘在后掠臂翼顶部产生前缘涡流，在速度接近为零时产生升力。鸟在树枝上着陆时通常采用同样的方法：刹车至速度接近为零，同时在刚好落在树枝上方时产生足够的升力直到落到树枝上。

图 6.3　一只受过训练的红隼，在野外自由飞行后降落在手套上。在平常的训练中，鸟装上皮质脚镯和一条尼龙绳，通过一个结在孔眼上（查看空气动力学解释）

在无风走廊进行试验的红隼，其着陆方式是不同的：红隼展开翅膀，保持高度滑翔，在距离手套 5 m 的位置扑到手套上。滑翔结束时它们的翅膀向下扫并直冲到手套，向前的动能在俯冲中被浪费。

走廊中，飞行阶段最后的滑翔是直的且是不会被打断的。随着体重的增加，滑翔持续的时间与飞行总时间的比例，从 36% 下降到 10%。利用 Kes 在试验三的飞行数据，可以通过记录点与路线终点的方向估计 Kes 的减速度。对四个同高度的、不间断的 30 m 以上的滑翔进行仔细分析，在静止空气中没有高度损失，升力等于重力，阻力等于质量乘以减速度。分析表明，减速度在 $0.77 \sim 0.91$ m $\cdot$ s^{-2} 之间，平均为 0.84 m $\cdot$ s^{-2}。已知减速度，通过计算可以得到升力/阻力的比率和滑移率为 12.8 : 1 和 10.8 : 1（平均为 11.7 : 1）。滑移率在 6.7 节进一步讨论。

6.3 巡航飞行特征

目前，还没有人对自由飞行鸟类的翅膀拍打情况做精确的定量运动学描述。其原因是在固定的位置上，很难拍摄至少一个完整的拍打周期，我们需要一个固定的摄像位置来获得以地面为参考系的运动图片。这只鸟需要足够近才能被拍摄详细的图片。动物必须是焦点，相机的帧速率应该足够高，这样才能采取足够量的周期帧图片。

如果鸟类能够在风洞中以不同的速度稳定飞行，那么运动学研究就容易多了。而嘈杂的环境，有限的空间会影响运动学和鸟不能以正常的速度飞行。所以，想研究鸟翼拍打运动学，首先要研究鸟在静止空气中的自由飞行的。

6.3.1 鸟翼拍打运动学

Marey（1980）在 19 世纪末，在垂直固定的位置用三个电磁同步相机，依次拍摄了 50 帧的一个自由飞行鸟类的照片。他把照片发给一个艺术家，艺术家用每张图片制作一个鸟形的蜡像。使用失蜡技术制作青铜铸件，鸟雕像精确显示鸟翼拍打周期（图 6.4）。

Marey 以 8 个运动学规律总结了他的发现。

（1）下冲过程会增加升力并增加速度；上冲过程也会增加升力但会降低速度。

（2）翼尖的轨迹是一个椭圆轨迹，且以一条从后向前倾斜的直线为轴。

（3）翼尖的运动方向是，翼尖向前和向下，在返回时向上。

（4）在下冲过程中，鸟翼伸展且近乎平坦。

（5）在上冲过程中，翼构成的平面相对于飞行方向倾斜，底面朝前。

（6）下冲过程的持续时间比上冲过程的时间长。

（7）在飞行中，鸟翼仅在下冲过程中是刚硬的，在上冲过程是部分折叠的。在较大的鸟中，上冲过程折叠翅膀并不明显。

（8）在上冲过程中，鸟翼沿着纵轴旋转，羽毛留下缝隙让空气自由流通。

图 6.4　基于三个垂直且同时拍摄的鸽子单翼拍打周期，制成的铜像，插图显示顶视图（Marey 1890）

Marey 没有详细说明他是如何从鸽子和海鸥的图片得到这些规律的，所以很难判断它们是否有效。

我们研究无风走廊中的红隼 Kes 和 Jowie 的鸟翼拍打模型。在这些实验中，我们在飞鸟的侧面和下方同时进行拍摄（Viderler et al.，1988b）。我们使用 16 mm 的高速摄像机在影片停止时拍摄每张图片，在试验里，它以约 200 fp/s 的速度制作这些图像，它被水平的放置在走廊侧通道的固定位置上。透镜的光轴垂直于走廊的纵轴。我们在走廊中间放置一个 2.35 m 长，1.5 m 宽的，与水平面呈 45°的镜子，并使它面对相机。鸟在飞过镜子中央 1 m 的位置时出现在侧面和下方的图片中。我们利室内植物作为障碍物，使得鸟出现在镜子中央的正确高度。摄像机的红外敏感单元被接近的鸟触发，使它在鸟进入视野前以恒定的速度运行。在每个交叉点都可以记录一次完整的拍打周期。工作人员与相机足够远，以保证鸟能以稳定的巡航速度穿过镜子。每一帧的图片都包含了侧向图像和镜子中的下方图像。我们定义一个三维参照坐标系，原点在摄像机光轴穿透镜子的位置。X 轴从原点平行延伸到走廊，鸟的飞行方向大致沿着 X 轴。侧向图像的垂直轴是 Z 轴。下方图像包括原点，X 轴和水平轴 Y 轴，且 Y 轴与相机光轴重合。我们的设置是 Marey 的 4 倍，但我们只有两张图像。然而，我们可以利用计算机辅助数字化技术更精确的分析循环事件，并且通过悬挂在脚上的 31 g 或 61 g 铅来控制鸟的重量。每张侧面的图片和下方的图片对鸟喙，中心点，尾部点和两个翼尖都做了数字化。从侧面图片上，我们可以计算鸟翼和鸟尾的表面积的投影。鸟的倾斜角度是在 $X-Z$ 平面中 X 轴和鸟喙和鸟尾尖直线的夹角。为了测量鸟尾的倾斜角度，我们考虑尾尖和尾基。鸟翼的划动角度由翼尖面对相机的角度确定。Z 轴的最大值沿着 X 轴移动到 Z 轴最小值的 X 点位置，然后计算 Z 轴两个极点连线与 X 轴的夹角，即鸟翼划动角度。在 $X-Z$ 平面，矫正所有鸟喙方向和 X 轴的角度异，可以获得鸟的飞行方向。扑翼飞行是一个期运动，周期 T 等于一个整的下冲过程和上冲过程。周期是比较的单位。我们用傅里叶分析通过数据点拟合谐波函数；方框 6.1 给出数值方法的细节。

方框 6.1　红隼翅膀拍打周期的傅立叶分析

在正交参照系中，x 轴定义为飞行方向，y 轴为横向方向，z 轴为垂直方向。

翼尖的 z 坐标序列，显示最大振幅，通过拟合调和函数（标准统计程序包可以做到）获得运动周期 T 的最佳逼近。鸟喙、尾尖和翼尖在 x、y、z 方向上的位移，用调和函数近似最小二乘法拟合：

$$F(t) = a_0 + b_0(t - t_c) + \sum_{j=1}^{3} \left(a_j \cos \frac{2j\pi t}{T} + b_j \sin 2\frac{j\pi t}{T} \right) \qquad (6.1.1)$$

其中 t_c 是序列的中心帧时间点，中心帧即第一帧到最后一帧的中间点。前两项代表匀速直线运动，剩下两项描述谐波运动的傅里叶项。a_0 是平均位置，b_0 时平均速度。三组傅里叶项是足够的，因为较高的频率淹没在 ± 8 mm 的乱波中。图 6.6 显示鸟喙、尾尖和翼尖在 $x-(a)$，$y-(b)$，$z-(c)$ 方向中的实际位移和拟合函数。左侧翼尖离镜头较远，在部分序列中左翼隐藏在鸟身体后。（只有右翼翼尖用来对比，并假设其为对称运动。）

尾部和鸟翼在水平面上的投影面积也被分析为周期为 T（d）的周期函数，近似于：

$$s(t) + a_0 + \sum_{j=1}^{3} \left(a_j \cos \frac{2j\pi t}{T} + b_j \sin \frac{2j\pi t}{T} \right) \qquad (6.1.2)$$

平均表面积等于 a_0，其他项描述三组傅立叶频率之和的周期变化。（更高频率不用考虑在内，因为他们的测量误差在 ± 4 cm^2 之内）。图 6.6（d）给出鸟总面积（BA）和尾部面积（TA）的测量值和拟合函数。

续

鸟喙在 x 轴方向上的位移函数被作为平均速度（b_0 体现在方程中）。上冲过程（T_u）和下冲过程（T_d）的持续时间由翼尖在 Z 轴到达最大值（t_h）和最小值（t_1）的间隔时间估计得出。鸟翼拍打的频率为：

$$f = \frac{1}{T_u + T_d} = \frac{1}{T} \tag{6.1.3}$$

拍打平面的倾斜角 ϕ 在 $x-z$ 面内为：

$$\phi = \arctan \frac{\left[W_z(t_h) - W_z(t_l) \right] - \left[B_z(t_h) + B_z(t_l) \right]}{\left[W_x(t_h) - W_x(t_l) \right] - \left[B_x(t_h) - B_x(t_l) \right]} \tag{6.1.4}$$

其中 $W_z(t)$，$W_x(t)$ 和 $B_z(t)$，$B_x(t)$ 分别代表翼尖和鸟喙在 z 轴和 x 轴的位移。下标 h，l 代表翼尖在 Z 轴最大值和最小值的位置。这给出了鸟喙路径倾角的精确估计。

在 $x-z$ 坐标系中，x 轴与鸟喙和尾尖连线的角度，x 轴与尾尖和尾部连线的角度，代表总倾斜角（β）和尾部倾斜角（β_t）。为了获得飞行的倾斜角，需要在鸟喙和 x 轴间增加角度 δ 来调整非水平飞行的倾斜角。

$$\delta = \arctan \frac{B_{0z}}{B_{ox}} \tag{6.1.5}$$

其中 B_{0z} 和 B_{ox} 代表鸟喙在 z 轴方向和 x 轴方向的速度。

图 6.5 显示了雄性红隼 Jowie（体重 162 g）在无负重和负重 61 g 情况下保持巡航速度时的侧向图和下方图。平均帧速为 198 fp/s，每五帧绘制一次图像。无负重时，平均速度为 8.1 m·s^{-1}，鸟翼拍打频率为 5.9 Hz。有负重时，速度降低到 7.1 m·s^{-1}，鸟翼拍打频率略微增加到 6.2 Hz。注意到这些频率都在表 6.1 的范围内。

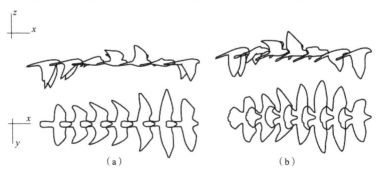

（a）　　　　　　　　　　　（b）

图 6.5　一只 162 g 雄性红隼在无负重和负重 61 g 情况下保持巡航速度时的侧向图（上）

和下方图（下）（Videler et al.，1988b）

（a）无负重；（b）负重 61 g

表 6.1　雌性红隼 Kes 和雄性红隼 Jowie 在有负重和无负重室内飞行的
运动学参数（Videleretal. 1988b）.

鸟		Kes			Jowie		
身重	（kg）	0.198	0.189	0.189	0.162	0.162	0.162
负重	（N）	0	0.3	0.6	0.3	0	0.6
n		6	4	3	2	3	2
速度	（ms^{-1}）	8.1	8.4	7.7	8.1	7.8	7.1
挥翅间隔	（s）	0.18	0.18	0.16	0.17	0.17	0.16
频率	（HZ）	5.5	5.5	6.2	5.9	5.9	6.2
上拍时长	（s）	0.10	0.10	0.09	0.10	0.09	0.08
下拍时长	（s）	0.08	0.08	0.07	0.07	0.08	0.08
下拍比率		0.43	0.43	0.46	0.43	0.45	0.48
全身倾角	°	3	7	9	3	7	11
尾部倾角	°	14	21	22	12	19	23
挥翼角度	°	91	87	91	86	84	80
平均翅膀投影面积	（m^2）	0.043	0.044	0.048	0.040	0.043	0.045
平均翼展投影长度	（m）	0.48	0.47	0.49	0.48	0.52	0.55
平均尾部投影面积	（m^2）	0.008	0.010	0.014	0.008	0.009	0.019

最大翼展长度：Kes 0.72 m. Jowic 0.70 m. 投影由背视角测量.

图 6.7 显示了 Jowie 负重 31 g 飞行一个周期 T 的谐波函数，包括鸟喙、尾尖和右翼尖的位移、速度和加速度。速度由位移的差分得到，加速度由速度的差分得到（都用时间差分）。

下冲过程持续时间为 0.42T，比上冲过程持续时间短。在一个周期 0.170 s 内 X 轴方向的位移为 1.3 m，计算可得平均速度为 7.7 m·s^{-1}。头部和尾部沿着 X – Y 平面中的直线移动，并且在 Z 轴的平均位置有 1 cm 的振荡。尾尖在 0.2T 时（下冲开始时）离开身体 0.33 m，并在 0.6T 时（上冲开始时）靠近身体 0.15 m。翼尖在 Z 轴的总位移（翼拍振幅）约为 0.35 m，向下的位移略大于向上的位移。鸟喙和尾部在 Y 轴的速度、X 轴和 Y 轴的加速度平均为零。小的波动是干扰，没有任何意义。垂直方向上，鸟喙和尾尖的速度和加速度的波动呈反向，表明 $0.5T$ 时身体的轴线在 X – Z 平面有微小振荡。我们没有看到 Marey（1890）预测的鸟在下冲时会加速和在上冲时会减速。翼尖在下冲开始时达到最大速度 $10\ \mathrm{m\cdot s^{-1}}$。下冲过程的前半段和上冲过程的最后部分，翼尖在飞行方向的速度大于平均速度；周期在其他部分时的速度低，在 $0.6T$ 时达到最低速度 $5\ \mathrm{m\cdot s^{-1}}$。鸟在下冲结束前将翼尖拉向身体（$Y$ 轴），此时速度为 $5\ \mathrm{m\cdot s^{-1}}$，这比下冲开始时翼尖远离身体的速度 $3\ \mathrm{m\cdot s^{-1}}$ 要快。下冲过程中，Z 轴方向的最快速度为 $8\ \mathrm{m\cdot s^{-1}}$，高于上冲过程的最快速度 $5.5\ \mathrm{m\cdot s^{-1}}$。在该方向，翼尖的加速度达到两个极值，即 $-250\ \mathrm{m\cdot s^{-2}}$ 和上冲过程的 $250\ \mathrm{m\cdot s^{-2}}$。一个是上冲开始时的加速度；另一个是接近下冲完成时的减速度。

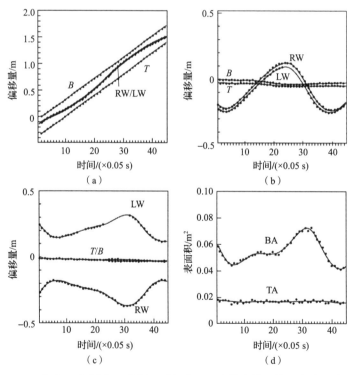

图 6.6　（a）~（c）鸟喙 B 和尾尖 T 位置，以每秒 200 次数字化，并且左右翼尖（LW，RW）在室内的镜子前以巡航速度飞行，图中给出 X –（a），Y –（b），Z –（c）的数字记录点和拟合函数；（d）鸟的总表面积 BA 和尾部面积 TA 的水平面投影，以及它们的拟合函数（Videler，et al.，1988b）displacement – 偏移量；Surface area – 表面积

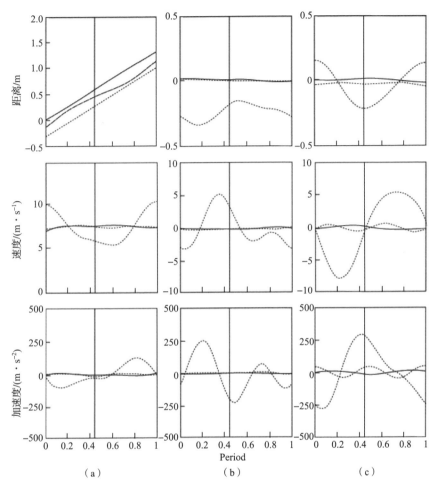

图 6.7 一个周期 T 内，负重 **31 g** 的雄性红隼的鸟喙（实线）、尾尖（虚线）和右翼翼尖（折线）的位移、速度和加速度的谐波函数（**Videler, et al., 1988b**）。

（a）x 轴的位移；（b）y 轴的位移；（c）z 轴的位移

表 6.1 中对 Jowie 的 13 组数据和 Kes 的 7 组数据进行了详细分析，得到的一般结果也证明了运动模型的一致性。Jowie 的飞行速度稍慢于 Kes，它的飞行速度随着负重的增加而降低，这与飞行策略时间的结果相一致（Videler, et al., 1988a）。Kes 在负重 0.3 N 时的平均速度达到 8.4 m·s⁻¹，高于无负重时的平均速度。

在最大负重下，两只鸟的翅膀拍打频率都达到最高值，下冲过程时比率能达到最大值，但不会超过 0.5。快速上冲会令翅膀拍打周期缩短，这意味着下冲时周期会延长。

Kes 和 Jowie 无负重飞行时翼尖的水平位移为 166 mm 和 167 mm。在负重 0.6 g时，振幅分别为 190 mm 和 184 mm。Kes 负重 61 g 时翼尖在体前或 X 轴方向的位移是 49 mm，无负重时是 49 mm。Jowie 负重 61 g 时翼尖在体前或 X 轴方向的位移是 59 mm，无负重时是 78 mm。

表 6.1 表明，增加负重不影响 Kes 的翅膀拍打角度。Kes 拍打翅膀比 Jowie 略微垂直，Jowie 翅膀的拍打角度随着负重的增加而降低了几度。当负重增加时 Jowie 更倾向于增大翼展；Kes 则不会这样，负重时两只鸟的翅膀面积都会增大。随着负重的增加，总倾斜角和尾部倾斜角都会增加，尾部的投影面积也会增加。鸟可能把尾部作为三角翼，在大攻角时利用前缘涡流产生额外的升力，同时也产生相当大的阻力（Hoerner，Borst，1975）。尽管鸟提高了翅膀拍打频率，阻力仍会降低速度。

Kes 和 Jowie 的翅膀自然伸展的最大翼展分别是 0.72 m 和 0.70 m，在飞行时这些值从未达到，翼拍周期的平均翼展在最大值的 60% ~ 80%。在下冲过程中点会达到最大翼展92%。表 6.1 表明 Jowie 增加负重时平均投影翼展也会增加，但这对 Kes 没有明显影响。

6.3.2　单翼拍打的细节

对红隼的研究提供了鸟类自由飞行的一般运动学数据。然而，空间分辨率不高导致无法显示出上冲过程和下冲过程中部分机翼的运动细节。因此我们在 Bilo（1971，1972）风洞试验中对雀形目鸟翼拍打的定量研究中找寻细节。一只被训练的麻雀在风洞中飞行，试验时风速为 8.15 m·s^{-1}。将以拍摄速度为 520 fp/s 的相机放置在固定位置上拍摄鸟右翼的上部，研究其运动学。其翼的拍打频率为 22 Hz，结果在两篇文章中描述，一篇 72 页的论文描述下冲过程（Bilo，1971），一篇 11 页的论文描述上冲过程（Bilo，1972）。8 年后，Bilo 用同样的数据强调麻雀翅膀拍打的不稳定运动，其论文用英文书写。立体图像可以由地面（相机）、鸟本身和风构造一个正交参照系，由此可以计算得到空间中的位移、形状的变化和翼在空气中的攻角。一个下冲过程被详细地定量分析（图 6.8，30 ~ 47 帧），下冲过程时间 T_d 持续 33 ms。相对于身体，包括翼尖的翼臂向下和向前逐渐缓慢移动，直到约 $0.7T_d$。开始时，翼尖的垂直角度为 40°（0°时翼尖在身体正上方)，水平角度为 70°（90° 时，伸展的翼与身体轴构成水平面）。在最后 $0.3T_d$ 时手翼开始向后折叠。腕部向下向前移动直到 $0.4T_d$，然后突然开始快速向前移动并减慢垂直运动，这意味着手翼向下的角度为 170°，且腕部大约在 140° 时停止垂直运动。下冲过程结束时，腕部向前移动到 125°，同时翼尖在 90° 时伸直。这意味着在参照系中，腕部上的臂翼和手翼角度在不断变化。翼平面的后掠角约为 30°，手翼的垂直运动在平面上方的 15° 到平面下方的 30°。我们必须记住，影片中的运动是肌肉作用在翼上的骨骼运动和空气作用到由羽毛构成的翅膀上的反作用力。这种相互作用 T_d 是高度动态的。下冲过程的突然减速和腕部的突然加速与手翼前缘的高频旋转和扭转振荡相一致。在下冲过程中期（$0.35 \sim 0.7T_d$）手翼攻角的振荡幅度在 5° ~ 10°，这些振荡的频率约为 260 Hz，约为扑动频率的 12 倍。臂翼的攻角从最早的 -5° 渐变为最后的 10°。鸟翼的扭转是由鸟翼向外的攻角的变化测量得来。在下冲过程的后半段，手翼的扭转再次以 260 Hz 的频率有节奏地扭转，手翼的最快扭转速度经测量为 5 700° · s^{-1}。Bilo 还测量了下冲过程中鸟翼上表面轮廓曲率。这些测量结果表明，在下冲过程中，鸟翼的拱形随着时间在改变。

8 帧（图 6.8，22 ~ 29 帧）用来分析上冲过程，共 15 ms 时间，这少于总时间的 1/3，也比 33 ms 的上冲过程时间要快得多。臂翼沿着肩关节向上旋转，使腕部向上延伸且手翼向后几乎在垂直位置。在此期间，臂翼折叠到身体一旁，腋下（桡骨和尺骨）几乎平行于纵向身体轴线。鸟用力收臂翼并在肩关节向上旋转，图 6.8 显示这个过程在 26 帧时几乎完成。上冲过程第一部分臂翼的攻角恒定在 20° 左右。图 6.8，26 ~ 29 帧，臂翼平行于前缘的轴线向前旋转，攻角在下冲过程开始时减小到负值。

上冲开始时，手翼先围绕腕部向下倾斜，然后向后向上旋转（图 6.8，24 ~ 29 帧），翼尖移动了 150°。在这一过程中，手翼在一开始会关闭（图 6.8，24 ~ 27 帧），通过水平位置（图 6.8，28 帧，29 帧）后再打开。在手翼旋转 150° 时，每个主要羽毛都会绕轴旋转，手翼张开如同百叶窗（图 6.8，27 ~ 29 帧）。在上冲过程的最后阶段，整个鸟翼都会伸展且没有向上移动。在下冲过程的早期阶段，鸟翼会完全展开。

图 6.8　一只麻雀在风洞飞行，显示了立体电影的左侧图片。图片的时间间隔为 **1.92 ms**（Bilo，1971，获得复印许可（**Springer Verlag，1971**））

6.3.3　鸟翼拍打运动学规律

飞行动力学可以是高度立体的模型，但变量可能会非常大。每只鸟在不同环境中会选择相适应的方式飞行，否则，我们会看到所有鸟重复相同的飞行策略。对于同一物种间的不同鸟类，具体的飞行模式也可能会不同。每个物种也有很多不同的种类，例如，蜂鸟的翼拍频率最高能达到 70 Hz，巨人鹭的最低频率能达到 2 Hz，雀形鸟以 22 Hz 的频率拍打翅膀。在野外，鸟们可以改变它们的翼拍频率，它们还可以控制下冲过程的时间（Oehme，Kitzler，1974）。欧亚领鸽（翼拍频率为 3.9~6.1 Hz）的相对下冲周期为翼拍周期的 0.14~0.55 倍。秃鼻乌鸦的翼拍频率为 3.2~4.1 Hz，下冲周期为翼拍周期的 0.33~0.72 倍。当负重时走廊里的红隼增加了鸟翼拍打频率，这些变快的频率是为了更快的上冲，两只鸟下冲持续时间大致恒定。鸟翼拍打周期中，翼部的形状和尾翼的形状也会改变。

Marey 的运动学规律并不普遍使用，因此我们必须在受控条件下研究各种情况的细节，这样我们才能了解鸟翼拍打的特征。我们发现每个物种都有自己的方式，鸟翼拍打方式的个体差异也很大。

■ 6.4　悬停

相对于地面位置，麻雀在风洞中飞行可以视为固定点飞行，因为风速是由风洞产生的。在没有风的固定点飞行是很困难的，像大多数小型雀一样，麻雀只有在靠近巢穴或捕捉昆虫时才会这样飞行。在没有风的固定点飞行称为悬停飞行，只有 2~8 g 的蜂鸟才能持续几分钟的悬停飞行。体重在 10~20 g 的太阳鸟尽管不喜欢悬停飞行，也会在无法探测花朵时悬停飞行靠近花朵。蜂鸟的翅膀通常是很难看到的；悬停太阳鸟的翅膀拍打比较慢，所以可以看作一个模糊的圆盘。悬停的鸟可以侧向或向后改变位置。悬停更容易用高速摄像机在固定位置拍摄。令人惊讶的是在文献中只有非常少的定量运动分析。

2.2.3 节 Stolpe 和 Zimmer（1939）描述了蜂鸟飞行器官的形态，用来说明鸟类翅膀的差异。这里利用 1 500 fp/s 的拍摄速度在侧向摄像和背侧摄像，用来描述悬停飞行的规律。接下来我们研究柏林动物园的黑色毛领鸽和翠鸟。

图 6.9 给出了悬停时鸟翼的活动图。身体相当于处于一个垂直位置，纵轴与水平面保持 40°~50°夹角。翼尖绘制了一个"8"字形的图案。向前（向下）行

程以背部向上开始，移动到鸟前方的较低位置。向后（向上）行程则几乎是水平的。向前行程和向后行程的后掠角为130°。向后行程的手翼几乎旋转到上下颠倒，手翼的前缘作为翅膀的前缘。在向前行程和向后行程中，手翼的大部分都具有正攻角。翠鸟的翅膀拍打频率为36~39 Hz，黑色毛领鸽的拍打频率为27~30 Hz。翼尖的侧视图和顶视图的轨迹是"8"字形。黑色毛领鸽的翼尖最大拍打速度是20 m·s⁻¹，达到半冲程周期的0.6倍左右。下冲过程的比率约为0.46。翼关节可以让手翼在靠近手翼尖部的位置，绕纵向翼轴约150°。这些转动在每一个半冲程的转换过程中是非常快速的，拍摄速度能达到10 204°·s⁻¹。悬停蜂鸟的翅膀和空气之间的相互作用机理尚不清楚，有待定量流动可视化。

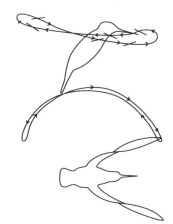

图 6.9 蜂鸟悬停时，翼尖一次周期的侧视图（上面板）和俯视图（下面板）。运动方向如图所示，侧视图显示了翼尖在靠近翼部横截面的角度（Stolpe，Zimmer，1939）

Chai 等（1997）测试了红宝石喉蜂鸟的最大悬停能力。研究人员测试了两只雄性鸟和两只雌性鸟在5℃和25℃的温度下，无负重和有负重时的悬停性能。测试过程简明：一串76 cm长的串上小珠的细线放在饲料台上，一端绑上0.2 g的橡胶环，鸟可以抬起这个环，但鸟必须也要提起饲料台的线，这样就可以通过计数抬起的小珠计算鸟的负重。所用到的线总重为3 g和4 g。所有鸟在空中都可以提起相当于自身重量80%的线，抬起的时间持续1 s。我们用鸟翅膀划动的振幅和拍打的频率来衡量悬停能力，结果是每只鸟虽有个体间的差异，但又有一定的趋势。在最大负重下，温度并不影响结果。雄性鸟负重3 g时的频率（56~

58 Hz）高于雌性负重 4 g 时的频率（49～52 Hz）。所有鸟在负重时拍打幅度很接近，均在 175°～190°。无负重时就不同了，在最高温度下，4 只雌性鸟的频率较低，为 42 Hz，拍打幅度为 145°～155°，在 5℃时它们的差异就比较大，但它们都会使用较高的频率和较小的拍打幅度。无负重时的趋势就不太明显，不过不同性别的最大悬停能力与温度无关。

极端的悬停运动试验是红宝石喉蜂鸟在氧和氮的混合物下进行的，试验空气密度仅为正常空气密度的 1/3（Chai，Dudley，1999）。雌性鸟的平均体重为 4 g，48 mm 长的鸟翼拍打频率为 47 Hz。年轻雄性鸟的体重为 3.9 g，45 mm 长的鸟翼拍打频率为 53 Hz。体重 3.6 g，拥有 42 mm 长鸟翼的成熟雄性鸟在空气密度为正常密度 0.57 倍的情况下，飞行失败前鸟翼拍打频率能达到最大频率 60 Hz。这些极端条件下的后掠角能接近 180°。体重和鸟翼尺寸似乎能决定鸟翼拍打的频率。

Chai 和 Millard（1997）通过增加项链负重的方式，对四只雄性蜂鸟测试了悬停飞行的负重能力。表 6.2 表明，7.4 g 的蜂鸟具有携带相当于自身体重 2 倍重的物体的能力。数据也显示具有负重时蜂鸟会增加翅膀拍打频率和振幅。后掠角超过 180°意味着在飞行时翼尖会重叠。大型鸟的最大频率是小型鸟的 1/2。大型鸟的增加频率约为 35%，小型鸟的增加频率低于 20%。鸟翼大小与振幅的增加关联不大。

表 6.2　4 只雄性蜂鸟的负重能力、形态和运动学变量

参数	蓝喉蜂鸟（2 只）	大蜂鸟（3 只）	黑下巴蜂鸟（5 只）	红褐色蜂鸟（1 只）
质量/g	8.4 ±0.3	7.4 ±0.2	3.0 ±0.2	3.3
最大载荷/（% 身体质量）	174 ±21	190 ±14	104 ±8	88
持续时间/s	0.43 ±0.01	0.48 ±0.12	0.64 ±0.09	0.65
翼展/mm	85 ±2	79 ±3	47 ±1	42
频率（负载/卸载）/Hz	31 ±0/23 ±2	32 ±1/24 ±1	60 ±3/51 ±4	62/51
幅值（负载/卸载）/（°）（后掠）	185 ±1/151 ±7	188 ±2/150 ±6	162 ±5/126 ±6	185/163

■ 6.5 有风悬停

为了避免混淆，"悬停"应该是在静止空气中，在固定的位置保持飞行。在固定的位置逆风飞行是不同的情况，应该被称为"有风悬停"（Videler, et al., 1983）。有风悬停是茶隼的古代英文名称，它因此飞行能力而为人所知，这也是它们捕食小型哺乳动物、蜥蜴和昆虫的方式。其他的猛禽如鱼鹰、部分燕鸥、长尾贼鸥和杂色翠鸟也会以这种飞行方式，利用有风悬停可以捕猎和捉鱼。在有风的环境飞行，鸟的眼睛可以固定在地面的某个点上，这使得它们能够探测地面或水中的猎物。在空中固定的点飞行为野外定量研究有风悬停提供了可能，主要的问题就是在固定的点安置摄像机记录鸟的行为。鸟必须足够近，以便可以拍摄到其运动的所有细节并以鸟作为焦点。其次需要了解鸟的体重、摄像中的位置和鸟周围的风速。我们在车顶部安装一台高速摄像机（镜头 600 mm 或 850 mm），在一个 4 m 长的杆顶部安装风速传感器。研究鸟类行为需要我们进行成功的拍摄，鸟类通常有一个固定狩猎模式和一块有丰富猎物的狩猎区域，有些鸟的狩猎习惯过于复杂使得无法进行足够近距离的拍摄。相机正对有风悬停的鸟的头部，一旦定焦，相机就以 100 fp/s 或 200 fp/s 的拍摄速度拍摄。我们在照相机中建立了参考方格，鸟的活动是相对于参考方格和地面的。鸟一旦移动或飞走时便停止相机拍摄。风速可以通过安装在相机内的闪烁发光二极管（LED）的边带进行记录，另一个 LED 每隔 0.01 s 便在图片另一侧做标记，且以石英钟进行精确的计时和校准。我们用这种方法研究常见的茶隼、毛脚鵟、大型红隼、黑翅鸢、剪尾鸢和杂色翠鸟的飞行行为。

要想了解有风悬停的技术需要了解鸟的形态特征。我们设法抓住一只猛禽（Cave, 1968）并在固定在地上的小笼子里装上一只老鼠或其他活泼的啮齿类动物，当猛禽在冲击时，笼子上的尼龙环会抓住猛禽的脚。拍摄影片中的翠鸟被雾网捕捉。

茶隼的有风悬停持续时间和平均风速有一定的相关性（图 6.10）。风速低于 $3 \text{ m} \cdot \text{s}^{-1}$ 或高于 $13 \text{ m} \cdot \text{s}^{-1}$ 时，有风悬停的时间是中间速度悬停时间的 1/2。茶隼不能在风速低于 $2 \text{ m} \cdot \text{s}^{-1}$ 时有风悬停。在这种情况下，它们从栖息地寻找猎物。

在风速低时，鸟必须产生主要升力。茶隼保持身体在一个几乎垂直的位置，翅膀和尾巴最大限度地伸展。鸟翼拍打的幅度很大。然而，风速较高时身体是水平的，尾巴完全闭合，翅膀窄且显得修长。翅膀拍打幅度比较低且频率快。鸟显然需要产生很大的推力以抵消高风速带来的阻力。在所有图片中，我们没有发现风速和运动学的相关性，即使在距离翠鸟几米的范围内测风速也没有发现这种相关性。

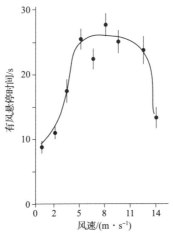

图 6.10　风向运动与平均风速吻合。这些数据来源于 1979 年 10 月对一只雌性鸟的 794 次试验，数据在荷兰收集，试验地平坦而开放，没有会导致风变形的林地或高障碍物（Videl-er，et al.，1983）

有风悬停的鸟在半空中会将头部保持在一个非常稳定的状态。在风速为 4.8~7.5 m·s^{-1} 时，茶隼的头部会在平均位置中横向或垂直移动 6 mm（图 6.11），且移动与鸟翼拍打周期无关。翠鸟的头部比茶隼稳定，平均移动低于 4~5 mm。为了使头部保持稳定，鸟必须对变化的风作出迅速反应。灵活的颈部是为了抑制身体的运动。身体重心和鸟翼产生作用力的中心不一定重合。鸟可以用鸟翼、腿、头和尾巴控制位置。鸟翼的平均位置可以上下前后移动。腿部通常卷起并隐藏在腹部的羽毛下，使阻力减到最小，向前向后移动时腿部也可以伸出和放下。尾巴可以展开关闭，向上向下向侧移动。图 6.12（a）显示的是一只雄性茶隼有风悬停时，其鸟翼拍打周期的前视图（体重 207 g，翼展 76 cm），拍摄速度为 100 fp/s。鸟翼拍打频率为 6.7 Hz，鸟翼拍打持续 0.15 s。在这里，上冲过程和下冲过程用时相等。有风悬停的运动周期内，平均风速为 5 m·s⁻¹，风速在 3~8 m·s⁻¹内变化，平时下冲周期和上冲周期分别为 0.09 s 和 0.07 s，平均频率为 6 Hz，最大翼尖幅度波动为 25 cm。鸟在上冲开始时伸展鸟翼向后翻转，在上冲结束时向前翻转。图 6.12（b）显示了同等条件下有风悬停周期的侧视图。其中，上冲周期为 0.07 s，下冲周期为 0.09 s，翼尖拍打与垂直方向夹角为 30°。眼睛相对于地面是静止的，尾巴在上冲过程开始时略微向上移动。

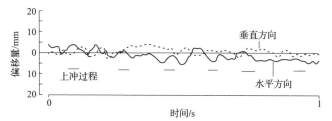

图 6.11　有风悬停的茶隼鸟喙其垂直位移和横向位移与时间的关系。鸟翼拍打周期由上冲过程的持续时间定义（Videler，et al.，1983）

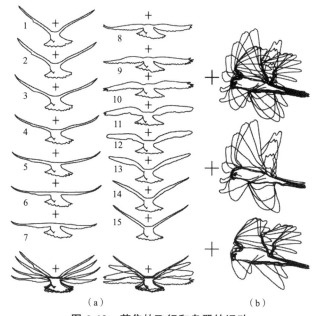

图 6.12　茶隼的飞行和鸟翼的运动

（a）有风悬停茶隼的下冲过程（左）和上冲过程（右）的前视图，每帧时间间隔 0.01 s，图中标注的点是参考系中固定点，同时用来显示剩下的动作；（b）以 100 fp/s 的拍摄速度拍摄鸟翼运动的侧视图：上图显示了整个过程中的鸟翼；中图显示下冲过程中的鸟翼；下图显示了上冲过程中的鸟翼（Videler，1997）

即使对一只鸟而言，稳定环境下的运动学变化也可以很大。图 6.13 中有风悬停翠鸟的两组鸟翼拍打周期可以说明这一点。尾部在上冲过程中的变化很大。两个鸟翼拍打周期为 0.1 s。尽管帧速很高，也很难测量下冲结束时和上冲开始时的情况。在腕部已经改变方向后，翼尖仍在下降。研究没有得到风速和有风悬停运动学的一致关系。要想知道鸟类和空气之间的相互作用，需要在受控条件下定量研究流动可视化。到目前为止，这样一个复杂的试验一直没有进行。

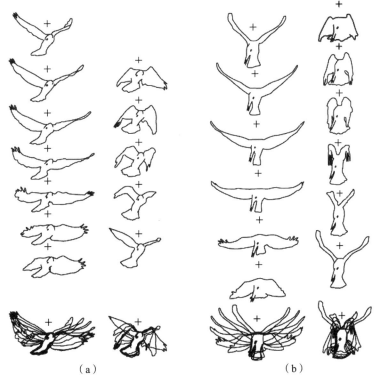

（a）　　　　　　　　　　　　（b）

图 6.13　有风悬停翠鸟的两个鸟翼拍打周期说明个体的差异。该鸟为雄性，体重 75 g，翼展 46 cm，眼与喙尖的距离为 7 cm。固定位置以 200 fp/s 的拍摄速度拍摄。图上的加号表示地面参考系中的固定点。下冲过程在左侧，上冲过程在右侧。底部图片是以上图片的重叠。两次周期为 0.1 s（鸟翼拍打频率为 10 Hz）；从鸟飞行高度的前几米开始测量风速

（a）平均风速为 3.4 m·s⁻¹，鸟翼伸直在半折叠位置；鸟翼展开和折叠在最大宽度的 70% ~ 100%，在下冲过程的后半段达到最大值；（b）平均风速为 2.6 m·s⁻¹，上冲过程时鸟翼折叠，返回并向上贴紧身体，尾巴的展开幅度在 40% ~ 100%，在下冲结束时达到最大值（Videler，1997）

■ 6.6　降低扑翼飞行能量需求的方法

扑翼飞行是非常消耗能量的（见第 9 章）。鸟类会选择更节省能量的方式飞行。现在已总结了该方法，下面给出证据说明其作用。

6.6.1　间歇飞行

许多鸟类试图减少拍打翅膀的次数来节省能量，通过翅膀的短回合间断拍打，或者在滑翔时伸展翅膀，或者将翅膀折叠在身体一侧；前一种情况是间歇性滑翔飞行，后一种情况是拍打间断飞行。拍打间断飞行的鸟几乎是沿着正弦曲线的路径上下飞行，在曲线下侧时它们通过拍打翅膀获得速度，在曲线上侧时它们将翅膀折叠在身体一侧以子弹的样子飞行。在折叠翅膀时由于阻力小，鸟因此可以节省能量，特别是在平均速度很高的情况下，因为阻力会随着速度的三次方增加。对于苍头雀而言，这种方式能节省 35% 的能量（Rayner，1977）。但是，试验给出的解释却并不能令人信服，因为小鸟在低速悬停时也会用这种飞行方式。固定齿轮假说（Rayner，1985c）提出，在拍打周期内，鸟通过更接近于最优的频率能达到特定的平均速度，即有间断休息能使肌肉输出的功率达到最优。

鸟在滑翔过程中间歇滑翔飞行，即陡升后平缓滑翔，随后伸展翅膀回到最初高度，此时鸟虽然减速但没有降低高度。当鸟在升高时会增加势能，并在随后的滑翔中失去这些势能。模型预测，通过这种方式升高和滑翔，椋鸟的最低能量消耗会减小 11%（Rayner，1985c）。

Tobalske 等（1999）在风洞中研究了斑马雀在宽速度范围内拍打间断飞行的运动学。间歇性滑翔飞行的数据也会收集并使用。在速度为 $0 \sim 14\ \mathrm{m \cdot s^{-1}}$ 时研究人员以 300 fp/s 的拍摄速度拍摄鸟的飞行（平均体重 13.2 g，翼展 169 mm）。斑马雀在任何速度下都会使用拍打间断飞行，图 6.14 显示了速度为 $12\ \mathrm{m \cdot s^{-1}}$ 时的斑马雀的飞行行为。斑马雀在下冲时伸展翅膀，然后收缩翅膀靠近身体。我们可以通过翼尖的上、下运动来记录鸟翼的周期性拍打。拍打飞行进行上冲初期过程时，以翅膀在身旁折叠为开始，注意到这时翅膀比上冲中期更贴近身体，每次间断都可以维持 100 ms。当超过 2/3 周期时，高度会增加并持续增加到最大值。在拍打时，身体与水平面的夹角会增加，并且到周期开始时达到最大，在周期的后半部分，夹角会变小。

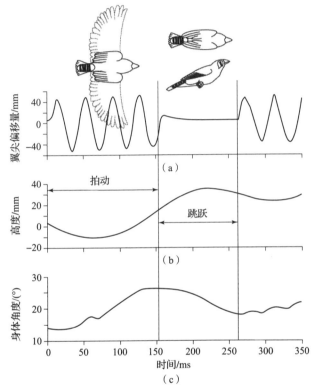

图 6.14　在风洞中以 12 m·s⁻¹ 速度飞行的斑马雀，拍打间断飞行的时间与鸟翼运动、高度变化和身体与水平面角度有关。背视图中显示了下冲中期（细线）和上冲中期（粗线）的鸟翼轮廓；在间断期间鸟翼完全折叠。侧视图显示间断前半段时的高度，身体呈 25°（Tobalske，et al.，1999，获得版权许可）

在拍打阶段，翼拍频率增加且翼尖振幅和鸟身角度随着速度的增加而降低。在间断时角速度达到最高，然后在飞行速度为 8 m·s⁻¹ 时下降到最低，并且随着飞行速度的增加而缓慢增加。鸟类显然对每种飞行速度都会调整自己的鸟翼拍打运动方式。拍打占滑翔时间的 88%，且在飞行速度为 14 m·s⁻¹ 时会逐渐降低到 55%。

在间断时，垂直的力和水平的力可以通过牛顿第二运动定律的加速度来计算，即力是质量与加速度的乘积。在这里，身体的夹角随着速度而减小，这对升力和阻力有明显的影响。间断期间速度为 10 m·s^{-1} 时升力增加到最大，即体重的 15.9%，同时阻力也会达到最大。斑马雀根据速度改变间断策略和空气动力学功能。增加升力是降速的目标，减小阻力是为了达到更快的速度。这项研究表明，鸟类的拍打间断飞行为节能飞行提供了理论基础。

啄木鸟由于它们典型的拍打间断飞行而很容易被识别。Tobalske（1996）研究了 6 种类型共 10 种体重的鸟（丘原啄木鸟，27 g；红颈吸汁啄木鸟，47 g；多毛啄木鸟，70 g；李维斯啄木鸟，107 g；北部闪烁，148 g；有冠啄木鸟，262 g）。所有的种类都会进行拍打间断飞行。滑翔 – 拍打和滑翔 – 间断（间断时翅膀迅速伸展并重复）都是降落前的姿势。拍打间断周期内的间断阶段翅膀都与身体贴紧。北部闪烁的翼展在间断期长为 5 ~ 10 cm，在上冲中期长为 10 ~ 17 cm。鸟翼拍打频率和间断持续时间都与质量呈负相关，而飞行速度和拍打时间随着质量增加。这些啄木鸟的拍打百分比是可变的，均在飞行时间的 30% ~ 93% 间变化。

普通喜鹊（平均质量 158 g，翼展 57 cm）在风洞中以速度 4 ~ 14 m·s^{-1} 飞行（Tobalske，Dial，1996）。喜鹊通常在 8 m·s^{-1} 时使用拍打 – 滑翔飞行。在高速时，间断时间占不拍打时间的比重高达 60%。翅膀拍打频率不随速度增加，而身体角度、拍打平面、尾部展开都随速度的增加而降低。鸟类在不拍打时会减速，偶尔会降低高度。喜鹊很明显地改变了飞行技术的重点，从克服重力到产生推力。在同一风洞中研究了岩石鸽（平均体重 316 g，翼展 62 cm）以高速 6 ~ 20 m·s^{-1} 的飞行行为。鸽子不会拍打 – 间断飞行，但它们高速滑翔时翅膀会更贴近身体。在给定速度下，虎皮鹦鹉、椋鸟和喜鹊会因为重量增加而减小间断的比重。这便可以解释为什么鸽子的体重是喜鹊的 2 倍，却从不间断飞行。谷仓燕子在风洞中以速度 4 ~ 14 m·s^{-1} 飞行，高速飞行时在上冲中期会停顿，然后开始拍打滑翔，停顿时间为 10 ~ 25 ms。谷仓燕子也展现出高度的运动灵活性（Park，et al.，2001）。

鸟在悬停和有风悬停时也会发生间断性飞行。斑马雀、蜂鸟和太阳鸟在悬停时会短暂折叠翅膀来拍打间断飞行。红隼在有风悬停时伸展翅膀进行短暂的滑翔，并且能够在滑翔时保持头部相对于地面固定。我们（Videler，et al.，1983）发现风速为 4.8 ~ 7.5 m·s^{-1} 时，有风悬停的滑翔平均能持续 0.3 s。红隼向后滑翔时伸长脖子使头部不动，其脖子可以伸长 4 cm。最大滑翔时间与平均滑翔持续时间相匹配。

6.6.2　编队飞行

如图 1.6 所示，飞机和鸟翼在飞行时产生翼尖涡流或尾翼涡流。尾翼涡流在鸟翼的后面，翼尖的内侧。存在向内的下洗现象和外侧的上洗现象。编队飞行的飞机通过固定机翼的尾随平面且让翼尖处在上洗区域来利用上洗现象，最优情况下可以节省 15% 的燃料。鸟通过拍打翅膀获得升力和推力，升力产生振荡，但总体而言，翼尖后的上洗现象和鸟以 V 形编队飞行的行为都可以增加升力，前提是拍打速度与前进速度的比值比较小。这是大型鸟类的情况，所以编队飞行应该归为这类（Hummel，1995）。但这只是理论，没有进行过鸟类编队飞行的空气动力学测量。有一些测量提供了间接证据，证明了大型鸟类在空气中编队飞行时通过不止一种方式来进行交流。Cutts 和 Speakman（1994）从鸟下方拍摄了 54 只红色脚鹅，并且测量了它们彼此间的距离。翼尖的间距平均为 17 cm 且有 2 cm 的上下浮动。这个狭窄的范围表明鸟能为翅膀精确地找准位置，这与 6 cm 的最优理论位置相差太远了。问题是我们不知道飞机中的理论误差应用到鸟中会怎样。根据相同的理论，后部的间距应该是 50 cm，实际上是 150 cm 且有 100 cm 的上下浮动。所以我们需要更多地了解大型鸟类后方的流动模型，才能确定编队飞行的作用。鹈鹕因团队行动而闻名。Weimerskirch 等（2001）比较了大白鹈鹕的单独飞行和编队飞行的心率及鸟翼拍打频率。编队飞行时，鹈鹕的心率比同等环境下单独飞行时低 11.4% ~ 14.5%。平均翼拍频率从编队领头位置依次减小，到编队第 4 位置达到最小值。节省体力是这种复杂行为的诱因，尽管我们说得很有道理，但仍需要详细的证据。

6.7　滑翔

在静止空气中，鸟类可以通过滑翔来节省体力，但因此会降低高度或速度。有风环境为延长滑翔提供了可能。

6.7.1　悬挂滑翔

有一些障碍（如山丘、悬崖、堤坝、灌木篱笆，甚至波动）会阻隔水平方向的气流，迫使其变为上升气流。许多鸟类利用这种上升气流来保持高空飞行，但要测量这些上升气流是很不容易的。在荷兰，观察到荷兰红隼在海堤上某个固定位置滑翔时几乎没有拍打翅膀（Videler，Groenewold，1991）。我们在距离地面9 m 的位置，每间隔 0.5 m 便测量一次风速、风向的垂直角度和水平角度，并且记录荷兰红隼超过狩猎时间 90% 的滑翔时的位置。红隼有独特喜欢的位置，即垂直于纵向堤坝线，迎风面上方约（6.5 ± 1.5）m，风速为（8.7 ± 1.5）m·s^{-1} 的位置。该位置的风向与水平面夹角为 6°~7°。滑翔需要的最低滑翔率为 9.5，低于 6.2.3 节的红隼走廊试验所得的 10.8~12.8 滑翔率范围。野外的红隼需要面对阵风，它们会选择一个可以轻易改变飞行策略的位置进行悬停飞行。

6.7.2　动态翱翔

海洋中有三种和风有关的现象，鸟可以利用这些现象滑翔很长一段距离，不用拍打翅膀且节省体力。风在水面会产生阻力，所以靠近水面的风速会降低。当南大洋有大风时会形成很明显的风速梯度。在强风（蒲福风力等级 7 级）时，20 m 高处 15 m·s^{-1} 的风速会在水平面上 1 m 的位置减速为 10 m·s^{-1}。研究者普遍认为信天翁和其他大型鸟会利用风速梯度的速度差进行飞行，但却从未对此进行过实际测量，这类行为被称为动态翱翔或滑翔。自从 1883 年 4 月 Lord Rayleigh 在《自然》杂志发表文章以来，这个原理就被人们理解了。鸟类可以利用空气速度，即滑翔的鸟和周围空气之间的速度提高速度。空气速度适用于动能 $\frac{1}{2}mv^2$（见第 1 章），其中 m 为鸟的质量，v 为空气速度。表 6.3 用或多或少的真实数据解释动态翱翔技术的动力学。一只信天翁在风中反复地向下滑翔和向上扫。信天翁在 20 m 高，风速为 15 m·s^{-1} 的位置出发。我们假设风速为 12 m·s^{-1}，这也最接近信天翁的最小下落速度（Pennycuick，1989），在该风速下，我们已假设滑翔率为 20，则信天翁以 0.6 m·s^{-1} 的速度缓慢下落。地面上包括空气速度的总风速为 27 m·s^{-1}。当下落时,信天翁会发现它在更慢的风中,并且即使地面速度保持不变,空气速度也会增加(表 6.3)。当然,如果信天翁以比最低下落速度更快的速度下潜,海平面的空气速度依然会很高,但是风速梯度的做功是相同的。为了简化例子,我们假设鸟保持地面速度,即 27 m·s^{-1}。信天翁向风向转身,则会以 27 m·s^{-1}速度迎风飞行,所以它在转身过程中并没有失去太多速度。空气速度是风向上的地面速度加上吹向鸟的风速。在距离地面0.1 m的位置,假设风速只有 7 m·s^{-1}。所以,鸟在 34 m·s^{-1}的空气速度里爬升飞行。在爬升飞行时,速度即动能转化为势能(高度)。它在 1 m 高的位置获得的势能是鸟的质量 m 乘以重力加速度 g,也等于爬升前后的动能差 $1/2\ mv_1^2 - 1/2\ mv_2^2$。质量项可以被抵消掉,我们可以计算损失的速度,因为 v_2 是唯一的未知量(Wilson,1975)。因为信天翁在风速梯度中进入了风速更高的区域,所以损失的速度比较小,这意味着尽管爬升空气速度降低,但在高的位置遇到更高的速度可以增加空气速度。我们必须记住这个风速梯度的动能循环,在本例中我们没考虑阻力,如果考虑阻力则循环会低效很多。还需要注意的是,并不存在这些现象的真实证明(Pennycuick,2002)。

表 6.3　动态翱翔信天翁的空气速度

海拔高度/m	空气速度/(m·s^{-1})	下风空速/(m·s^{-1})	迎风空速/(m·s^{-1})
20	15	12.0	36.8
15	15	12.4	37.7
10	14	13.0	38.4
5	13	14.1	38.6
1	10	16.5	37.2
0.1	7	20.0	34.0

采用以下假设进行计算:最佳滑翔比为 20:1;最小下降速度 12 ms^{-1};最小下沉速度 0.6 ms^{-1};20 m 处风速15 ms^{-1};27 ms^{-1}下降时地面速度恒定;重力加速度为 0.8 ms^{-2};没有阻力;上升过程中,速度与高度的关系为每升高 1 m,速度改变 $V_2 = \sqrt{(V_1^2 - 2g)}$(Wilson 1975);根据 Sutton(1953)和 $b_0 = 0.001$ 计算速度梯度。速度数据基于 Pennycuick(1989)。

6.7.3 后掠飞行和阵风飞行

海洋鸟类可以利用其他的空气运动和上升的海浪产生上升的动力。在风速为 6 m·s^{-1}，海浪为 1 m 高 12 m 宽的位置附近，上升气流速度为 1. 65 m·s^{-1}。许多物种的鸟类会沿着海浪顶端迎风侧向滑翔，如信天翁、管鼻燕、海鸥和鹈鹕。鸟通常利用向上的风速来增加自身的速度。我们曾在加利福尼亚看到鹈鹕利用大浪沿着太平洋海岸飞行而不用拍打翅膀。当海浪破碎时，沿海岸的滑翔结束，鸟利用后扫获得高速，将势能转换为动能，沿着风向下滑行在海上找新的海浪。鸟会旋转 90°，开始沿着海岸附近的海浪继续沿着波峰滑翔。Wilson（1975）称为后掠飞行。

Pennycuick（2002）描述了海浪的另一种用法。在海浪后面背风的位置有一个区域，该区域的流动被锋利的波峰分割，信天翁便在此区域飞行。它们首先从该区域潜水；然后冲到波浪上的风中获得动能。利用腹部面对风旋转获得尽可能多的动能。因为风速的缘故，所以信天翁可以利用动能达到足够可以被观察的高度。

6.7.4 热气流飞行

我们都知道热空气上升，陆地上的温度差异是因为太阳照射的差异，但是在海洋中也有温度驱使的上升气流。热气流的上升速度可以达到 5 m·s^{-1}。理想条件下，热气流可以飞离积云达到数百米高。很多热气流会形成一个面。许多具有宽开槽翅膀的大型鸟类，会通过以曲线盘旋靠近热气流中心的方式获得高度。鸟类的常用方式是盘旋飞进热气流，下滑后再通过盘旋获得上升。秃鹫、鹰、鸢、鵟、鹳、鹈鹕通常在迁徙过程中会利用热气流寻找猎物。Pennycuick（1971a）驾驶一架电动滑翔机跟随着热气流飞行的鸟穿越塞伦盖蒂平原，测量鸟的下落和前进速度。大部分都是针对非洲白背秃鹫的测量，它的飞行特征就是这类飞行的一个例子。它的滑翔比为 15∶1（速度为 13 m·s^{-1}），最小滑行速度为 9 m·s^{-1}；最小下落速度为 0. 76 m·s^{-1}（速度为 10 m·s^{-1}）。Pennycuick 的电动滑翔机（Schleicher ASK – 14）的滑翔比为 28∶1（速度为 26 m·s^{-1}），最小下落速度为 0. 76 m·s^{-1}（速度为 20 m·s^{-1}）。一架客机的滑翔比为 16∶1，人造的最好的滑翔机可以滑行 60 m 会下降 2 m。航天飞机飞行 4 km 会下降 1 km。鸟类滑翔比最好的是信天翁的 23∶1（Anderson，Eberhardt，2001）。通过比较发现秃鹫的滑翔比很差。它们显然不适应长距离的快速滑行，但它们或许能在上升的热气流中进行慢转弯。有纤细翅膀的鸟有较大的旋转半径，并且在热气流中很难保持小旋转半径。然而，宽翅膀的鸟翼在地面起飞时也需要大角度。

Pennycuick（1972）认为，有另一种方法可以通过热气流实现长距离的移动，即在多个热气流中穿越飞行。如果热气流足够，甚至可以达到快速直线飞行。每次滑翔飞行沿着一条近似直线的路径到达一个热气流，秃鹫会使用它们的腿制动来降低速度，随后通过上升的空气尽可能地升高（Pennycuick，1971b）。

■ 6.8 操纵

一只飞行的鸟可以通过重心绕着三个轴转动。围着鸟喙与鸟尾构成的纵轴旋转称为滚转，可以通过鸟翼产生升力控制，离重心越远需要控制的翻滚力就越大。手翼上的主要力是升力。长而尖的 V 形尾巴也可以控制滚转。俯仰旋转即围绕平行于伸展翅膀的轴旋转，头朝下尾朝上，或者头朝上尾朝下。翅膀的旋前和旋后，改变尾巴纵向轴线与身体中间平面的角度，都可以控制俯仰旋转。第三条轴线为垂直于水平面且穿过鸟的轴线，围绕这条轴线的旋转称为偏航，它可由翅膀上的阻力或推力的差值导致。原则上，鸟可以用偏航来转向，但这并不是改变方向的常用方法。通常在转弯的方向上形成旋转，在鸟翼与水平面形成特定夹角，即鸟刹车时停止旋转。在转弯时升力不再是垂直的，它会在水平方向产生一个分力作用在鸟上。

在飞行操纵时，需要翅膀和尾巴产生非对称的空气动力，既可以是阻力也可以是升力。在滑翔时，双翼可以在肘部或者腕部展开不同程度，也可以不对称地旋后或旋前造成攻角的差异。鸟类甚至可以改变双翼的弯度和部分外形。尾部可以利用不同的展开角度获得明显的操纵力。扑翼可以在上冲过程和下冲过程时产生较大的不对称力，从而获得侧向不对称的速度或加速度。Warrick 和 Dial（1998）引导鸽子绕过篱笆飞到一只异性鸽子的栖息处。这些鸟装有红外线反射标记，并用 4 台高速摄像机拍摄。短距离飞行的速度为 3 m·s^{-1}，鸟通过扑翼绕开篱笆角度为 30°，加速度为 600 rad·s^{-2}（3 450°·s^{-2}）。两翼的非对称下冲速度造成滚转；一只鸟翼比另一只鸟翼在下冲过程中更快地进行拍打，差值约为最大值的 17%。鸽子没有利用双翼间的攻角差异。滚转运动在相同的下冲过程结束时或在下一个上冲过程开始时结束，这是由于原本双翼的非对称速度在此时变成反向的速度。很明显，鸽子在上冲过程和下冲过程中使用较大的交替和反向力，而不是双翼上空气动力学特征的细微变化。

■ 6.9　速度的精确测量

鸟类在飞行时的不同速度和不同条件下，会使用不同的飞行模式。它们可以白天黑夜地在各种海拔各种天气下上、下飞行。飞行的目的也会影响飞行速度，长距离的迁徙飞行与通常的短距离觅食飞行速度不同。

4.2 节表明，从飞行功率考虑，鸟类存在两个最优速度，一个是最节省体力的速度，即飞行所需的最小做功速度（最小功率速度）；另一个是单位距离做功最小的速度（最大范围速度）。这两个速度是否存在，取决于速度与飞行功率的曲线形状。U 形功率曲线存在这两个最优点，偏离型曲线并不存在这两个点。

我们感兴趣的是鸟在野外的实际速度，这些是难以测量的，精确的测量方法很少且很复杂。空气速度是鸟周围相对于时间的位移。我们在 6.7.2 节看到地面速度，即地面参考系中的时间位移，包括了风对鸟影响的位移。垂直位移和高度也使得估计空气速度很困难。空气速度的测量需要鸟飞行高度附近的风速和鸟的飞行时间。因此，即使对于同一个物种而言，所得到的速度的公布数据也不尽相同。Bruderer 和 Boldt（2011）提出了 139 个古北区物种的海上空气速度，他们利用长期雷达测量并通过可靠的估计来解释现实的假设。自 1968 年以来他们一直使用跟踪雷达，跟踪范围从 100 m 的距离开始，一只花鸡的尾翼可以被跟踪到 4.5 km 之外。因此，通过测量地面附近的风速，并定期跟踪导频气球可以获得风速。这种方法并非没有错误，尽管它是目前最准确的方法。测量的平均空气速度为 6～23 m·s^{-1}。速度似乎并不会随着体重的增加而增加。研究者测量到的最小的鸟为 6 g 的戴菊莺，其飞行速度为 6~12 m·s^{-1}（平均速度为 9 m·s^{-1}）。鹈鹕和秃鹫为 10 kg，平均飞行速度为 15 m·s^{-1}。测量到的绝大多数物种的飞行速度为 6~16 m·s^{-1}。正如预期的一样，个体差异很大。绿矶鸫以 1.9 m·s^{-1}下降时测量的速度为 22.7 m·s^{-1}，它的最低速度是在释放它时的 5.8 m·s^{-1}。在无风走廊中，红隼速度为 8 m·s^{-1}，但是在迁徙过程中速度为 12~13 m·s^{-1}。下面是观测到的非常快的速度：野鸭的飞行速度为 17.6~24.4 m·s^{-1}，平均的飞行速度为 21.4 m·s^{-1}；秋沙鸭的飞行速度为 21.2 m·s^{-1}。雨燕的速度是很慢的，普通雨燕在迁徙时的速度为 6.4~11 m·s^{-1}，记录到的最大速度为 17 m·s^{-1}（61 km·h^{-1}）。高山雨燕的飞行速度为 8~20 m·s^{-1}。《世界鸟类手册》第 5 卷（DelHoyo，et al.，1999）提到，白喉针的水平速度为 170 km·h^{-1}（47 m·s^{-1}），书中并没有给出估计速度的方法。游隼的下潜速度经常被高估，Peter 和 Kestenholz（1998）在 344m 弯头的末端测到的为 51 m·s^{-1}（184 km·h^{-1}）。

■ 6.10　总结和结论

鸟类既是飞行员又是飞机，它们必须决定起飞、飞行方向、高度、鸟翼与尾部的运动学和速度，最后选择正确的着陆方式。相同条件下，尽管存在个体差异，但鸟类更倾向于用完全相同的飞行策略。在其他相同条件下，通过改变飞行的距离和体重，可以引起速度和运动学的轻微且一致的变化。脚在起飞时一脚蹬开，并不考虑树枝的厚度，所用到的力量可能是体重的数倍，起飞角度为 70°。一些物种例如蜂鸟在起飞时拍打翅膀。鸟在栖息处着陆时，可以做到速度降低到零却不降低高度。我们仅仅只是开始了解鸟是如何做到这些的。

扑翼飞行的鸟翼拍打运动学需要高速图像，最好是三维的，Marey（1890）是第一个成功做到的人。我们以红隼为研究对象，研究在下冲过程和上冲过程时的鸟翼变化，以及在有无负重的飞行中鸟翼拍打的修正和鸟翼的拍打幅度。关注于小鸟的单翼拍打以揭示运动参数的高变化率。高加速度、频繁的旋转和变形使鸟翼拍打变成空气动力学的高度不稳定事件。鸟翼拍打运动学通常研究某一只鸟或某一个物种，但是物种的变化很大，可是几乎没有相关研究。

悬停是在无风的固定点飞行，许多小鸟只能在短时间内做到这一点。蜂鸟具有很好的形态和运动学特征，所以它们能够长时间悬停。它们能够在下冲结束时转动手翼，并能够在上冲时上下颠倒手翼。通过给鸟负重并使其在低密度空气飞行，研究悬停过程中的最大性能。蜂鸟的鸟翼拍打频率为 60 Hz，并且能够向上推动相当于自身体重 2 倍的力。

有风悬停是一个非常不同的技能，只有少数鸟类能做到，这些鸟在风中迎风飞翔，头部保持在地面或水面上的精确固定位置，以便于寻找移动的猎物。在阵风中，鸟翼、鸟尾和脚需要在空中进行调整以保持头部稳定。

扑翼飞行是很复杂的一项技能，我们认为鸟类会选择节省体力的方式飞行。鸟类可以表现各种飞行方式，这都证明扑翼是不容易的。在间歇性飞行时，翅膀拍打会反复地短暂暂停。间断时鸟翼紧贴身体；间断滑行时鸟翼会保持舒展。对斑马雀的间断飞行进行精确测量，得到这种行为的运动学分析，也说明间断在低速飞行时提供升力，在高速飞行时减小阻力。较大的鸟类在低速飞行时会间断滑翔，在快速飞行时会间断飞行。无论如何，周期性的短暂暂停相比于不停的拍打翅膀会节省体力，但尚无直接证据。编队飞行能为飞机节省能源，但对鸟类无效。然而，现在的间接证据表明，鸟类在特定的环境中飞行不仅会密切联系，而且也会节省体力，但是需要证据来证明这个观点。

大气环境为鸟不拍翅膀飞行提供了机会。风的阻隔可以导致向上滑行，并且很多中等大小的鸟都在利用这种方式飞行。红隼利用这种方式在荷兰的坝堤上，在 9 m·s^{-1} 的 6°~7° 的风中保持不动。在南部海洋的大风速度梯度中向上飞行，虽然会降低速度但会获得动能，信天翁或许可以这样保持动态翱翔，该飞行方式为向下滑行到风速低的海平面，然后向上飞入高速的风里。通过增加高度和利用风速梯度实现动能和势能的相互转化。鸟与海浪的相互作用同样可以实现这种能量的相互转化。上升气流使鸟能够沿着海浪滑行并增加速度。热气流是由温度差异导致的向上移动的空气，这也通常发生在陆地上。一种宽开槽翅膀的大型鸟类可以不用体力而利用热气流进行长距离飞行。从地面垂直起飞可能需要一种常见的鸟翼形状。

对飞机或飞行动物的操纵是通过围绕重心的三个轴的旋转：围绕垂直轴的偏

航，围绕伸展翅膀的轴的俯仰，围绕头部与尾部连线的轴的滚转。对鸽子进行操纵飞行的精确测量为我们提供了对运动学的认识。

我们很难估计自由飞行的鸟周围的空气速度。可以很精确地测量地面上的风速，但是很难获得鸟周围的风速。许多物种的可靠数据表明，速度在物种间的差距较小，形体大小对速度并不重要。大部分物种的飞行速度为 $6 \sim 16 \ m \cdot s^{-1}$，下潜捕猎的猛禽能达到最高速度。

第 **7** 章

鸟类飞行动力

7.1 引言

要想了解鸟类如何飞行，应当在实用解剖学和生物力学方面花费精力。其内部运行过程就是一个挑战性问题。为解决这个问题，在过去大约 15 年，大量的美国科学家付出了巨大的努力，他们的名字列在本章相关参考文献中。

一个主要的巨大进步是：使用高速 X 光片原位来可视化鸟类飞行过程中骨骼的运动。同步肌电图记录一系列飞行状态，包括稳态飞行状态下的肌肉运动。肌肉发端到消端的时间可以使人们得到肌肉循环和鸟翼以及尾翼运动之间的关系，但是不能够得到肌肉产生的力的大小，因为肌电图的计时与力的产生并不直接相关。

直接测量只能得到胸肌产生的力。人们研究了一个巧妙的方法：在肱部植入一个内置点作为应变片。监控胸部产生的力和肌肉的长度，可以计算出飞行中鸟类每一个翼拍循环所做的功。同步高速影片或视频可获得翼拍频率，这样就可以得到胸肌产生的机械能。

在上冲程，也应关注喙上肌，但无法直接测量其产生力的大小。这个肌肉的运动循环周期和功能现在已被合理解释。

运动中的鸟尾肌肉以及尾部羽毛组成了一个复杂的结构。通过肌电图可以观测到鸟类走路或不同飞行状态下的肌肉反应。想要获得鸟尾精确动作是如何组合作用的，还需要做更多的研究。

鸟类飞行过程中，不是所有的骨骼运动都与飞行直接相关，一些骨骼运动通过复杂的过程与呼吸运动相关。

方框 7.1 列出了脊椎动物的结构和功能组成，这些基本知识有助于理解鸟类飞行动力。

方框 7.1　骨骼肌（横纹肌）机构与功能简介

脊椎动物肌细胞组成如图 7.1 所示。脊椎动物骨骼肌由肌腹（肌膜）包裹着肌细胞构成。肌细胞包含线粒体，由紧密排列的肌原纤维组成。肌细胞外面包有网状膜，内部充满或粗或细的丝状肌原纤维。从纵向看，肌原纤维由一系列相同的单元组成，叫作肌节，肌节很短，只有微米长。肌节内部细丝状肌原纤维首尾相接并与中间粗丝状肌原纤维交叉排列。显微镜下，每一肌节粗丝状和细丝状的肌原纤维的排列称为 A 带（暗带）和 I 带（明带）。当肌肉收缩变短时，粗丝状肌原纤维和细丝状肌原纤维的交叠部分增加，缩短了肌节 Z 线之间的距离。横向膜管系统，从外部打开，肌细胞穿过肌膜上的洞，通常与 Z 线的位置一致（Woledge et al.，1985）。

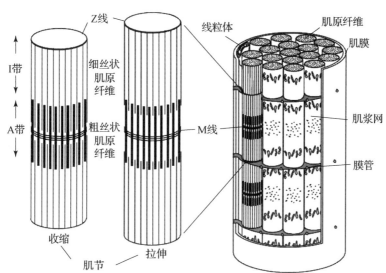

图 7.1　脊椎动物肌肉纤维结构及术语。左侧为肌节收缩示意图。更多详细信息见方框 7.1

肌肉收缩期间，细丝状肌原纤维沿粗丝状肌原纤维方向滑动。粗丝状肌原纤维内的活性部分称为肌球蛋白，**丝状肌原纤维内的活性部分称为机动蛋白**。

续

肌球蛋白与机动蛋白之间的周期性运动导致肌肉收缩。肌球蛋白部分，交叉桥（cross bridges），stick out 和细丝状肌原纤维内部作用促使肌球蛋白与机动蛋白周期性运动。三磷酸腺苷（ATP）分解为二磷酸腺苷（ADP）为此过程提供能量。每个交叉桥由头部和连接肌球蛋白剩余部分的细颈部组成。其他状态下，头部与机动蛋白相连，颈部僵直，充当杠杆臂的作用。

交叉桥示意图如图 7.2 所示，图中所示为周期运动的四个阶段［（a）~（d）］。（a）为肌肉未运动时的肌球蛋白交叉桥。头部与右侧机动蛋白相接。当三磷酸腺苷（ATP）触到交叉桥黏合点时，周期运动开始，如图（b）所示。三磷酸腺苷黏合导致交叉桥与机动蛋白分离并改变了剩余肌球蛋白的角度，如（c）所示。（c）展示了三磷酸腺苷分解为二磷酸腺苷和第三个无机磷酸盐（Pi）的过程。ATP 脱离黏合点后，头部重新与机动蛋白相接。下一步，交叉桥释放无机磷酸盐（Pi），如图（d）所示。分离过程结构即刻重排，细颈部（起杠杆臂作用）运动超过 70°，机动蛋白运动距离约 11 nm。

目前，只可观测到肌球蛋白交叉桥周期运动的两个阶段：（a）展示了动力冲程末段骨骼肌交叉桥结构状态。交叉桥黏合阶段的其他研究显示了头部与激动蛋白的脱离过程，如图（b）所示。其他状态下结构动态变化目前仍为推测（Holmes 1998）。

图 7.2 所示为交叉桥周期运动展示的是肌肉收缩的过程，我们可以用同样的机制推测等距或偏心收缩过程。

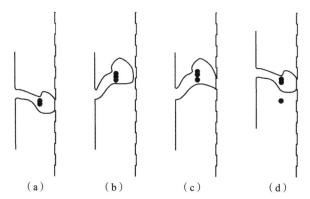

（a）　　　　（b）　　　　（c）　　　　（d）

图 7.2　交叉桥假想运动四阶段示意图（更多详细信息见方框 7.1）

7.2　欧椋鸟研究

通过第 2 章的解剖部分，我们可以了解到鸟类飞行的重要结构，现在我们研究它们是如何作用的。Jenkins 等（1988）的研究一经出版便成为经典。该研究对风洞中以 9~20 m·s^{-1} 的速度飞行的欧椋鸟，用 200 每秒帧的 X 射线拍摄了其背部和腹部。放射片完整地展示了整个翼拍循环过程中欧椋鸟骨骼的三维运动过程。图 7.3 所示为骨骼运动四个阶段的俯视图和侧视图。在上冲程 – 下冲程转换的起始阶段，从俯视图看，肱骨与身体主轴几乎完全平行；从侧视图看，翼展向上，在向下运动前，肘部和腕部延伸之后，与运动平均路径夹角可达 55°~60°。肱向下运动超过 110°后，与运动平均路径垂直。在下冲程，鸟翼骨架始终与身体平行。在下冲程末段，刚好在肘部和腕部开始上冲程提升动作之时，翼尖达到前向最远端，翼展呈半开状态。

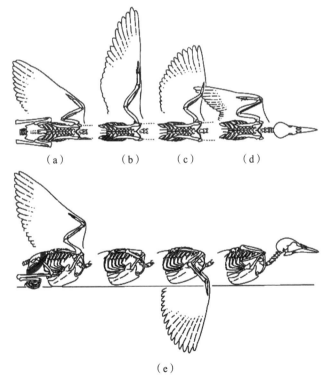

图 7.3　欧椋鸟风洞飞行期间，X 射线拍摄的股骨架运动。图示为上冲程阶段（a），下冲程中段（b），下冲程末端（c）和上冲程中段（d）鸟翼背视图下上翼面状态和侧视图下的下翼面状态。比例尺为 1 cm。侧视图展示了胸骨运动（经 Jenkins 等授权，1988；AAAS）

　　X 射线第一次展示了翼拍循环期间许愿骨（鸟脖上的 Y 形骨）的动态特性。许愿骨头部的间距在下冲程阶段变宽，在上冲程阶段变窄，移动距离达 6 mm，该距离约为静止时许愿骨头部间距的 1/2（图 7.4）。当肱骨旋转向前并处在下冲程阶段时，刚好在上冲程 – 下冲程转换之前，间距开始变宽。欧椋鸟肩关节由喙骨和肩胛骨构成，每一个许愿骨头部与喙骨远端和肩胛骨末端相接。这意味着与肩关节的肱骨与许愿骨移动了相同距离。喙骨并不倾斜变弯而是旋转并绕胸关节转动。当肩胛骨随许愿骨运动时，肩胛骨头部滑动向前，而尾部保持不动。在下冲程，当许愿骨头部变宽，胸骨上升、倾斜。胸部后部比前部上升的多导致倾斜运动［图 7.3（e）］。使许愿骨头部变宽的力约为 0.6 ~ 0.8 N。在上冲程，许愿骨头部的间距还原，像弹簧一样释放出力。最有可能使许愿骨头部变宽的肌肉是胸喙肌。这是一个短肌肉，与胸骨和喙骨腹侧相接。许愿骨头部变宽并不激发胸肌作用。人们对许愿骨的弹簧效应的作用并不十分了解，它有可能有助于鸟翼提升，但更可能是呼吸功能，帮助锁骨间和胸腔气囊充气、放气。翼拍循环和呼吸频率间的时间关系是一个更细的子课题，7.8 节将会讨论到。

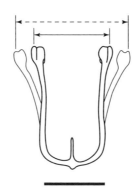

图 7.4　欧椋鸟许愿骨前视图。下冲程期间许愿骨头部的间距达 18.7 mm，上冲程期间为 12.3 mm。比例尺为 1 cm（经 Jenkins 等授权，1988；AAAS）

■ 7.3　肌肉运动

要想了解飞行动力如何作用，很有必要学习发动机如何产生力、做功和功率的相关知识。肌肉是发动机和力矩改变的主导者。方框 7.1 简要介绍了骨骼肌的构成及其作用原理。第 2 章研究表明，鸟翼运动由大量肌肉控制。每一块肌肉连接两个骨骼的两个点或两个区域。大多数情况下，肌腱扮演着肌肉 – 骨头连接的作用。肌肉收缩可能减小两个关节的角度或者将非连接骨拉到一起。方框 7.1 展示了肌节中细丝状肌原纤维和粗丝状肌原纤维如何相互作用缩短肌肉。等距收缩时肌肉产生力但不改变距离。肌肉也可被拉伸。拉伸通常由外力导致，是被动行为，通常外力能够克服肌肉内阻力。当肌肉主动抵抗拉伸时，拉伸需要更大的外力。

　　活动肌的电活动可以测量。肌电图用电流脉冲形式记录肌肉活动。对于电活动的本质并不完全清楚，但是这个现象可以用来分析翼拍循环期间肌肉的聚集形式。Goslow 和 Dial（1990）用麻醉的欧椋鸟的胸肌研究了肌电图（EMG）与肌肉产生力之间的时间关系。给予欧椋鸟适当的神经刺激后，记录下的等距抽搐收缩显示，力的峰值出现在神经刺激 30 ms 后，在后续 80 ms 多一点的时间里，力逐步减小。肌电图在刺激瞬间开始记录，只持续了 5 ms。在肌电图停止后，力达到峰值。（力达峰值的延迟时间与 Wardle 1985 年在鱼肌肉上做试验发现的结果一致，1993 年在 Videler 发表，图 7.10）。125 Hz 的最大神经刺激，在同等等距收缩的情况下，肌肉可持续产生力。这个力在刺激作用 65 ms 后达到峰值，开始肌电图记录，并在肌电图结束后持续了 25 ms。整个抽搐试验，从力产生到降低的总时长达 110 ms。欧椋鸟一般翼拍循环周期只有 75 ms。体外的等距试验明显不能真实反映体内肌肉变化情况。但是这些数据显示，肌电图记录起始于肌肉神经受刺激瞬间，并且至少在肌电图整个记录期间，力持续产生。

　　第 2 章提到，通过肌电图技术研究发现，鸟翼包含 45 种肌肉，飞行期间参与运动的肌肉只有 18 种。风洞试验中，欧椋鸟飞行速度为 $9 \sim 20$ m·s^{-1}，来自 16 只鸟的 11 个肌肉样本的肌电图显示出一样的循环模式（Dial，et al.，1991）。图 7.5 的侧视图和背视图展示了运动肌肉中 9 种肌肉位置。下面只做简要介绍，详细内容涉及非常复杂的解剖学知识，可参见 Vanden 与 Bergen 的合著（1979）以及 George 和 Gerger（1966）的著作。目前，过多复杂的机械原理尚不清楚。我们应当意识到，只有当鸟类作为飞行器的全部细节的功能作用都被研究透了，鸟类飞行原理才算研究明白。肌肉运动时间是迈向那个遥远目标的第一个台阶。

　　基于对肌电图下循环运动肌肉组合主要连接方式的粗浅认识，人们给出下面的功能解释。在整个翼拍循环期间，肌电图第一次记录下 9 块肩部肌肉的肌起端及肌止端。

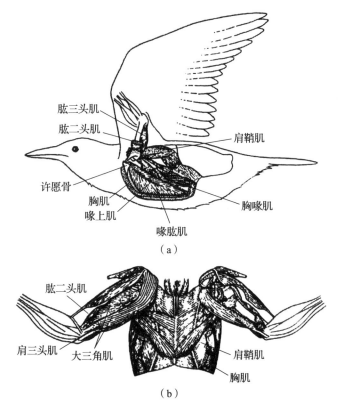

图 7.5　欧椋鸟肩部解剖图（图中给出 9 种肌肉的名字，这 9 种肌肉的肌电图活动如图 7.6 所示）

（a）肌肉侧视图，为了更清晰地展示，切开了几种肌肉，图中指出了许愿骨的位置；（b）背视图（Dial 等，1991，生物公司授权）

（1）两块胸肌视为一个功能单元。胸肌首部肌起端位于许愿骨整个轴，部分肌起端位于龙骨瓣。胸肌尾部在胸骨尾部。首部和尾部肌止端位于肌内肌腱位置，这个位置首部与背部连接，尾部与腹部连接。胸肌肌止端位于肱骨前面三角肌嵴位置，与肩关节距离很短。

（2）胸喙肌肌起端位于胸骨首部，肌止端在喙突中间腹部。

（3）喙肱肌肌起端位于喙突下方尾部，肌止端在肱骨腹部紧挨着肩关节。

（4）肱三头肌连接肱骨背表面近端和尺骨鹰嘴。鹰嘴是一个突起，靠近肱骨关节。

（5）肱二头肌肌起端位于喙突顶端侧向肥硕的肌腱，并且在肱骨上还有另外一个起始端。它的肌止端在桡骨和尺骨近端。

（6）大三角肌有首尾两部分。大三角肌尾部肌起端在喙突顶部和许愿骨邻部的突起位置。大三角肌含有籽骨，籽骨改变了肌肉延伸的方向。起始端在肱骨背侧前方。大三角肌首部与尾部籽骨相接，并包裹着肩关节，肌止端在肱骨前方。

（7）肩鞘肌肌起端位于肩胛骨尾部，肌止端肱骨近背部。

（8）肩三头肌自许愿骨顶端和喙突起经肌腱至尺骨鹰嘴突起。肌腱在肘部含有籽骨。

（9）喙上肌是一个二联体肌肉。它们的起始端在胸部，肌腱经三叶管插入到肱骨背表面。

还有更多的肌肉，组成了肩部的复杂结构，绝大多数肌肉从解剖学上根本无法确认其功能。肌电图科研记录给出一个大概，来区分下冲程和上冲程参与运动的肌肉。图 7.6 展示了欧椋鸟一个下冲程和上冲程循环，平均时长 72 ms，翼拍频率 14 Hz。风洞速度为 $9 \sim 20 \ \text{m} \cdot \text{s}^{-1}$。平均起始时间、持续时间和结束时间定义为 9 种肌肉运动循环的粗段。图 7.6 展示了大致的肌肉运动模式。参与下冲程的肌肉有胸肌、胸喙肌、喙肱肌和肱三头肌。这些肌肉的活动起始于上一个上冲程期间并持续到下冲程。喙上肌和大三角肌与典型的上冲程有关。大三角肌首部活动起始和结束时间早于尾部。我们在这里叙述的是肌肉组合活动阶段。喙上肌和大三角肌活动起始时间为下冲程末段，并持续到上冲程早期。喙上肌和肩三头肌的电活动仅限于下冲程的下半段。肱二头肌有两个活动时期：一个在下冲程的开始时，一个在下冲程结束时。

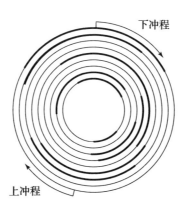

图7.6　一个翼拍循环72 ms内欧椋鸟肩部9种肌肉的肌电图活动。这9种肌肉如图7.5中示。黑色粗线代表每一个肌肉肌电图信号起动、持续和结束。肌肉从外到内分别为胸肌、胸喙肌、喙上肌、大三角肌、喙肱肌、肩鞘肌、肩三头肌、肱三头肌、肱二头肌（Dial 等，1991；生物公司授权）

　　肌电图显示出肌肉的活动时期和力产生的近似周期。尽管已经有些可能合理的结论，但是每一块肌肉的功能还是无法清晰界定。肱三头肌在下冲程比其他肌肉活动的早，可能用于在下冲程伸展鸟翼。胸喙肌紧跟着肱三头肌开始活动，持续时间与许愿骨活动时间一致，其功能可能是张开许愿骨（见7.2节）。胸肌是下冲程的主导肌肉，它不仅使肱骨远端向下靠近肩关节，还促使鸟翼内旋（通过在下冲程之前令肱骨绕纵轴向前旋转并推上翼面向前、拉长实现）。鸟翼还在上冲程状态时就已经开始了这个肌肉活动。胸肌还在拉伸状态就已经做好了收缩的准备。力产生的结果将在7.4节讨论。胸肌可能用于在那个时期削弱鸟翼向上运动的趋势。肱二头肌的活动在下冲程的开端（图7.6），可能用于帮助胸肌拖动肱骨。接下来的上冲程阶段，两部分肌肉参与活动：肱二头肌和肩鞘肌。它们参与到下冲程降低肱骨，但那绝不是它们唯一的作用。肱二头肌在上冲程末段肘部伸展时活动。但是，肱二头肌的作用被认为是弯曲肘部而非伸展肘部。可以这么解释：肱二头肌的作用本质上是给肘部伸展减速。接下来，肱二头肌帮助肱骨下压，并且利用屈肌力矩使肘部保持在拉伸状态，来对抗肱三头肌拉伸肌肉的作用。靠近下冲程末段，三部分肌肉参与活动。喙肱肌首先使肱骨下降（喙肱肌活动时长占翼拍循环的47%，是测量到活动时间最长的肌肉），在下冲程末段，当肱骨到达它的最低点时，它的作用又转为"牵引器"。肱骨的翻转和收缩开始于下冲程最后一个阶段。肩鞘肌可能起到翻转和收缩肱骨的作用。它在下冲程后半段之前开始活动，持续到下冲程结束。接下来，肩三头肌活动。很难想象它到底起了什么作用，因为此时鸟翼肘部已经完全张开。它可能是控制肘部姿态，对抗鸟翼上外力对肘部的冲击。肩三头肌和肱二头肌的同时对抗作用，可能是为了保护肘部的安全，对抗鸟翼上的气动力产生的扭矩。下冲程后期，喙上肌和大三角肌的首部和尾部参与活动，它们可能起初减缓肱骨下降的速度后来开始拉高肱骨。这些肌肉也参与了使肱骨向后翻转的活动。

解释肌肉的作用很难，原因有三个方面：①肌肉本身的复杂性；②起相反作用的肌肉会同时活动；③人们对运动中鸟翼不同部分复杂的气动力特性的不了解。总之，结合解剖学的鸟翼循环运动模式没能给出翼拍循环过程中机械特性的满意解释，我们距离鸟翼肌肉运动复杂特性的完美解释还很远。首先，我们需要知道飞行时肌肉施加的力的大小和方向。

■ 7.4　胸肌产生力和做功：应变计——三角肌嵴

测量完整鸟的肌肉力从技术上说是复杂的，原因有两个：①鸟类系统本身的复杂度；②在鸟身上放置力传感器相关的复杂度。力传感器通常不直接测量力，而是通过测量点应变片的形变转换得到（见 3.3.2 节）。应变计应放于肌肉拉伸的位置。目前，人们只在最大的飞行肌肉——胸肌上实现了。Biewener 等（1992）第一次记录下了飞行中欧椋鸟的胸肌产生的动态力，这个技术应用了 Machin 及 Pringle（1990）和 Josephson（1985）提出的"做功循环"的概念。

胸肌的肌止端在肱骨前面三角肌嵴的下表面（图 7.7），使得它很适合放置应变计的力传感器。直穿过肌止端，在肱骨上表面，有足够的空间使应变计严格贴近骨头。三角肌嵴将胸肌产生的力传到骨头对面的应变计上。校准数据通过麻醉鸟儿鸟翼同样位置的应变计获得。Biewener 等（1992）运用稳态飞行期间肱骨上胸肌正常范围内的强直收缩来校准应变计读数。

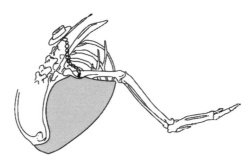

图 7.7　欧椋鸟肩和鸟翼骨架俯视图，可见胸肌肌止端位置（灰色）。应变片在三角肌嵴背表面，用黑色长方形表示。置于皮下的应变片通过两根线连接到鸟背部（Biewener 等，1992；生物公司授权）

　　低速风洞试验中，欧椋鸟以最佳飞行速度 13.7 m·s^{-1}飞行，胸肌装了应变片并植入肌电图电极。高速摄像可以测量胸肌长度变化、相关力的变化以及翼拍循环期间肌肉活动模式。此飞行速度下，翼拍频率为 15 Hz，相应地，循环周期为 67 ms。图 7.8 所示为一个循环周期 67 ms 内的测量结果。一个周期内胸肌力的数据如图 7.8（a）所示。鸟翼姿态从左至右依次是上冲程中间时刻、上冲程末段、下冲程中间时刻和下冲程末段。肌电图记录期间力的轨迹用粗灰线表示。上冲程后期，胸肌力开始增加，然后继续增加到下冲程上半段，约为肌电图停止记录后 5 ms 位置达到峰值。在下冲程，胸肌力快速减小，最低值在循环周期结束后的几毫秒。我们假设某一瞬间胸肌力为零，此时胸肌长度达到休息长度，为 34 mm。翼拍循环期间，肌肉拉伸/肌肉收缩距离与胸肌力的对比如图 7.8（b）所示。通过分析欧椋鸟飞行时的 X 光片，可以获得肱骨相对于肩和胸骨的角位移，进而计算出肌肉拉伸/收缩距离（见 7.1 节和 Dial 等的文献，1991）。胸肌休息长度为 34 mm，鸟肌肉拉伸/收缩距离总行程为 7.31 mm，是休息长度的21.5%。图 7.8（b）包含两个曲线图，每个曲线图的横轴都是肌肉形变量，用肌肉形变长度与休息长度的百分比表示；纵轴是三角肌嵴上应变计测量的力。数据点代表将翼拍循环周期等分为 13 个时段后的瞬时应变量及力值，这 13 个时段在图 7.8（a）的横轴用黑点表示。图 7.8（b）显示翼拍循环按逆时针旋转。我们假设，胸肌在休息长度时肌肉产生力为零。肌肉收缩期间所做的功（单位 J）如图 7.8（b）左图中阴影所示。翼拍循环期间，肌电图测试时间在图中用深灰线标注。当胸肌伸长到约比休息长度多 1.5% 时，肌肉开始收缩。总的收缩距离约为休息距离的 20%。曲线下方阴影面积代表肌肉收缩的总做功（本例中为54 mJ）。一个完整的循环需要肌肉恢复最开始的长度，也就是说，它需要外力拉伸，因为肌肉不可能自己拉伸自己。肌肉在收缩到最大距离后开始拉伸，并继续拉伸到休息长度，然后达到最开始的长度，也就是肌肉拉伸长度回到比休息长度多 1.5%。肌肉拉伸需要外力对抗肌肉内阻力。根据肌电图显示，肌肉在冲程末段开始产生收缩力，此时肌肉还处于拉伸状态；

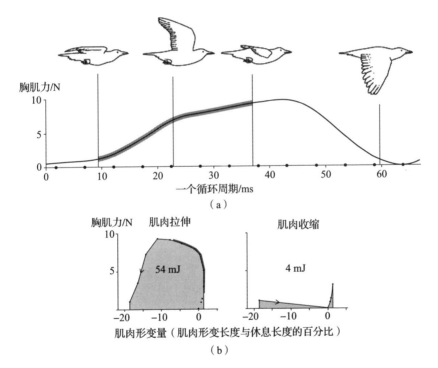

图 7.8　欧椋鸟一个翼拍循环周期 67 ms 期间三角肌嵴背侧应变片的胸肌力记录，欧椋鸟所处风洞风速 13.7 m · s⁻¹（Biewener，et al.，1992）。

（a）力是时间的函数。一个翼拍循环划分为 13 个相等时间，图中在 X 轴用 13 个黑点表示。鸟图片下方竖线指示出此冲程期间鸟的姿势。从左到右分别是上冲程中段、上冲程末段、下冲程中段、下冲程末段。图中沿力的曲线描出的一段粗灰线代表肌电图记录的时间；（b）力是肌肉形变的函数。胸肌肌肉收缩做功（力乘以距离）在左侧图中用灰色阴影面积表示，胸肌肌肉拉伸做功在右侧图中用灰色阴影面积表示。肌电图记录时间在左侧图用灰粗线表示（详情见正文）

预计收缩开始时间为 4 ms 时，在此期间，胸肌活动做功为负。图 7.8（b）右侧曲线展示了外力拉伸肌肉所做功约为 4 mJ。肌肉拉伸期间，大部分时间做功为正，但是到肌肉拉伸末期，当胸肌开始活动做功为负时，拉伸肌肉所需的外力增加。胸肌所做的总负功为 4 mJ。

鸟类的肌肉是左右对称分布。翼拍循环期间，所需总功为 0.1 J，是一边胸肌肌肉收缩以及肌肉拉伸到同样位置做功总和的 2 倍。喙上肌拉升鸟翼并拉伸胸肌。若忽略其他前肢肌肉，可以计算出鸟类飞行的机械能。欧椋鸟（体重 71 g）翼拍频率为 15 Hz，因此单位时间鸟翼扑动总功为 0.1 J×15 Hz = 1.5 W。

类似的试验，试验对象为 300 g 的鸽子，计算出胸肌的机械能为 3.3 W。

这种最初的试验方法，由于肌肉变形长度基于鸟翼运动高速摄像机和 X 光片计算得出，因此需要考虑其不确定性。在后来的试验（Biewener, et al., 1998）中，肌肉变形距离和应变循环直接采用更精准的声呐微测量。声呐微测量将一对压电晶体植入到肌肉中，一个晶体发声，另一个晶体接收，声速以约为 $1\,540\ \mathrm{m \cdot s^{-1}}$ 的速度穿过肌肉。通常锚固装置可以保证晶体在肌肉循环运动期间位置不动。晶体间距离在 10 mm 以内，可以通过声波发射和接收的时间准确地计算出。声呐微测量可在 1 s 内测量出 1 000 个瞬态距离。这项技术还没有用于欧椋鸟的肌肉研究，但是已经成功应用于其他鸟类。

运用三角肌嵴放置应变片和体内测量距离的方法，人们已经研究了欧椋鸟、鸽子、凫、喜鹊、玄凤鹦鹉和环斑鸠胸肌产生的力。对于最后三种鸟，人们研究了其在较大飞行速度范围下的结果。表 7.1 总结了一些研究结果并提供了参考文献。不同鸟类 1 kg 体重所做的功范围很广，为 9.2~53.6 W。大部分的变量是由于不同的飞行速度，部分是由于测量方法的复杂性。因为技术的问题，早期的研究可能并不精确。目前，飞行速度对胸肌做功的影响，人们只研究了三种鸟。数据显示，鸟类飞行速度较高和较低时，做功较大；中速飞行时，做功中等，大致呈 U 形曲线。做功结果的不同，大体上由翼拍频率不同、肌肉收缩距离不同或力大小不同引起。

表 7.1 鸟类飞行期间胸间胸肌产生的机械能

鸟种	体重 /g	速度 /(m·s⁻¹)	频率 /Hz	机械能 W	机械能 W·kg⁻¹	测试技术	参考文献
欧椋鸟	70~73	13.7	15	1.5	21.1	风洞、高速摄像机、EMG、应变计	Biewener, et al., 1992
鸽子	301~314	6~9	8.6	3.3	10.6	自由飞行、高速摄像机、EMG、应变计	Dial, Biewener, 1993
鸽子	649	5·6	8.7	12.6	19.4	自由飞行、声呐微测量、EMG、应变计	Biewener, Coring, Tobalske, 1998
鸽	995	3	8.4	20.7	20.8	自由飞行、声呐微测量、EMG、应变计	Williamson, Dial, Biewener, 2001
喜鹊	174	0	8.2	3.6	20.7	风洞、高速摄像机、EMG、应变计	Dial, et al., 1997
	174	4~12	7~8	1.6	9.2	风洞、高速摄像机、EMG、应变计	Dial, et al., 1997
	174	14	8	2.1	12.1	风洞、高速摄像机、EMG、应变计	Dial, et al., 1997
玄凤鹦鹉	78.5	5	8.4	1.3	16.6	风洞、声呐微测量、EMG、应变计	Hedrick, et al., 2003; Tobalske, et al., 2003
	78.5	14	8.2	3.7	47.1	风洞、声呐微测量、EMG、应变计	Hedrick, et al., 2003; Tobalske, et al., 2003
环斑鸠	139.8	7		4.3	30.8	风洞、声呐微测量、EMG、应变计	Tobalske, et al., 2003
环斑鸠	139.8	17		7.5	53.6	风洞、声呐微测量、EMG、应变计	Tobalske, et al., 2003

注：胸肌力用置于肱骨三角肌嵴上的应变计测量。仅选取平飞状态数据。

7.5　上冲程主要肌肉

喙上肌一般认为是上冲程的主要运动肌肉。喙上肌位于胸骨，在胸肌的下面。肌止端有一个长肌腱通过肱骨背侧肩关节里的三叶管靠近肩关节。它是一个强二联体肌肉。Poore 等（1997a，b）对欧椋鸟的肌肉或神经进行了仿真，研究了喙上肌的功能。通过试验测量了肱骨运动的侧视图和前视图。力通过与肌腱相接的骨头的移动和力传感器测量获得。

两种鸟的喙上肌提升的同时将肱骨向后翻转。在下冲程末段，肱骨向身体靠近，开始提升和翻转。肘部弯曲翼面内翻［图 7.3（c）］。测量结果显示，绕纵轴旋转角度达 80°，绕横轴提升达 60°。典型的力峰值可达：欧椋鸟 6.5 N，鸽子 39.4 N，这个数字是它们身体自重的 10 倍。

目前，从技术上尚无法研究飞行中上冲程肌肉功能，但是上述测量使得我们可以与胸肌活动测量结合，实时模拟力的输出。肌电图的记录是实时并持续可见。肌电图结果并不交叠（图 7.6），但是可以看出喙上肌力的产生在胸肌力消失之前。可以得出，在下冲程末段，胸肌和喙上肌同时产生力，明显地控制肩关节并使其僵硬。

7.6　尾部转向

人们已经研究了鸽子在走路和不同飞行阶段下尾部肌肉的电活动。尾部肌肉的位置在图 2.9 中已经展示（Gatesy，Dial，1993）。肌肉的简要解剖介绍及尾部运动方式分别在 2.6 节、4.6 节中描述过。通过肌电图可能得到肌肉是否参与固定活动。对于不同的肌肉，肌电图与力的产生之间的关系都不同。肌肉以复杂的组合方式运动，有可能会做正功，有可能做负功。这就说明，要获得肌肉的精确功能很难，但是可以窥探到各种运动状态下的肌肉活动模式。

图 7.9 的原形图展示了 2.9 节所述各种尾肌以及飞行中最重要的肌肉——胸肌的电活动记录，每一个圆环代表一个完整的翼拍循环，每个图外部圆形箭头代表运动的方向。

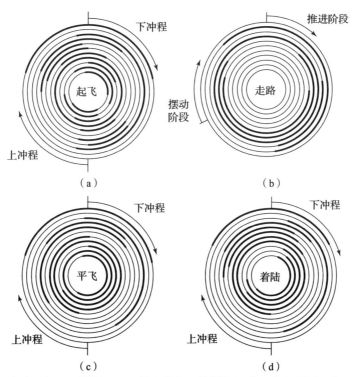

图 7.9 走路、起飞、缓慢平飞、着陆状态下的尾部肌肉肌电图活动。每一个圆环代表一种肌肉一个循环过程，粗线部分表示肌肉活动。肌肉从外到内分别为胸肌、髂尾肌、尾股肌、背长肌、椎尾侧提肌、直肠尾侧提肌、尾旁肌、尾羽球肌、尾降肌、外侧趾尾肌、内侧趾尾肌。图中尾部肌肉位置见图 2.9（Gatesy，Dial，1993；生物公司授权）

在走路状态下，胸肌和绝大部分尾肌处于待用状态。背长肌持续活动，但每个循环肌电图振幅增加两次。髂尾肌在走路摆动阶段开始活动并在推进阶段的大部分时间里持续活动。尾骨肌在向下阶段的一半开始活动；两个侧提肌都在走路循环的推进阶段开始活动，并持续到翼拍阶段。

在三种飞行模式下，更多的肌肉参与活动。上冲程末段，胸肌开始活动，肌电图记录其活动持续到下冲程。我们看到胸肌力峰值出现在肌电图记录结束之后。飞行时，髂尾肌通常不活动。在三种飞行模式下，其他的如后腿肌、尾股肌在下冲程阶段活动，但是信号比走路状态时弱。尾羽球肌在起飞、平飞和着陆状态下持续活动。

起飞模式下，大部分肌肉一个周期内活动两次。背长肌、椎尾侧提肌和尾旁肌三种肌肉在上冲程末段和下冲程活动，尾降肌、外侧趾尾肌和内侧趾尾肌三种肌肉只在上冲程/下冲程过渡期间或刚刚过渡之后开始活动。椎尾侧提肌不是双向的，只在上冲程末段活动。

着陆完全是另一种模式。除髂尾肌和尾羽球肌之外，所有的肌肉每个循环活动一次。一个循环内，髂尾肌一直没有活动，尾羽球肌一直活动。尾股肌在下冲程期间将股骨拉向前，在上冲程期间不活动。其他的肌肉要么在接近下冲程末段活动，要么在接近上冲程末段活动。

平飞状态下，两种肌肉一直不活动：髂尾肌和直肠尾侧提肌；两种肌肉持续活动：尾羽球肌和外侧趾尾肌。其他的肌肉在一个循环内活动一次，时间各有不同。在下冲程，内侧趾尾肌和尾降肌或多或少显示同步活动。

鸟尾生物力学模型还远没有建立。我们虽然知道肌肉的肌起端和肌止端，但是几乎不知道肌肉活动对骨骼的复杂的影响。肌电图可视为迈向了解鸟尾功能的第一步。

7.7　翼拍循环与呼吸运动

7.2 节介绍了喜鹊飞行时，X 射线拍摄了许愿骨和胸骨的运动方式（Boggs，et al.，1997a，b）。结果与欧椋鸟相似：许愿骨在下冲程期间横向向外弯曲，在上冲程期间弹回；胸骨在下冲程期间向上倾斜，在上冲程期间向下倾斜。通常，一个呼吸循环包含几个翼拍循环。滑翔期间，更快的翼拍频率伴随着更快的呼吸频率、更多的呼吸次数。人们通过插入插管测量了气囊压力。气囊压力呼气时为正，吸气时为负。下冲程期间吸气时，负向气囊压力进一步减小。无论何时，只要在上冲程期间，呼气时正向压力减小。锁骨间和后胸气囊压力在下冲过程增加，上冲过程减小。

翼拍频率与呼吸频率的比通常为 3∶1，但范围可能为 1∶1～5∶1。图 7.10 所示为三种翼拍频率/呼吸频率比模式下的气囊压力变化、翼拍和呼吸循环。三个图上方的横条代表吸气和呼气时间，白色为吸气，黑色为呼气。灰色区域代表处于下冲程期间。处于两个灰色区域之间的白色区域代表处于上冲程期间。三张图的翼拍频率/呼吸频率比分别为 1 : 1，2 : 1 和 3 : 1。图中给出了典型的气囊压力变化。当下冲程期间，呼气开始或呼气时，增加的气囊压力有助于呼吸运动（用 + 表示）。观察翼拍频率/呼吸频率比 3 : 1 的第一个下冲程，气囊压力的增加伴随着吸气，这使得降低呼吸有效性。这个下冲程上面的负号（ - ）代表下冲程期间作用为负。同样，可以解释气囊压力在上冲程减小呼吸有效性。当上冲程遇到吸气，气囊压力减小，帮助呼吸，若遇到呼气，在那个时刻则减小了呼气的净输出。这三种情况显示翼拍循环的正向作用，并且对呼吸作用的影响为正。

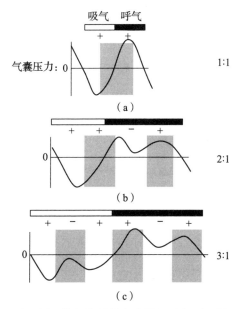

图 7.10 上冲程和下冲程循环期间许愿骨和胸骨运动与呼吸循环之间的关系。图中给出了三种典型比例下的气囊压力变化

（a）翼拍循环周期与呼吸周期比为 1 : 1；（b）翼拍循环周期与呼吸周期比为 2 : 1；（c）翼拍循环周期与呼吸周期比为 3 : 1（Boggs, et al., 1997b；生物公司授权）

■ 7.8 总结和结论

高速摄像技术使得人们可以记录和观察风洞中不同速度下飞行的椋鸟和喜鹊的骨骼运动。通过分析 X 射线，可以研究翼拍循环期间鸟翼骨骼向上、向下或旋转运动的模式。同样利用 X 射线摄像技术，人们研究发现许愿骨像一个弹簧，下冲程期间向外弯曲，上冲程期间弹回。胸骨也与翼拍循环同步做上、下运动。

人们已经测量到鸟类飞行时的大块肌肉的电活动，并研究了翼拍循环不同阶段的肌肉活动。人们也已经掌握了较多种鸟类肌肉的肌起端和肌止端。但是，由于缺乏对肌肉产生力的机制的了解，因此鸟类飞行期间大多数肌肉的精确功能仍然靠想象得来。

胸肌是鸟类飞行最大的肌肉，负责鸟翼下冲程活动，在下冲程起始阶段使肱骨向前并旋转。胸肌的肌止端在三角肌嵴，使得人们可以直接测量肌肉产生的力。通过每个翼拍循环肌肉收缩和拉伸的距离与力产生的时间可以计算出每个翼拍循环所做的功。通过这种方法可以计算出不同飞行速度下的大部分机械能。

鸽子和欧椋鸟的喙上肌试验表明，这个双羽状的肌肉不仅提供鸟翼上冲程阶段动力，并且在上冲程开始时，对拉后并旋转鸟翼起到重要的作用。

人们对鸽子走路、飞行期间，鸟尾肌肉的肌电图活动进行了研究，得到的结论并不直截了当，因为鸟尾肌肉力产生和复杂的运动学关系仍然不清楚。

欧椋鸟和鸽子的 X 射线显示鸟类许愿骨和胸骨的活动与翼拍循环一致。鸟气囊压力的测量结果与呼吸运动之间的关系复杂。

我们仍远未了解鸟类飞行动力。事实上，我们只是向前了一步，对于大多数重要肌肉的组成和功能有了一个模糊的理解。

第8章

鸟类飞行能量

8.1 引言

鸟类飞行时，翅膀拍击靠肌肉运动。在第 7 章，我们知道了肌肉如何收缩和伸展，为鸟类翼拍循环提供能量。肌肉收缩时，三磷酸腺苷（ATP）分裂为二磷酸腺苷（ADP），为肌肉粗细丝之间的动态连接提供能量。不同的新陈代谢方式不断地为肌肉提供富含磷酸盐的能量供给。复杂的新陈代谢本质上是通过食物的有氧燃烧产生自由能，这个过程中还会产生水和二氧化碳。食物燃烧可能包括血脂、碳水化合物、单一或多种组合蛋白。原则上，鸟类飞行所耗能量可直接由能源燃烧量或者产生的热量推导。间接地，鸟类能量消耗还可由氧气和二氧化碳的交换量，甚至从产生的水量中推导出。间接计算的方法似乎更容易实现些。大多数情况下，我们不能精确知道鸟类有氧燃烧消耗的是哪种物质，更不用说在这个燃烧过程中获得的能量了。

本章我们介绍鸟类飞行的能量消耗情况，并计算和测量能量消耗值。本章提供多种计算方法做指导。应注意的是，所有的计算数据都是估计值。试验室测量数据的误差与野外测量中不确定性因素引起的误差从本质上是不同的。各种严格估计的计算方法，其结果或多或少可以被采信。在第 9 章，我们利用这些严格估计值来获得鸟类能量消耗的趋势并构建含预测值的经验方程。现在，鸟类前行和翼拍循环能量消耗的数量级可通过一些主要的决定性因素获得。鸟类机动或者有技巧的断续飞行肯定会影响能量消耗水平，但是影响多少，尚缺乏相关数据。

能量或者做功的国际单位是焦（J），它表示将1牛（N）重物提升1米（m）所做的功或者消耗的能量。对很多读者来说，过去书籍中常用的能量单位卡路里（cal）可能更熟悉。1卡路里是指将1克（g）的水温度由14.5℃上升到15.5℃所需的热量。国标标准中采用国际单位焦，但是应当记住，1卡路里等于4.2焦（Pennycuick的文献《生物学和力学单位转换因子矩阵》中常用此转换公示）。国际标准中，飞行时能量消耗速率用瓦特表示（W），单位相当于1焦/秒（$J \cdot s^{-1}$）。

很明显，通过可以提供鸟类体重减少量来计算飞行能量消耗值，并且已经有多人尝试这种算法。下面将总结这些算法，讨论它们的可实现性，选出最可信的算法。

尽管在野外测量氧气和二氧化碳的试验数据也很难，但是这两种气体作为能量转换的指标仍然被广泛应用。野外测量中，自然条件差异极大。鸟类会采用各种飞行技巧节约能耗来应对不同的飞行环境。野外测量数据通常包含鸟类休息、起飞、降落以及其他的飞行动作。但是，对于每一时刻，不可避免地存在多种误差，因此对于飞行能量消耗没有单一的定义。因此，每一个与飞行能量消耗指标和更复杂的相关研究文献都带有主观色彩。

心率也是运动水平的指标，当建立起氧气消耗量与二氧化碳产生量关系方程时，心率也可以作为飞行能量消耗的指标。

在风洞试验中，鸟类匀速飞行，尽管一些鸟类会使用有技巧的断续飞行模式。这种非自然条件可能影响测量结果，但是直接接触鸟类是非常危险的。为了收集鸟类的呼吸气体，人们用过各种隐蔽手段，大致列举如下：

试验中，为了测量飞行过程中的能量转换，人们巧妙地使用过氢、氧和碳的重稳定同位素，还包括海洋鸟类。每一种测量结果都会给出相应测量方法的解释和概述。

尽管大部分的研究集中在鸟类前向飞行的热力学，但是也有针对蜂鸟（一种太阳鸟）悬停飞行的研究。悬停飞行是指鸟类针对地面定点飞行，看起来更易测量呼吸数据。下面会介绍科学家们试验测得的可信数据。

表8.1所列鸟类能量消耗测量数据是可信的。

表 8.1　前向扑翼飞行的能量消耗数据

种类	体重 /g	飞行能量消耗/W	测量方法	飞行速度 /(m·s⁻¹)	飞行时长	滑翔比/%	数据源
紫耳绿鸟	5.5	1.82	R, W	11	1~8 min		Berger (1985)
巴勒斯坦太阳鸟	6.2	1.64	C, I		2 min		Hambly, et al. (2004)
紫耳亮鸟	8.5	2.46	R, W	11	1~8 min		Berger (1985)
松鹎	12.5	3.03	M, F	15	56 min	0	Dolnik, Gavrilov (1973)
灰沙燕	13.7	1.6	D, F		12.7 h	21	Westerterp, Bryant (1984)
斑马雀	14.5	2.24	C, I		2 min		Hambly, et al. (2002)
谷仓燕子	17.3	1.34	M, F		>2 h		Lyuleeva (1970, 1973)
白腹毛脚燕	17.8	1.01	D, F			54	Hails (1979)
谷仓燕子	19.0	1.30	D, F				Hails (1979)
谷仓燕子	19.0	1.62	D, F	11			Turner (1982a, b)
白腹毛脚燕	19.7	1.08	M, F		>2h	54	Lyuleeva (1970, 1973)
苍头燕雀	22.3	4.51	M, F	15	56 min	0	Dolnik, Gavrilov (1973)
花鸡	23.2	4.6	M, F	16	52 min	0	Dolnik, Gavrilov (1973)
画眉夜莺	24.7	1.75	M, W	7.9	15 min	0	Kvist, et al. (1998)
画眉夜莺	26	1.91	M, W	10	12 h	0	Kllaassen, et al. (2002)
红腹灰雀	29.5	5.60	M, F	14	60 min		Dolnik, Gavrilov (1973)
隐士画眉	30	4.3	D, F	13	7.7 h		Wikelski, et al. (2003)
鹦鹉	35	4.12	R, W	12	0.5~2 h		Tucker (1968, 1972)

续表

种类	体重/g	飞行能量消耗/W	测量方法	飞行速度/(m·s⁻¹)	飞行时长	滑翔比/%	数据源
普通褐雨燕	38.9	1.8	M, F		>2 h	70~80	Lyuleeva (1970)
海燕	42.2	1.82	D, F		2~4 d	0	Obst, et al. (1987)
紫崖燕	50	4.1	D, F	8	4~4.8 h		Utter, Lefebvre (1970)
粉红椋鸟	71.6	8.05	D, W	11.1	>6 h		Sophia Engle, 个人交流
欧洲椋鸟	73	9.0	R*, W	16		17	Torre-Bueno, LarRochelle (1978)
欧洲椋鸟	77	10.5	D, F	14	3.5 h		Westerterp, Drent (1985)
欧洲椋鸟	89	12	R, W	9.9	12 min		Ward, et al. (2001)
红腹滨鹬	128	13.5	D, W	15	6~10 h		Kvist, et al. (2001)
红隼	180	13.8	B, I	9	49 d	30	Masman, Klaassen (1987)
乌燕鸥	187	4.8	D, F	10	8~23 h	5~25	Flint, Nagy (1984)
红隼	213	14.6	D, F	8	2~5 h		Masman, Klaassen (1987)
水鸭	237	13.2	M, W	11.5	15 min	0	Kvist, et al. (1998)
渔鸦	275	24.2	R, W	11	15~20 min		Bernstein, et al. (1973)
笑鸥	277	18.3	R, W	12	20~30 min		Tucker (1972)
斑尾塍鹬（雄）	282	17.8	M, F	16	>24 h		Piersma, Jukema (1990) Lindstrom, Piersma (1993)
笑鸥	322	26.3	R, W	13	20~30 min		Tucker (1972)
斑尾塍鹬（雌）	341	24.2	M, F	16	>24 h		Piersma, Jukema (1990) Lindstrom, Piersma (1993)

续表

种类	体重/g	飞行能量消耗/W	测量方法	飞行速度/(m·s⁻¹)	飞行时长	滑翔比/%	数据源
鸽子	394	31.9	D, F	17	7~8 h		Lefebvre (1964)
鸽子	394	33.1	M, F	17	7~8 h		Lefebvre (1964)
鸽子	425	34.1	R, F	19	3 h		Plous (1985)
鸽子	442	26.8	R, W	10	10 min		Butler, et al. (1977)
白颈渡鸦	480	32.8	R, W	11	30 min		Hudson, Bernstein (1983)
红脚鲣鸟	1 001	24.0	D, F		5~28 h		Balance (1995)
黑雁	2 100	102	H, F	14~20			Ward, et al. (2002)
南非鲣鸟	2 580	81	D, F		1 d		Adams, et al. (1991)
棒头鹱	2 600	135	H, F	16~21			Ward, et al. (2002)
黑背信天翁	3 064	24	D, F		3 d		Pettit, et al. (1988)
北鲣鸟	3 210	97	D, F		4~11 h	0	Birt-Friesen, et al. (1989)
黑眉信天翁	3 580	22	H, F	8	9 d	91	Bevan, et al. (1995)
灰头信天翁	3 707	28	D, F		3~4 d	97	Costa, Prince (1987)
巨鹱	3 885	68	D, F			76	Obst, Nagy (1992)
漂泊信天翁（雌）	7 300	31	D, F		3~9 d	97	Adams, et al. (1986)
漂泊信天翁（雄）	9 310	45	D, F		2~8 d	97	Adams, et al. (1986)
漂泊信天翁（雌）	9360	43.8	D, F	5	4~7 d	97	Arnould, et al. (1996)
漂泊信天翁（雄）	10 740	38.1	D, F	5	4~9 d	97	Arnould, et al. (1996)

▋ 8.2　体重减少量估计法

人们首次测量飞行能量消耗要追溯到 20 世纪 50 年代。那时，用鸟类飞行后的体重减少数据似乎是一种可行的方法。Nisbet（1963）总结了 1963 年以前收集的数据。人们已经收集了假设鸟类长途不间断飞行后停留时的体重数据。对于一些鸟类，有数以百计的测量试验数据，在其他情况下，仅有很少的数据可用。在这些研究中，主要的问题是缺少起飞前和飞行中的体重数据。雀鸟类飞过一大片水域时，由于没有着陆点，通常被视为满足长途不间断飞行状态条件。精确的飞行距离和飞行时间通常不清楚。在一些研究中，雷达观测可以提供进一步的信息。通常不考虑风力情况和飞行高度。在少数情况下，迁徙鸟群之外的一些鸟儿可以测量到出发前的数据，但是在终点时很难抓回同一只鸟。飞行能量消耗的计算用每单位飞行时间体重减少量来表示，标准的较大偏差影响很大。在一些情况下，只考虑几种鸟类标本。在这些研究中，研究的鸟类包括戴菊莺、欧亚鸲、黑顶白颊林莺、鸥和北美歌雀。

8.2.1　早期研究

早期的鸟类体重减少量研究基于夜行鸟儿的悲剧：发光塔、亮灯的房子和其他高建筑对夜行鸟儿形成了极大威胁。例如，Graber 和 Graber（1962）收集了伊利诺伊州电视塔上死伤的鸟儿，Hussel（1969）和 Hussel、Lambert（1980）研究了伊利湖附近发光塔前的受害鸟儿。他们收集了整晚死伤的鸟儿，发现对每种鸟类似乎存在一个平均体重减少量。美国很多论文中都有相关数据，其假设条件是：所有鸟儿同一时刻从未知距离的远处飞来，并且在凌晨 4∶00 撞上发光塔的鸟儿比凌晨 1∶00 撞上的鸟儿多飞行了 3 h。飞行能量消耗是指计算得出的体重减少率。在所有的案例中，得到的结果并不精确。例如，Hussel（1969）的 80 只 veeries 体重减少数据测量于 1965 年 5 月 6 日至 7 日晚 23∶00 和 00∶30 至 3∶30 中的每小时。得出的平均体重减少量为 32.3 g，32.3 g，31.0 g，30.6 g 和 30.8 g。23∶00 时最重的鸟儿达 37 g，在 1∶30 收集到的 13 只鸟中最轻的为 25.7 g。每一个样本值数据严重重叠，并且没有合适的数据证明确实存在一种趋势。这些飞行能量消耗数据不可信的其他原因就很明显了。假设条件中鸟儿同时起飞缺乏证据支持，我们也不知道那些不同时刻死去的鸟儿起飞时体重是否相同；也没有证据表明鸟儿从未知位置飞过来时的飞行环境相同；收集死伤鸟儿的时刻往往不是鸟儿撞上障碍物的时刻；提供的数据不能证明那些被抓住的鸟跟它体重相关的概率有多大。因此利用这些数据得到的飞行能量消耗通常不推荐使用。

　　不是所有的早期飞行能量消耗研究都没有用。Neringa Spit 是一条窄沙丘带，是鸟类日间频繁迁徙的路线。Neringa Spit 长约 100 km，宽 0.7~3.5 km，被树木和灌木覆盖，将 Gourlandic Haff 与波罗的海分离（图 8.1）。在它的两端，人们设陷阱抓鸟，测量并发布鸟儿飞行 50 km 时的能量消耗，在这 50 km 中，环境是可监控的。在平静天气条件下，小型鸟类飞过这段距离需要不间断飞行 1 h。无风条件下，每种鸟类的平均飞行速度都可以计算。人们测量了大量的鸟儿飞行前后体重体脂的数据。在中途监控点之间，风向和风速是可测量的，假设沿 Spit，风速和风向不变且与监控点相同。风的数据被用于净空气相当距离的计算。表 8.2 列出了相关数据。

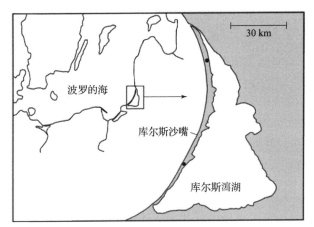

　　图 8.1　Gourlandic Haff，基于 1987 年 8 月的卫星地图（Beekman，et al.，1994）。陷阱位置如图中黑点所示（**Dolnik，Blyumental，1967**）。**Neringa Spit** 是海滩、沙丘和森林的发际线，将 **Haff** 与波罗的海分离。传说很久以前，一个女巨人 **Neringa** 帮助渔民战胜了暴风雨。她用一围裙的沙子创造了一个沙丘，在北部留了一个狭窄的小缝隙。迁徙的鸟儿将它当作一个捷径，或者在南北迁徙时，它们会沿着海岸线飞行

表8.2 飞行50 km的小型鸟类平均体重减少量和飞行成本测量数据 (Dolnik，Gavrilov，1973)

种类	飞行速度/(km·h⁻¹)	初始样本数/只	初始平均体重/g	结束样本数/只	结束平均体重/g	平均体重减少量/g	平均飞行能量消耗/W
苍头燕雀	52.2	1 623	22.7	3 452	21.9	0.8	4.5
花鸡	57.6	89	23.5	325	22.8	0.7	4.6
松鹀	54.0	284	12.7	233	121.3	0.4	3.0
红腹灰雀	50.4	8	29.9	6	29.1	0.9	5.6

假设体重减少的等效能量消耗为25.3 kJ·g⁻¹。表中所列数据基于1 288只苍头燕雀，在50 km飞行距离中的脂肪/体重减少量比。纯脂肪消耗能够提供39.8 kJ·g⁻¹能量。一般情况下，苍头燕雀超过63%的体重减少是脂肪。假设无其他物质消耗情况下，这些脂肪提供了表中25.3 kJ·g⁻¹的能量。很明显，体重减少的等效能量消耗不简单等于25.3 kJ·g⁻¹，还需考虑方框8.1中的"飞行燃料"。应当相信，表8.2中的样本苍头燕雀、花鸡和松鹀，其大小足够获得合理的数据。红腹灰雀的高成本价值，使得它作小尺寸样本时需谨慎处理。

Lyuleeva（1973）在20世纪60年代早期也在Neringa Spit开展了白腹毛脚燕、家燕和普通褐雨燕飞行能量消耗测量试验。这类鸟的飞行能量消耗试验产生了额外的问题：它们是空中捕食者。它们很可能在飞行过程中进食。Lyuleeva将它们从巢穴中抓出，在距离其巢穴南部40 km或70 km处释放。为了确保鸟儿在路上不会补充能量，她用线穿过鸟儿鼻孔，并将鸟喙缠住。鸟儿在释放前被禁食3 h以清空肠道，这种方法可以防止在试验过程中鸟儿排便。试验可以得到再次被抓的鸟儿体重减少量，其他的鸟儿要么挣脱了鸟喙上的线终获自由，要么死于饥饿。鸟儿从释放到被再次抓住的时间跨度很大，为2~18 h，飞行速度无法测量。其中一只白腹毛脚燕在释放后33 h被找到，处于麻木状态。它的体重为14.2 g，减轻了5 g。Lyuleeva观察此鸟的情况如下。

它的翅膀能够微微晃动。尽管它的体重没有减重过多，还未达到极值，但是在一段时间后，它还是死了。这个案例表明，体重减少过多，以及鸟儿长时间的禁食导致了鸟儿的麻木和随后的死亡。

表 8.3 的平均体重减少率当然也不含这只鸟的数据。

表 8.3 Lyuleeva（1970）的三种鸟飞行数据

种类	样本 数量/只	平均 体重/g	平均体重 减少量/（g·h^{-1}）	飞行能量 消耗/W
白腹毛脚燕	8	19.7	0.19	1.1
谷仓燕子	8	17.3	0.24	1.3
普通褐雨燕	4	38.9	0.32	1.8

Lyuleeva 所用的能量等效为：谷仓燕子 20.1 kJ·g^{-1}，白腹毛脚燕 20.7 kJ·g^{-1}。这些数据基于 Kespaik（1968）的耗氧量测量数据。为获得鸟类快速飞行能量消耗，Lyuleeva（1973）将普通褐雨燕的能量等效假设为家燕和苍头燕雀的平均值。

Lyuleeva 缠住了鸟儿的鸟喙，排除了基于体重减少量的飞行能量消耗试验中食物摄取的干扰项。鸽子是不在空中进食的，但是它臭名昭著的是随处大便。因此，为了获得准确的体重减少量数据，Pearson（1964）将它们排泄口密封起来长达 3~6 h。鸽子会在屋顶盘旋数小时，既不翱翔也不做特技飞行。起飞时平均体重为 254 g，体重为 221~293 g。5 只鸽子在着陆后被直接击毙（鸟体中的弹丸重量也在考虑范围）。体重减少量为 1.969~3.95 g·h^{-1}。Pearson 假设鸽子的所有体重减少量均为脂肪消耗，能耗当量为 39.6 kJ·g^{-1}。如果情况属实，当平均体重减少速度为 3 g·h^{-1} 时，飞行能量消耗在 21.5~43 W，平均值为 33 W。该部分有个有趣的数据：一只体重为 419 g 的鸽子以平均地面速度 56 km·h^{-1} 的速度从雷丁到加利福尼亚州的马丁内斯飞行 5 h。该鸟的泄殖腔没有密封，体重减轻 39.1 g，仅脂肪消耗的情况下飞行能量消耗为 86 W（是最轻的 tippler 鸟的 2 倍）。这些早期的鸽子数据没列在表 8.1 中，但应当引起足够重视。

8.2.2 长途飞行脂肪消耗研究

斑尾鹬春季迁徙时，从毛里塔尼亚的巴克达·阿让到中转点荷兰瓦登海。

Piersma 和 Jukema（1990）收集了多年的大量数据，得到了雄性和雌性鸟的平均体重减少量，能够计算出飞行能量消耗。当它们离开两天后，4月25日，离开时平均体重为350 g的雄鸟体重先以每天2.8 g的速度增长；离开时平均体重为430 g的雌鸟，体重以每天3.2 g的速度增长。抓捕过程中不幸伤亡的鸟儿被测量了脂肪含量（单独的脂肪或者跟体重相关的均被测量）。人们只能得到一个鸟群雄性和雌性鸟的平均数，因为你不可能两次杀死同一只鸟。Lindstrom 和 Piersma（1993）研究鸟儿起飞前的脂肪数据发现：雄性鸟类增加的体重中64%是脂肪，雌性鸟类增加的体重中67%是脂肪。在终点荷兰抓住的同一群鸟显示：雄鸟体重减少量平均值为136 g，雌鸟体重减少量平均为178 g。假设鸟儿飞行前后体内脂肪与非脂肪比不变，飞行能量消耗可通过一系列进一步的假设条件计算得出。平均阵风条件下显示鸟儿愿意在不同高度飞行，最高高度可以达到5.5 km，在5.5 km高空，顺风平均风速为18 km·h^{-1}。测试中，斑尾鹬对空速率为57 km·h^{-1}，因此斑尾鹬对地速度为75 km·h^{-1}。迁徙中最好的路线为沿最短路线（大圆圈）飞行，此路线约4 300 km，有证据表明鸟儿确实是沿此路线飞行的。鸟儿若以75 km·h^{-1}的速度飞行，此路线需要飞行57.3 h。Piersma 和 Jukema 进一步假设脂肪燃烧产能39.4 kJ·g^{-1}，且无脂肪的身体组织含75%的水分，产能5.1 kJ·g^{-1}。若所有假设条件为真，雄斑尾鹬飞行能量消耗为17.8 W，雌斑尾鹬飞行能量消耗为24.2 W。

8.2.3　体重减少量法的风洞试验

隆德大学曾建立了一个大型风洞用于开展可控飞行条件下的长距迁徙飞行能量消耗研究。风洞的设计和建造由两位卓越的鸟类飞行专家 Tomas Alerstam 和 Colin Pennycuick 监督。Tomas Alerstam 的主要研究领域为鸟类迁徙，Colin Pennycuick 的研究兴趣为鸟类飞行的物理和生物特性。Klaassen 等（2000）曾计算过一种叫"布鲁"的画眉夜莺的8次飞行试验的能量消耗情况。其中，7次飞行试验鸟儿持续不断飞行12 h，1次试验鸟儿持续不断飞行16 h。飞行速度恒定为10 m·s^{-1}，用新陈代谢能量消耗来衡量飞行能量消耗。布鲁的食物为黄粉虫，黄粉虫含44%的脂肪和56%的蛋白质。12 h的飞行试验中，布鲁从测试前的初始体重 27.82 g 平均减轻了 3.82 g。每次 12 h 试验后，布鲁需要 3 天时间完全复原，将体重恢复到初始体重。这 3 天的能量摄取减去能量消耗可视为等于试验期间的飞行能量消耗。试验结果得出每克飞行能量消耗的新陈代谢当量为 21.6 kJ。26 g 的鸟儿在 12 h 试验飞行中产生的平均飞行能量消耗为 1.91 W。

　　布鲁也参与了隆德大学的另一项试验研究：Kvist 等（1998）测试了不同飞行速度下的体重减少量速率。布鲁是两只平均体重为 25 g 的画眉夜莺中的一只。一只体重为 237 g 的普通水鸭也参与了本次试验。飞行期间，水鸭的泄殖腔用疏水绵覆盖并粘上胶带以避免排泄造成体重减少。画眉夜莺在飞行期间的排泄物被排除在结果之外。计算体重减少量转换为能量时用了两种复杂的方法（方框 8.1 介绍了转换方法的基本内容）。画眉夜莺试验中假设它们体温中等，没有水分蒸发。假设鸟身体内的水分含量保持恒定。试验计算出画眉在 7.9 m·s⁻¹ 速度飞行时，飞行能量消耗最小为 1.7 W。水鸭的假设条件不同，水鸭热负荷为自身 10 倍大，因此必须靠水分蒸发来维持体温恒定。运用相应模型计算不同飞行速度 10 ~ 15 m·s⁻¹ 下的体重减少量，得出在速度为 11.5 m·s⁻¹ 时，能量消耗最小，飞行能量消耗为 13.2 W。

方框 8.1　飞行燃料

　　蛋白质、水和碳水化合物的氧化过程产生如 ATP 的高能化合物。这些高能化合物是飞行燃料，在飞行期间能够产生力和热（方框 7.1）。不同基质、单位质量基质提供的能量不同，产生的水、二氧化碳不同，耗氧量不同。呼吸熵（RQ）为耗氧量和生成的二氧化碳的比值，每种情况各不相同。表中所列数据只是近似的，因为该数据取决于物质的化学成分组成和基质燃烧的复杂过程的精确路径。原则上，飞行成本的测量应基于体重变化量、耗氧量和二氧化碳产生量，甚至是产生的热量。若运用体重减少量法，过程中产生和消耗的水量是一个重要影响因素。应当注意耗氧量的能量当量与三种物质密切相关。用二氧化碳产生量作能量消耗的自变量时，需要更精确地评估代谢基质的分解代谢过程。

　　针对家雀和黄头小山雀的精确呼吸熵测量数据反映了三个重要的方面（Walsberg, Wolf, 1995）：

　　（1）不论食物源是什么，笼中之鸟在进食后的几个小时内呼吸熵变化极大；

　　（2）对于给定食物源，呼吸商不简单反映为期望值（给家雀喂小米或餐虫，给黄头小山雀喂餐虫）；

　　（3）呼吸熵可能低于 0.71，反映二氧化碳的非肺消耗。

续

基质	能量	二氧化碳		氧气		呼吸熵
	$kJ \cdot g^{-1}$	$L \cdot g^{-1}$	$kJ \cdot L^{-1}$	$L \cdot g^{-1}$	$kJ \cdot L^{-1}$	
脂类（脂肪）	39.7	14.3	27.8	2.01	19.8	0.71
蛋白质	17.8	0.70	25.4	0.95	18.7	0.74
碳水化合物	16.7	0.80	20.9	0.80	20.9	1.00
未知混合基质的通用数据					20	0.79

更早期的论文作者 Klaassen 也曾参与到我们试验室"风洞"无风条件下的红隼食物平衡试验。第 6 章已经介绍了如何利用我们学院的 142 m 长走廊，让受训的红隼在驯鹰师的两只手套间上下飞行。走廊是无风的，红隼以自己的速度飞行，全程电子化记录（见第 6 章）。Masman 和 Klaassen（1987）研究了 3 只红隼（1 只雄性、2 只雌性）每日受训飞行 20 km 期间的食物平衡。他们记录了红隼每日的能量摄取，通过排泄得出能量消耗以及体重变化。当红隼不飞行时，就把它们放在呼吸计里。包含起飞和降落速度，红隼平均飞行速度为 8.7 m·s^{-1}（Videler，et al.，1988）。这 3 只红隼的平均体重为 180 g（±14 g）。飞行期间能量消耗为 13.8 W（±3.1 W）。这个数据可直接与红隼的飞行能量消耗野外试验数据对比，野外试验中利用氧元素和氢元素的稳定转换原理测量氧气消耗和二氧化碳产生量（见 8.5.1 节）。

■ 8.3　呼吸速率试验法

氧气消耗和/或二氧化碳产生量也是测量飞行能量消耗的潜在工具，尽管这种方式也存在很多的问题。我们的很多试验中能看到这种方法的应用。Teal（1969）的数据被广泛使用。认真研究这些数据非常重要，因为 Teal 的数据包含了 13 种鸟类数据，这些统计数据在异速飞行能量消耗测量方面非常优秀。呼吸气体测量受样本所困。Teal 的试验中，鸟儿在一个直径 0.6 m、长 11 m 和直径 1 m、长 17 m 的聚乙烯塑料管道中飞行。通过交替点亮管道末端的栖息地，诱导鸟儿在管道中来回飞行。通过手动测量鸟儿在栖息地间持续飞行的时间可以算出飞行速度。通过鸟儿飞行时与休息时的二氧化碳浓度增加量可以得到二氧化碳释放量。在大多数飞行中，二氧化碳释放量为 $40 \sim 77 \, mL \cdot g^{-1} \cdot h^{-1}$。Teal 假设二氧化碳/氧气比（呼吸熵）等于 0.8，得出每产生 1 mL 二氧化碳能提供 24.8 J 能量。通过这种方式得到的平均飞行能量消耗为 $0.34 \, W \cdot g^{-1}$，远超其他测量方式得到的结果。这种测量方法可能的问题是鸟儿没有按规定正确飞行。鸟儿在局限的空间和太短的飞行距离内产生了异常行为。例如，试验中的每一种鸟在试验中的飞行速度仅为它们各自典型飞行速度的 1/2。鸟儿起飞、缓慢飞行、降落和漂移等对飞行能量消耗的影响非常大。在自然环境鸟类飞行能量消耗研究中，我们不使用这些数据。

对于不在固定的容器中自由飞行的鸟儿，直接测量呼吸气体交换量或者在风洞中测量都是非常不易的。Berger 等（1970）让美国黑鸭和环嘴鸥的鸟喙上戴上乳胶橡胶面罩来测量所收集气体中的氧气含量 [图 8.2（a）和（b）]。鸭子的面具有一个进气阀和一个出气阀，并且在呼出气流系统中安装了氧气电极。一些小鸟的面罩只有一个出口，通过这个出口，空气经由氧气电极之外的长长的聚乙烯管道吸入。这个不易描述，对其他鸟类而言，飞行可能受到电极线和管道长度抑制。不管怎样，试验时间很短，仅有 7 ~ 5 s。试验结果：体重为 1 026 g 的鸭子飞后喘气 8 s，能量消耗速率为 7.8 W；59.3 g 的 evening grosbeak 能量消耗为 11.1 W；体重为 42.7 g 的环嘴鸥能量消耗为 21.6 W。这组试验数据揭示了受惊鸟儿想要逃离的短时飞行结果，可能不是我们想要计算的飞行能量消耗。

公开发表的还有收集野外自由飞行鸟儿呼吸气体的试验。Plous（1985）放飞了 17 只体重在 400 ~ 500 g 的鸽子，进行了 4 000 次试验，路径总长超过 200 km。鸽子通过面具上的阀喘气，阀通过一段细小的聚乙烯管道与置于鸽子尾巴前面肚皮下面的悬空气体收集袋连接。袋子以固定的时间间隔关闭或喷出气体。这套装置自重 4 g，迎风飞行阻力影响小于 $0.28 \, m \cdot s^{-1}$（$1 \, km \cdot h^{-1}$），可能产生 2% 的飞行能量消耗。鸽子起飞时呼吸熵是 0.91，飞行 10 min 后达到 0.86。在风速小于 $0.2 \, m \cdot s^{-1}$ 的平静天气下，鸽子在它们的居住领地上方成群飞行。测试者测量到鸽子的飞行速度约为 $19 \, m \cdot s^{-1}$（通过鸽子飞过固定距离的里程碑时间计算得出）。这种试验方式得到：体重为 425 g 鸽子的飞行能量消耗为 34.8 W。

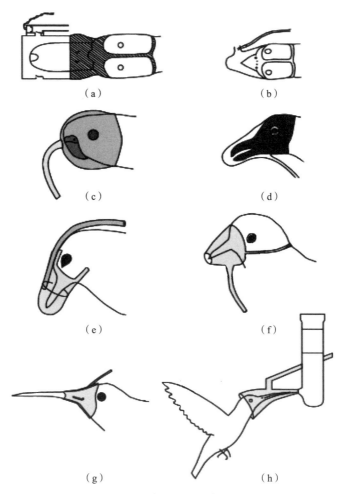

图 8.2 风洞试验中使用的呼吸面罩

（a）美国黑鸭；（b）evening grosbeak（Berger, et al. 1970）；（c）鹦鹉；（d）笑鸥（Tucker 1968, 1972）；（e）鸽子（Butler, et al. 1977）；（f）鸽子（Rothe, et al. 1987）；（g）绿紫耳（Butler, 1985）；（h）灰喉蜂鸟（Berger, Hart 1972）

8.3.1 心率测试法

心率能够反映氧气消耗情况，但是二者之间的关系因个体而异。这种测量方法被用于黑眉信天翁、黑雁和棒头鹅。黑雁每年 9 月从南斯匹次卑尔根岛飞往苏格兰，全程约 2 400 km。Butler（1998）等的试验中，两只雄黑雁特别适合记录心电图，飞行开始前它们的平均心率为每分钟 317 次，飞行结束后为每分钟 226 次。

在一次风洞试验中，Ward 等（2002）发现黑雁以 14~20 m·s^{-1} 速度飞行时，棒头鹅以 16~21 m·s^{-1} 速度飞行时，氧气消耗量（通过面罩测得）和心率均存在线性关系。心率与氧气消耗确实与速度无关。这个线性关系使得人们可以用两种鸟儿的心率（分别为每分钟 423 次和每分钟 434 次）直接计算耗氧量而不用再给鸟儿戴面罩飞行。基于耗氧量计算的能量消耗值：体重 2.1 kg 的黑雁能量消耗值平均为 102 W，体重 2.6 kg 的棒头鹅平均为 135 W。这些数据列于表 8.1 中。在鸟类迁徙时测量到的心率不切实际的低，因此不能准确反映能量消耗水平。

信天翁是个极限旅行爱好者，以能够在大风环境下翱翔而闻名。可查的数据有三个南极洲和一个热带鸟的飞行能量消耗数据。Bevan 等（1995）利用遥测的黑眉信天翁心率数据计算出了其飞行能量消耗。Bevan 等（1994）通过让鸟儿在跑步机上行走，建立了心率与飞行能量消耗之间的比较可靠的关系。人们对南乔治亚鸟岛群中的 25 只平均体重为 3.58 kg 的鸟儿开展了野外试验，包含孵化期、孵卵期和哺育小鸟期的试验。试验中，植入鸟儿腹部凹陷处的数据记录仪记录了心电图和温度数据。鸟儿平均被释放 23 天后会被再次抓住，数据记录仪也将取下。其中 5 只鸟儿的数据记录仪数据可以得出觅食飞行能量消耗，盐水开关决定了鸟儿在海边的休息时间。生殖阶段能量消耗从 4.63 W·kg^{-1} 增加到 5.8 W·kg^{-1}。飞行期间（69% 的时间在海上）的飞行能量消耗为 6.2 W·kg^{-1}。这个数据从统计上区分于已得出的浮在水面上的能量消耗 5.8 W·kg^{-1}。这两个数据都是基础代谢 3.1 W·kg^{-1} 的 2 倍。

■ 8.4 风洞气体交换法

风洞试验能够实现让鸟儿在一个点以不同速率飞行。然而，训练鸟儿在风洞中飞行却非易事。受限于空间，气流可能不稳定，送风机的发动机噪声巨大。为了不让鸟儿落地还会使用带电的区域或电网。飞行能量消耗的测量可以通过直接对风洞中的空气成分进行分析获得，也可以通过给鸟儿戴面罩连接开放的管道获得。试验中温度可控。飞行能量消耗随速度变化。本章我们将集中讨论较大速度范围的飞行能量消耗。

　　Tucker 在 1968 年和 1972 年发表了两篇关于鹦鹉和笑鸥飞行能量消耗的代表性文章。鹦鹉是从当地宠物市场买来的，养在一个小笼子里（22 cm × 26 cm × 40 cm）。风洞也很小，工作区长 30 cm，测量直径 30 cm。如图 8.2（c）所示，透明面罩戴在鸟的头部，在头部后方用橡皮筋扎住。面罩前方连接一个活动管道。整个装置重 1.48 g。通过管道收集呼吸气体。空气从后方进入面罩内部。当撤掉风洞中鸟儿栖息地时，鸟儿开始飞行。鹦鹉需要几个小时能够学会规律飞行。当风洞中鸟儿栖息地放回时，鸟儿停止飞行。经过 6 周的训练，鸟儿能够飞行 20 min 或更长。飞行速度范围在 19 ~ 48 km · h^{-1}（5.3 ~ 13.3 m · s^{-1}）。试验时飞行温度 23℃，鸟儿平均体重 35 g，在最低飞行速度和最高飞行速度时，耗氧速率分别为 32.5 mL · g^{-1} · h^{-1} 和 34.2 mL · g^{-1} · h^{-1}。当速度为 9.7 m · s^{-1}（35 km · h^{-1}）时，耗氧率达到最低值，为 21.9 mL · g^{-1} · h^{-1}，是休息时耗氧率的 13 倍。试验测量得到呼吸熵为 0.78，说明氧气消耗时产生能量为 20.1 J · mL^{-1}。在早期的文献（Tucker，1968）中，由面罩和管道的拖拽影响产生的系统误差未校正。这个问题在 Tucker（1972）的文章中得到校正，校正后结果为在速度为 9.7 m · s^{-1}时飞行能量消耗最低为 3.67 W，在最大速度 11.7 m · s^{-1}时飞行能量消耗为 4.12 W。

　　Tucker 在 4 m 高、6 m 长、6 m 宽的笼子中养了两只驯化的笑鸥。笑鸥的翼展长约 0.78 m，被训练得可以在 1.4 m 试验风洞中飞行。试验中，鸟儿飞行 30 min 或更长时间。耗氧量和二氧化碳产生量通过鸟头紧紧佩戴的面罩（重 4.4 g）和管道（重 6 g）收集的呼吸气体测量，如图 8.2（d）所示。整个风洞沿横轴向下倾斜 15°，用于补偿由面罩和管道拖拽造成的误差。戴面具飞行导致鸟儿的翼拍频率较未戴面具时高出约 3.8 Hz。鸟儿飞行时呼吸熵为 0.74（休息时为 0.70），假设单位耗氧量的飞行能量消耗为 20 kJ · L^{-1}。Tucker 展开了两组试验。鸟儿飞行速度为 10.8 m · s^{-1}，温度范围为 25 ~ 35℃，观测鸟儿体重对飞行能量消耗的影响。试验中，鸟儿体重为 328 ~ 420 g。结果显示，飞行消耗随体重增加到 0.325 的幂。这个数据用于校正鸟儿在一系列不同速度试验中微小的体重变化产生的影响。试验得到了两组数据结果，一组数据是体重 277 g 鸟儿的

（含面罩和管道重量），一组数据是体重 322 g 鸟儿的（含面罩和管道重量）。体重为 322 g 鸟儿以 8.62 m·s⁻¹ 速度飞行时，飞行能量消耗最低为 18.9 W；体重为 277 g 鸟儿以 8.64 m·s⁻¹ 速度飞行时，飞行能量消耗最低为 15.0 W。不同体重的鸟的最大飞行速度均为 12.5 m·s⁻¹，能量消耗最轻为 19 W，最重为 23.2 W。

随后，运用相同的风洞和面罩装置，Bernstein 等（1973）研究了鱼鸦的飞行能量消耗，Hudson 和 Bernstein（1983）研究了白颈渡鸦的气体交换和飞行能量消耗。40% 平均体重为 275 g 的成年鱼鸦在轻度电击的情况下可以 7~11 m·s⁻¹ 的速度稳定飞行 15~20 min，飞行温度环境随高度分别下降 2℃、4℃和 6℃。由于某些原因，鱼鸦能够水平飞行的距离太短以至于无法测量，因此水平飞行数据需要根据不同的下降速度来推算。鱼鸦飞行方式有翼拍飞行，也有翼拍飞行/滑翔组合方式。鸟儿的耗氧量跟速度关系不大，但是随降落角度增大而增加。假设鸟儿的呼吸熵为 0.8，这个假设没有什么争议，因为只有 2% 的鸟儿呼吸熵为 0.7，2% 呼吸熵为 1，在飞行能量消耗测量能引起的误差仅为 4%。作为速度的函数，水平飞行能量消耗并不是 U 形曲线，而是随速度的增加呈线性下降趋势，在速度 11 m·s⁻¹ 时达到最小值 24.2 W（这是 Tucker 1972 年考虑面罩和管道影响因素后得到的数据）。

在新墨西哥州有 7 只白颈渡鸦（也称白颈鸦）从小被抓。它们在室外 4 m 宽、8 m 长、3 m 高的鸟舍中长到 2~3 岁成年，成年后体重平均为 480 g。无须电击就可以训练它们在风洞中飞行。试验通常一天两次或者更多，每次 10~30 min。呼吸熵为 0.77（平均值，n=73）。为补偿面罩和管道影响，设定风洞倾斜后的角度为 0°。飞行速度为 8~11 m·s⁻¹，再次印证了耗氧量增加随速度呈线性关系，飞行能量消耗达 32.8 W。

Butler 等（1977）用了一个更大的风洞做试验，该风洞有 24 m 长、2.5 m 宽、2 m 高的测试区间。试验用翼展为 72 cm 的鸽子，鸽子在风洞中的 1.8 m³ 的丝网中飞行。采用面罩收集鸽子呼吸气体，呼吸管道与面罩相连，沿着头部伸向后方，如图 8.2（e）所示。面罩和管道重 18 g，经测试需要 12% 的氧气消耗。试验中，鸽子不仅用于飞行能量消耗研究。飞行中的肌电图、心率、呼吸频率和温度等也要测量。试验中，鸽子只以 10 m·s⁻¹ 的速度飞行。起飞 30 s 后呼吸熵从休息时的 0. 85 上升到 0. 99, 7 min 后呼吸熵达到恒定为 0. 92。耗氧量在最初的 6 min 较高, 之后一直维持一个较低水平。对于一只体重为 442 g 的鸽子, 飞行 6 min 后平均飞行能量消耗为 30. 5 W。去掉面罩和管道消耗的 12% 能量 (基于 Tucker (1972) 的数据), 校正后飞行能量消耗为 26. 8 W。

Saarbrucken 风洞工作区为 1 m × 1 m 见方, 1. 4 m 长。Rothe 等 (1987) 在这个风洞做了赛鸽的一个品种——gripplers 的飞行试验, gripplers 的翼展只有 60 cm, 体重为 300 ~ 350 g (作为鸽子中的赛跑专家, grippler 是 grivuni 和 tippler pigeon 的杂交品种)。试验用面罩采用聚乙烯离心管道, 管道重仅为 0. 7 g [图 8. 2 (f)]。面罩内部足够大, 鸟喙可以在里面张开。气体从前部进入。灵活的硅胶采样管道 (重为 15 g · m^{-1}) 连接在面罩下方, 将采样气体从风洞工作区前部导出。这种管道设计方式带来了以下问题: 管道会在风洞中轻微飘动, 产生误差。Rothe 等指出这种方式可能会使得鸟儿飞行时能量消耗率提高 15% ~ 30%。试验持续超过 1 h。结果显示呼吸熵与鸟儿食物中的碳水化合物/脂肪比、年龄, 以及最后一次进食时间有关。鸽子在开始时消耗碳水化合物, 呼吸熵约为 1, 长时间飞行后改为消耗脂肪, 呼吸熵约为 0. 72。飞行能量消耗数据基于 5 只鸽子的 41 次飞行试验。飞行能量消耗随速度变化而变化, 但是二者关系既不是明显的 U 形曲线, 也不是直线线性关系。最大速度范围在 11 ~ 13 m · s^{-1}。体重平均为 330 g 的 gripple 最好的试验结果为: 稳定自由飞行时, 飞行能量消耗为 25. 4 W (经面罩和管道影响校正后数据), 试验测量飞行能量消耗为 33 W, 是实际飞行能量消耗的 130%。面罩和管道因素的校正可靠性不确定, 因此在表 8. 1 中未列出。

Berger (1985) 测试了蜂鸟在风洞中的水平飞行能量消耗, 他用了一个前面带洞的面罩戴在鸟喙上, 使得鸟儿鼻孔在面罩中。空气经管道吸入, 从面罩顶端流出。周围空气可以经面罩后部进入, 如图 8. 2 (g) 所示。风洞工作区直径 33 cm, 长 65 cm。6 只鸟儿被训练参与试验。这 6 只鸟儿属于两个品种, 即亮紫耳蜂鸟和绿紫耳蜂鸟。当风洞开始吹风时, 鸟儿开始飞行, 当风洞停止吹风时, 它们降落到风洞后方的栖息地。风洞风速达 11. 2 m · s^{-1}。两种蜂鸟速度为 0 (盘旋状态) ~ 8 m · s^{-1}, 耗氧量按照 45 mL · g^{-1} · h^{-1}。当飞行速度为 10. 8 m · s^{-1} 时,绿紫耳蜂鸟的飞行能量消耗最低为 2.07 W，亮紫耳蜂鸟飞行能量消耗最低为 2.79 W（假设耗氧当量为 20 J·mL^{-1}）。在这个系统中，面罩和管道引起的系统误差未校正。按照 Tucker（1972）年的理论，我们假设克服面罩和管道阻力影响所需飞行能量消耗为总飞行能量消耗 12%，那么两种鸟儿实际飞行能量消耗为 1.82 W 和 2.46 W。

外部阻力和鸟儿佩戴面罩的不舒适感削弱了风洞试验的准确性。Torre Bueno 和 LaRochelle（1978）年发现了一种试验方法能够克服这个问题。他们训练欧椋鸟在一个封闭的环形风洞中飞行（风洞 71 cm 宽，40 cm 高，92 cm 长）。鸟儿从风洞上游被扔进去，它们的脚上缠上了胶带，这样试验中它们不易降落。只有 5% 的鸟儿能够在不用追赶的情况下连续飞行超过 90 min。二氧化碳产生量和耗氧量至少测试 90 min，风洞每 15 min 抽空。当采样分析完后，空气又被泵回风洞。风洞中氧气水平不低于鸟儿呼吸所需。30 min 后，平均呼吸熵达到 0.7，意味着开始消耗脂肪了。对 3 只平均体重为 72.8 g 的鸟开展了 72 次飞行试验，试验飞行速度为 8~18 m·s^{-1}。新陈代谢率平均为（8.9±1）W，不随速度变化。翼拍频率维持恒定为（12±0.5）Hz。翼拍振幅随速度显示为 U 形曲线。鸟翼角度从速度 6 m·s^{-1} 时的 130° 下降到 14~16 m·s^{-1} 时的 95°，又上升到 18 m·s^{-1} 时的 125°。鸟儿身体与横轴的倾角随速度的增加呈线性下降关系，从飞行速度 6 m·s^{-1} 时为 30° 到飞行速度 14~18 m·s^{-1} 时为 8°。试验中只有一只鸟儿能够以此速度飞行，试验观察用的机器由羽毛制成，挂在鸟脖子后方。早期试验显示 13.5 m·s^{-1} 是欧椋鸟的最佳飞行速度。欧椋鸟在最大速度为 16 m·s^{-1} 时的飞行能量消耗为 9 W，列在表 8.1 中。

■ 8.5　稳定同位素转换法

测试鸟类能量转换曾用过两种同位素法：双标水法（DLW）和重碳法（HC）。双标水法，研究血液中氢和氧的重同位素浓度。这种技术的详细解释列于方框 8.2 内。重碳法通过注射 NaHCO$_2$，其中 ^{12}C 用 ^{13}C 替代，然后测量二氧化碳中两种碳的浓度（Hambly, et al. , 2002）。

方框 8.2　双标水法测量能量消耗

　　动物消耗食物的有氧过程产生二氧化碳（CO_2）和水（H_2O）。若燃烧基质已知，新陈代谢能量这些分子的产生率计算得出（方框 8.1）。

　　对于一个动物，能量消耗可以通过测量稳定同位素（非放射性）标定的氧、氢分子得出。通常用注射$^2H_2^{18}O$ 或$^3H_2^{18}O$ 来标定。氢同位素^2H、^3H 和氧同位素^{18}O，比普通氢^1H、氧元素^{16}O 重。所有类型的水，包括身体内的水本身含有^2H 和^{18}O，占比分别大致为 0.015% 和 0.2% 。详见 Lifson 和 Mcglintock（1966）；Nagy 和 Costa（1980）以及 Visser 等（2000）的研究。

　　注射后短期内，取体内血液样本获得初始状态同位素含量。随后动物被释放，自由活动直到一日或数日后被再次抓住。再次取血液样本，样本中的重同位素少于初始状态。^2H 变成 H_2O 被排出体外，而^{18}O 则变成 CO_2 和 H_2O。产生 H_2O 的总量，可用初始^2H 浓度比减去最终^2H 浓度比乘以动物体内 H_2O 的总量计算得出。知道了 H_2O 的总量，耗氧量可由呼吸产生的 H_2O、体内 CO_2 和 H_2O 中的^{18}O 浓度计算得出。假定呼吸产生 H_2O 与动物体内 H_2O 浓度相同，则排出体外的 H_2O 中的^{18}O 含量可知，乘 2 倍就是 CO_2 中的^{18}O 含量。CO_2 产生量可以很容易地经^{18}O 消耗总量与排出 H_2O 中的^{18}O 含量对比得出。最后，当食物源已知时，能量消耗量可由 CO_2 计算得出（方框 8.1）。

　　最原始的测量方法有如下假设条件：

　　（1）试验中，动物体内组成成分与水含量为常数；

　　（2）所有输入和输出比率为常数。试验期间，任何状况下，输出都是平均值；

　　（3）假设动物体内所有水均匀标定；

　　（4）体内的 H 和 O_2 与排出物质中的 H 和 O_2 性质相同；

　　（5）没有 CO_2 通过呼吸或皮肤进入体内。

　　现在的计算已经适应能够规避这些条件了。

　　鸟儿血液样本通常从一些静脉抽取。以红隼为例，从胫后肌静脉取血，经腹部皮下组织注射 $H_2^{18}O$ 和^2H_2O 混合液（以 2 : 1 比例）。注射量取决于试验时长及鸟儿体重。血液样本置于密封玻璃试管内，便于存储于 5℃ 下。试验方法包括真空蒸馏萃取水和质谱分析。体内水量可通过直接测量脱水的尸体或者经注射已知浓度的同位素稀释量计算得出。同时运用多种方法包括双标水法获得红隼的 CO_2 产生量数据，显示误差为 2.2% 。信天翁跑步机试验中，运用呼吸法和双标水法测得的能量消耗数据相差不大（Bevan, et al. , 1994）。

　　至今这种方法已成功应用于多种哺乳动物（包括人类）、鸟类、爬行动物甚至昆虫。

　　这两种方法提供了鸟儿长时间飞行的能量转换情况。必须通过详细了解动物的行为从这些数据中提取飞行消耗的估算值，最好是在测量期间的时间预算方面。飞行消耗通常是预算中消耗最大的项目。飞行消耗通常由增加的飞行时间比例、每个时期的总能源消耗增量决定。以红隼为例，这种方法能够测试到最符合实际的飞行能量消耗，缺点是观察到的信息太少，缺乏更进一步的信息，如速度、滑翔时间、飞行时风的情况和风的利用。双标水法和重碳法只提供单一数据，尽管也记录飞行时的心率。双标水法和心率的测量还需对比其他同种背景信息下的飞行能量消耗数据。表 8.1 包含了基于双标水法的 19 项研究成果。重碳法试验不易建立，只有 4 篇有试验结果的论文，其中还包括发明了此法的团队的成果，这两种方法的结果在表 8.1 中已列出。

8.5.1 双标水法试验结果

首次基于双标水法的飞行能量消耗试验结果是由 LeFebvre（1964）开展鸽子试验得出的。他的故事听起来好像那首童谣——10 个小印第安人。试验用的鸟儿是 31 只赛鸽。随机抽取的 9 只鸽子，在试验开始前就成了先驱，为提供鸟儿飞行前体内水分、脂肪和蛋白质组成的数据而牺牲。从阿勒顿（爱荷华州）到圣保罗（明尼苏达州）的超过 483 km 飞行试验，22 只试验鸽子在开始试验前被禁食 24 h 或更长时间。可能是由于试验第二天刚好赶上雷暴天气，只有 8 只鸽子回来了。这些鸽子中，4 只鸽子没有中途休息的迹象（脚上没有泥，嘴边没有食物），想必整个过程一直飞行未做停留。人们对比了脂肪含量减少量（假设呼吸熵为 0.71 时，只有脂肪燃烧提供能量）计算得出的飞行能量消耗和用双标水法计算的飞行能量消耗。LeFebvre 用不同时间间隔的血液样本代表飞行时长。

为了更加精确获得飞行时长的数据，我们假设在血液样本采集前后短时间内鸽子不飞行，鸽子都是休息时的代谢水平。表 8.4 中显示的结果数据变化很大。对第一只鸽子（编号 3208）双标水法和脂肪含量法得出的结果大相径庭。编号 4012 的鸽子飞行完试验距离用时超过 12 h，比其他完成试验的鸟儿多了 3 h。我们最终只有两组可信数据。计算的平均飞行能量消耗为当速度为 17 m·s^{-1} 时，双标水法结果为 31.9 W，脂肪含量法为 33.1 W。

Utter 和 LeFebvre（1970）运用双标水法测量二氧化碳产生量。试验对象为 4 只紫崖燕，他们将鸟儿从距离它们巢穴 100 英里的地方释放，并在它们返回巢穴时射死。鸟儿返程时长不等，最快的鸟儿用时 4 h 15 min，最慢的用时超 6 h。假设呼吸熵为 0.78，体重稍超 50 g 的鸟儿，平均飞行能量消耗为 4.1 W。

表8.4　4只试验鸽子483 km不间断飞行数据（leFebvre，1964）

鸽子编号	平均体重/g	平均飞行速度/(m·s⁻¹)	飞行能量消耗（DLW法）/W	飞行能量消耗（脂肪）/W
3208	345	18. 8	18. 0	36. 3
4012	361	11. 2	18. 5	21. 0
4051	390	17. 9	34. 9	36. 2
1285	398	16. 1	28. 8	30. 0
4051 和 1285 的平均数	394	17. 0	31. 9	33. 1

　　燕子和雨燕是斯特林大学（苏格兰）双标水法试验的研究对象。Hails（1979）测量了27只成年家燕和3只谷仓燕子雏鸟的平均日常代谢情况。通常，鸟儿离开鸟巢觅食时为连续飞行。鸟儿抓捕昆虫的空中狩猎过程包括盘旋飞行、转弯、短暂滑翔和主动追击等动作。在总飞行过程中，单向飞行仅占很小的一部分。养在大窝里的雄鸟由于飞行能量消耗较高需要消耗更多的能量。通过这种方法获得的飞行能量消耗相当可变，这并不奇怪，也许更加接近燕科鸟的真实情况。家燕需要的飞行能量消耗为0. 83~1. 18 W，并且3只燕子的平均飞行能量消耗为1. 3 W。

　　Turner（1982a）发现燕子在抓捕大猎物时飞得快，速度约为11 m·s⁻¹；在抓小昆虫时飞得慢，速度约为5 m·s⁻¹。双标水法试验结果显示，飞得快时飞行能量消耗为1. 62 W，飞得慢时飞行能量消耗为0. 68 W。两种捕食模式所需能量都超过了飞行能量消耗的10倍。Westerterp 和 Bryant（1984）测量了鸟儿24 h中飞行时长所占百分比有关的飞行能量消耗数据。事实上，试验基于两组对比试验：一组是孵化鸟类，一天中有25%~30%时间飞行；另一组是饲养雏鸟，飞行2倍时长。

　　Westerterp 和 Bryant 还发表了两组非燕科鸟的双标水法数据。他们发表了欧椋鸟的飞行代谢率数据。最佳试验结果是从4只鸟中获得的，它们被放在离巢10~30 m的距离让它们向巢穴飞。这些鸟的返程平均速度为10 m·s⁻¹。平均体重为 77.5 g 的欧椋鸟飞行能量消耗为 10.5 W。Tatner 和 Bryant（1986）从野外抓住了 6 只欧亚鸲养在户外鸟笼中，鸟笼中的情况用电子器材随时记录。笼中局限的环境使得鸟儿每次飞行时间很短，只有 0.78 s。每天飞行的总时长为 72 s ~ 1.62 h 等。基于鸟儿白天飞行的能量消耗复原情况，试验得出对于平均体重为 18.6 g 的鸟儿，飞行能量消耗高达 7.1 W。这个试验结果数值太高了，因为它包含了大量的起飞、机动和着陆，也许能够反映欧亚鸲在密集的灌木丛中捕食的能量消耗情况。

继续我们红隼的故事，Masman 和 Klaassen（1987）对 10 只红隼做了双标水法试验。这 10 只鸟儿中，有 2 只刚刚产蛋的雌鸟、4 只雄鸟和 3 只处于雏鸟期的雌鸟（其中 1 只鸟儿进行了两遍试验）。这些红隼选自荷兰最后的复垦圩区（荷兰的围海造田土地），这片土地开阔平整，在这里鸟儿白天超过 90% 的时间其行为都可以被监视到。鸟儿日间能量消耗从体重/二氧化碳比来得出，假设二氧化碳产生量每升能够提供 23.6 kJ 能量。图 8.3 所示为平均体重为 213 g 的 10 只鸟儿的试验结果。回归线的斜率代表平均每日能量消耗，是每日飞行时长的函数，计算得出飞行时的额外成本为 12 W。Y 轴截距表示，体重 214 g 的红隼不飞行时能量消耗为 2.6 W。加起来得到总的飞行能量消耗（包括风中徘徊时）为 14.6 W（±2.1 W），这个结果与走廊试验结果非常接近。

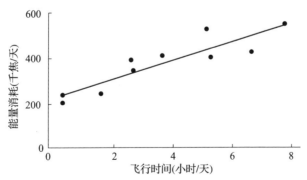

图 8.3　每日扑动翅膀飞行时（迎风悬停或者定向飞行）能量消耗。没有飞行时身体代谢率为 2.6 瓦，飞行时代谢率为 14.6 瓦。数据选自 Masman 和 Klaassen（1981）.

人们用双标水法也测试了天鹅鸫和隐士画眉的飞行能量消耗。38 只体重约为 30 g 的鸟儿在春季迁徙的中途站点被注射。6 只鸟儿在接下来的夜里飞行了

7.7 h，600 km，第二天早上被再次抓住。通过对比这 6 只鸟儿和在中途站点那夜没有起飞的鸟儿体内的同位素浓度可获得测试结果。经测试，鸟儿飞行时空速为 13 m · s^{-1}。总飞行能量消耗为 4.3 W，是在站点休息的鸟儿能量消耗的 5 倍多一点。

8.5.2　海洋鸟飞行能量消耗

双标水法使得人们可以将研究延伸到海洋鸟类觅食过程中的能量消耗。海洋鸟类飞行能量消耗的试验需要解决至少两个主要问题：鸟儿在海中休息的时长是多久？鸟儿休息包含多大程度的滑翔状态？

Flint 和 Nagy（1984）用双标水法注射了 18 只黑燕鸥。这些鸟在燕鸥岛培育（燕鸥岛在夏威夷群岛中的法国护卫舰浅滩）。雄鸟和雌鸟轮流饲养，孵化周期为 2~3 天。觅食鸟儿的实际飞行时长通过定期观测已做标记的鸟是否在岛的情况判断。鸟儿不在岛中的巢穴时被视为在海上觅食。鸟儿在海上的时间可视为鸟儿飞行时长，因为它们不大可能在海上找到休息的地方。在中低风速时，鸟儿 94.3%的时间在振翅飞行。当风速大到超过 5 m · s^{-1}时，鸟儿只有 74.5%的时间在振翅飞行。因此测量结果可近似地看作鸟儿振翅飞行的飞行能量消耗。同样，代谢率为飞行时长占比的函数，测试结果的线性回归得出平均体重为 187 g 的黑燕鸥觅食飞行能量消耗为 4.8 W，孵化时能量消耗为 1.6 W。

Brown 和 Adams（1984）利用耗氧量法测量了南极洲马里昂岛上的漂泊信天翁基础代谢率（BMR）。他们测得平均体重为 8 130 g 的雄鸟或雌鸟，其基础代谢率平均值均为 20.3 W。Adams 等（1986）运用这个结果计算了漂泊信天翁觅食代谢率和基础代谢率的比值。5 只雄鸟和 4 只哺育小鸟的雌鸟在觅食飞行前用双标水法被注射。觅食飞行时长从 2 天到 9 天不等，平均为 5.11 天。觅食飞行中雄鸟的能量消耗为 45 W，雌鸟的能量消耗为 31 W。Arnould 等（1996）也对漂泊信天翁开展了试验。试验采用了双标水法、卫星遥测和腿式行为记录仪。觅食能量消耗试验时长为 1.5~8 天。试验得出，飞行时长所占比例并不影响总能量消耗率，验证了 Bevan 等（1995）的发现。Bevan 发现鸟儿飞行能量消耗与其坐在冰水上的能量消耗相同。Arnould 等试验所用漂泊信天翁比 Adams 等试验所用稍重一点。Costa 和 Prince（1987）在灰头信天翁试验中得到了相近的数据。Costa 和 Prince 试验所用灰头信天翁生活在南格鲁吉亚的鸟岛，试验采用双标水法结合海中行为监测。行为记录仪绑在鸟腿上，测量到鸟儿 35% 的时间在海面上（Prince，Morgan1987）。试验得出，平均体重为 3 707 g 的灰头信天翁，其总能量消耗为 27.8 W。

南极洲信天翁在极端环境条件下生活和觅食。它们生活的地区天气寒冷而粗暴，但是食物丰富。夏威夷群岛气候处于热带 – 亚热带气候，气候温暖且风不大，但是食物稀缺。Pettit 等（1988）研究了生活在燕鸥岛上的黑背信天翁孵化和觅食情况下的能量消耗。四只平均体重为 3 064 g（体重标准偏差为 413 g）的觅食鸟儿完成了约 3 天的海上飞行，产生了每天约 84 L 的二氧化碳。基于黑背信天翁的饮食结构，计算出每产生 1 L 二氧化碳消耗 24.7 kJ 能量。试验得出黑背信天翁的觅食飞行能量消耗为 24 W。由于燕鸥岛周边海洋水温较高，黑背信天翁在水面上的能量消耗比南极洲信天翁低。在这种情况下额，黑背信天翁飞行时的能量消耗应当比 24 W 略高。

现在我们的研究从大型海洋鸟转移到小型海洋鸟。Obst 等（1987）研究了体重约为 40 g 的海燕能量消耗，试验用双标水法。这些鸟并不像它们科学种属划分而得的名字，它们纯粹是海洋鸟类。当离开它们的巢穴以后，它们不停地挥动着翅膀，飞行、滑翔，有时还简短地在风中徘徊（用脚上的蹼在海中做锚）从海面上抓取食物（Pennycuick，1982；Withers，1979）。记录发现这种鸟在水面上几乎不休息，进食也仅需要几秒钟。因此，生长在南极洲帕默站附近的海燕觅食时的新陈代谢率就是它自由飞行时的飞行能量消耗。12 只鸟的试验结果很接近。平均体重为 42.2 g 的鸟新陈代谢率为 1.82 W，标准差分别为 0.9 g 和 0.1 W。鸟儿频繁地徘徊飞行（每隔 40 s）持续 1～20 s 看起来并不特别消耗能量。Withers（1979）年提出，海燕有一种灵活的、并不太消耗能量的觅食飞行策略。这种策略利用了风的剪向力、地面效应和特殊的翼面翻动机制。

Birt – Friesen 等（1989）测量了 20 只自由生活的北鲣鸟（平均体重为 3.21 kg）野外新陈代谢率以及孵化小鸟时的新陈代谢率。这些北鲣鸟生活在纽芬兰的芬克岛。试验采用呼吸气体测量法、双标水法和活动计时器。活动计时器是装在鸟儿腿上的数字手表，被设定为触水即停模式。海洋试验飞行时长从小于1 h到几天。鸟儿觅食飞行代谢平均为每天6 000 kJ。由9只北鲣鸟野外新陈代谢率及飞行时间回归曲线计算得出鸟儿飞行能量消耗为（97±30）W。

Adams等（1991）测量了南非鲣鸟的觅食能量消耗。一只体重2.58 kg的南非鲣鸟野外飞行时，一天能够产生181 L二氧化碳，相当于每天4 670 kJ的能量消耗。Adems的试验没有活动记录器，我们可以假设，南非鲣鸟由飞行导致的野外新陈代谢率增量与北鲣鸟相同。如果假设成立，南非鲣鸟的飞行能量消耗为81 W。

约翰斯顿环礁由四个小岛组成，位于中太平洋。Balance（1995）发表了位于岛屿东部上一群红脚鲣鸟的白色变种鸟的能量消耗。这个0.1 km² 的小岛在1964年由清淤而形成，由覆盖着青草和稀疏的灌木丛的珊瑚瓦砾组成。它是7种海洋鸟类的繁殖地点。红脚鲣鸟极爱远洋飞行，会飞离属地250 km甚至更远。它们每日的飞行距离一定超过500 km，因为成年鲣鸟平均每日需回岛喂养它们的雏鸟。人们用双标水法研究了10只红脚鲣鸟的飞行能量消耗，试验用绑在鸟腿的自适应数字手表记录鸟儿坐在海面的时间。鸟儿休息时的新陈代谢率在暗室中用氧气消耗法单独测量。10只鸟儿中，6只鸟儿的记录仪准确记录了数据。这6只鸟儿的记录数据中，有2只鸟儿的数据存疑，因为这2只鸟儿总的野外新陈代谢率与其休息时的代谢率基本一致。剩下4只鸟儿的数据如表8.5所示。对于平均体重为1 kg的鸟儿，其平均飞行能量消耗为24 W。

巨鹱是大型海洋鸟类（平均体重为3.89 kg），生活在南半球海洋中。它们体重大、外形大以及翱翔的习性显示它们与信天翁的演化趋于接近（Obst，Nagy，1992）。两位作者在汉布尔岛对这种鸟（南极洲）的鸟巢开展了野外试验。野外试验采用双标水法。试验研究了8只用不同颜色标记的鸟儿在13个育种-觅食循环中的野外新陈代谢率。鸟儿觅食时长持续9~37 h。结果显示，鸟儿觅食时间与测量的新陈代谢率之间存在明显的正相关关系，体重为3.89 kg（±0.5 g）的鸟儿，平均觅食能量消耗为68.5 W（±18.0 W）。试验没有指出在鸟儿觅食过程中，有多长时间是真正飞行时间。一些证据显示，巨鹱会单次觅食飞行会飞离其巢穴250 km远。在风速达8 m·s⁻¹时，巨鹱大部分时间采用振翅飞行，是信天翁记录的 3.5 ~ 4 倍。这也许能够部分解释巨鹱的飞行能量消耗数据比信天翁的高那么多（表 8.1）。如果能量预算包含了对比，那么巨鹱和信天翁的演化收敛函数就不太重要。

8.5.3　双标水法风洞试验

运用双标水法测量鸟类飞行期间的能量转换的前提是鸟类必须飞行足够长的时间，体内重同位素浓度较试验初始浓度有明显的下降。这种方法也可以应用到风洞试验中，前提是测试鸟必须能够在风洞中长时飞行。通常一些种类的鸟儿会比其他鸟儿更加合作一些。

Kvist 等（2001）在隆德风洞中开展了双标水法试验。4 只红腹滨鹬体内注射了重同位素，进行了 28 次 6 ~ 10 h 的飞行试验。当鸟儿飞行速度为 15 m·s^{-1} 时，其平均新陈代谢率为 13.5 W。

德国安德希斯的马克斯 - 普朗克鸟类研究所开展了粉红椋鸟风洞试验，鸟儿在风洞中飞行了 26 回合约 6 h。这 8 只鸟儿平均体重为 71.6 g，飞行速度为 11.1 m·s^{-1}，能量消耗为 112.3 kJ·h^{-1}，即 8.5 W（Sophia Engel，学者交流数据）。同位素研究中心（格罗宁根大学）参加了马克思 - 普朗克的双标水法试验以及上面提到了其他试验，在血液样本的分析方面做出了贡献。

8.5.4　重碳法风洞试验

斑马雀是第一个用重碳法测量飞行能量消耗的鸟儿（Humbly, et al., 2001）。试验鸟儿被注射 NaH^{13}CO$_3$ 溶液，鸟儿飞行能量消耗由其体内稳定同位素 ^{13}C 浓度的衰减情况计算得出。试验鸟的呼吸气体用于计算 ^{13}C 的浓度。鸟儿被注射后，每 14 min 收集 1 min 的呼吸气体。在长 20 m 的走廊里，鸟儿被人们诱导在两端的栖息地之间上下飞行。计算时，鸟儿在栖息地停留的时间（为总时长的 18% ~ 49%）要从总时长中减去。试验没有测量鸟儿飞行速度。飞行 2 min 后，收集的呼吸气体显示，重同位素浓度显著下降。人们计算鸟儿飞行期间的能量消耗时考虑了重同位素的浓度修正，以补偿鸟儿未活动但体内重同位素浓度下降带来的误差。试验结果得出，平均体重为 14.5 g 的斑马雀，飞行能量消耗为

2.24 W。Hambly 等（2004）用同样的方法分析了欧椋鸟和太阳鸟的飞行能量消耗。试验结果为，8 只巴勒斯坦太阳鸟（平均体重为 6.17 g），在距离为 6 m 的两个栖息地之间来回飞行 2 min，平均能量消耗为 1.64 W。欧椋鸟的数据则应当当心。9 只欧椋鸟（平均体重为 70.11 g）仅在 5 m 的距离来回飞行。这意味着鸟儿大部分的时间在起飞降落，试验得出的数据为鸟儿起飞降落时的能量消耗。此外，测量结果显示，鸟儿飞行之后体内同位素消除呈特定趋势。鸟儿试验开始后，体内同位素浓度开始下降前，有 3 ~ 4 min ^{13}C 浓度呈上升趋势。这个现象使得人们很难确定飞行结束后重同位素浓度的真实水平。由飞行后同位素浓度推导出的鸟儿飞行能量消耗为 20.6 W，明显高于其他相近体重鸟儿的飞行能量消耗。由于这些干扰因素，这组数据没有在表 8.1 中列出。

■ 8.6　悬停飞行能量消耗

虽然看起来鸟类长时间悬停在某处定点的能量消耗比较容易测量，但实际上，针对鸟类在静止空气中前向飞行速度为零的飞行能量消耗研究仅有 12 篇。人们运用了三种呼吸速率测量方法，每一种都有其不同的方式来获得鸟儿呼吸时的氧气和二氧化碳浓度。一种方式为采用密闭的容器作为呼吸室；另外一种运用贴紧鸟儿面部的呼吸面罩收集呼吸气体。第三种方式为用松散的面罩伪装成喂鸟器。试验结果列在表 8.5 中，下面简要讨论如下。

Pearson（1950），Lasiewski（1963），Hainsworth 和 Wolf（1969），Schuchmann（1979a，b）和 Epting（1980）使用容器作为呼吸室。这种方式的优点是鸟儿不需要佩戴呼吸面罩自由飞行。然而，鸟儿产生的气体严重影响了呼吸室内的气体流动。如果容器不是很高，在狭小的空间内，则会产生地面效应和其他的墙面效应。因此在小于 5 L 的容器中获得的数据并不可信。Berger（1985）在蜂鸟的风洞试验中，使用了紧贴鸟儿面部的呼吸面罩［图 8.2（g）］。最原版的呼吸面罩形式是 Berger 和 Hart（1972）采用的。他们训练抓住的蜂鸟，使得鸟儿在为之伪装成喂食器的呼吸面罩内进食［图 8.2（h）］。Epting（1982）对比了同样的鸟儿两种形式试验结果。一种是采用 10.1 L 的容器测量，另一种采用伪装成喂食器的面罩测量。结果显示，两种测量方法的结果非常接近（表 8.5）。Bartholomew 和 Lighton（1986）诱导自由飞行的蜂鸟在置于室外的喂食器型面罩里进食和呼吸。无论何时，只要鸟儿落在靠近喂食器的秋千上，秋千内装置的压力传感器就可以测到鸟儿的体重。这种方法可能有阵风条件的干扰因素，从而影响测量结果。

Schuchmann（1979a，b）给出了令人信服的结论，他得出蜂鸟悬停时的能量消耗和休息时的能量消耗随周围空气温度的升高（10~40℃）而线性下降。但是与其他方法得到的数据相比，他的悬停状态氧气消耗值特别低。

蜂鸟可以在很高的位置悬停。Chai 和 Dudley（1995）发现蜂鸟可以在很薄的空气上悬停。经训练的红喉蜂鸟可以在呼吸室中的喂食面罩前悬停，呼吸室海平面空气密度为 12 $kg \cdot m^{-3}$。空气密度随着不断充入的氦氧混合气（混合气体由 79% 的氦气和 21% 的氧气混合而成，气体密度为 0.4 $kg \cdot m^{-3}$）而逐渐减少。试验中，鸟儿能够保持悬停的最低密度为 0.6 $kg \cdot m^{-3}$，这个最低密度是海平面最低密度的 1/2，相当于飞行高度为 6 000 m。随着空气密度从 12 $kg \cdot m^{-3}$（相当于海平面高度）降低到 0.54 $kg \cdot m^{-3}$（相当于 6 000 m 高度），鸟儿每个回合的悬停时间从 30 s 降到不到 5 s。翼拍频率稍有上升，为 49 Hz~52 Hz。翼拍振幅显著增加，从 145° 增加到 180°。氧气消耗量从 48.5 $mL \cdot g^{-1} \cdot h^{-1}$ 增加到 61.5 $mL \cdot g^{-1} \cdot h^{-1}$。

Wells（1993）实际测量了悬停高度达 2 195 m 的广尾红褐蜂鸟的耗氧量。在这个高度，体重为 4.0 g 的广尾红褐蜂鸟悬停飞行能量消耗为 1.17 W，体重为 4.3 g 的鸟儿悬停飞行能量消耗为 1.25 W。Chai 和 Dudley（1995）的数据显示，在海拔 200 m 的高度，鸟儿的耗氧量是其在水平面时的 116%。表 8.5 中广尾红褐蜂鸟和红喉蜂鸟的数据已经运用这个比例重新计算过。

太阳鸟在过去被认为与美国大陆的蜂鸟是相似的。它们同样体型较小，羽毛鲜亮，有共同的饮食偏好，但是它们的觅食飞行策略完全不同。太阳鸟几乎不在鲜花前悬停，它们会着陆或者将花戳出孔来获得花蜜。它们像大多数雀形目中的小型鸟一样，能够略微悬停一下，但是它们缺少蜂鸟那种在冲程期间能够使翅膀上翼面翻下的特殊解剖学构造。Wolf 等（1975）测量了青铜色太阳鸟的数据。

试验在一个 10.1 L 的呼吸室中进行，呼吸室中的耗氧量被持续测量。鸟儿的短暂悬停回合用秒表计时。鸟儿悬停时间占总飞行时长的比例为 0 ~ 14%。稳定状态耗氧量随悬停时长所占比例的增加而增加，以此推导出 100% 时间都是悬停状态的能量消耗为 47 mL·g^{-1}·h^{-1}（对体重为 15 g 的太阳鸟为 4.15 W）。

大型鸟的悬停状态飞行能量消耗很难测量，因为大型鸟以零空速飞行显然非常费劲（用空气动力学模型得出能量消耗接近无穷），大型鸟要么避免悬停飞行，要么只会悬停非常短的时间。由于悬停时间太短，要测量达到稳定状态的耗氧量几乎不可能。使用耗氧量来测量新陈代谢量在这种状况下不可能了，因为鸟儿的肌肉此时很可能在做无氧运动。

■ 8.7　总结和结论

鸟类前向振翅飞行的能量消耗或多或少得到精确测量的已有 37 种鸟。测量结果的数据集不是标准的，因此在利用这些数据时应当心。这些数据集包括在风洞中或静止空气中的试验室条件下的测量数据，也包括从野外自然无控条件下获得的数据推导而来的数据。人们设计了各种各样的方法来尽可能精确地测量飞行能量消耗。通过能量消耗率可能获得前向直线飞行的飞行能量消耗，但是能量转换需要长时飞行才可得出。然而这种测量方法有个严重的问题：人们必须得知道，不同的鸟儿体内消耗的是什么。最有可能的是脂肪和蛋白质，但是对于一些鸟类，碳水化合物的消耗也不能完全排除在外。长时不间断飞行后体重减少测量试验和食物平衡试验的数据可能是最可信的数据了。

飞行能量消耗也可通过测量氧气和二氧化碳等呼吸气体交换量来推导出。人们设计了各种各样的面具来收集这些气体，实现持续测量呼出和吸入的气体浓度。鸟儿血液中注射的氧、氢和碳的重同位素浓度变化使得人们能够测量长距离耗氧量。这种方法的优势是可以测量野外自由飞行的鸟儿。心率遥测是另一种间接测量耗氧量的方法，因此也可以测量飞行能量消耗。对于每一种鸟，在使用遥测心率的方法进行野外试验之前，应当先建立这种鸟心率跟耗氧量之间的关系。这两种直接和间接的测量方法都要先知道鸟类体内消耗的是哪种物质，这个条件很难完全满足。

　　蜂鸟和太阳鸟可以长时悬停。这里有 11 个蜂鸟和 1 个太阳鸟悬停状态飞行能量消耗的可信数据。

　　本章我们建立了一组或多或少可信的飞行能量消耗数据。这些可信数据的获得过程给了我们鸟类前向飞行和悬停飞行状态飞行能量消耗的大小顺序的感觉。第 9 章，我们将利用表 8.1 和表 8.6 中的数据来寻找鸟类飞行能量消耗的一般趋势，并且利用一些预测值建立经验方程。

表 8.6　蜂鸟（蜂鸟科）和一种太阳鸟（太阳鸟科）盘旋的代谢成本

名	质量（g）	代谢消耗（W）	来源	温度（℃）	方法
蜂鸟					
球拍尾蜂鸟	2.7	0.51	Schuchmann（1979a）	25	2.81 容器
哥斯达黎加蜂鸟	3.0	0.71	Lasiewski（1963）	24	3.81 容器
红宝石喉蜂鸟	3.0	0.89	Chai and Dudley（1995）	25	喂食面罩呼吸测定法
艾伦蜂鸟	3.4	0.93	Epting（1980）	20	16.651 容器
艾伦蜂鸟	3.5	1.65	Pearson（1950）	24	4.61 容器
红宝石喉蜂鸟	3.6	0.98	Chai and Dudley（1995）	25	喂食面罩呼吸测定法
红宝石喉蜂鸟	3.6	1.05	Chai and Dudley（1995）	25	喂食面罩呼吸测定法
黑嘴蜂鸟	3.6	1.05	Epting（1980）	20	喂食面罩呼吸测定法
红宝石喉蜂鸟	3.9	1.07	Chai and Dudley（1995）	25	喂食面罩呼吸测定法
宽尾蜂鸟	4.0	1.01	Wells（1993）	22	喂食面罩呼吸测定法

名	质量 （g）	代谢消耗 （W）	来源	温度 （℃）	方法
蜂鸟					
安娜蜂鸟	4.1	1.55	Pearson（1950）	24	4.61 容器
红褐色蜂鸟	4.3	1.08	Wells（1993）	22	喂食面罩呼吸测定法
黑嘴蜂鸟	4.3	1.24	Epting（1980）	20	16.651 容器
红褐色蜂鸟	4.4	0.50	Schuchmann（1979b）	25	2.81 容器
安娜蜂鸟	4.6	1.06	Bartholomew andLighton（1986）	20 – 25	喂食面罩呼吸测定法
安娜蜂鸟	4.6	1.27	Epting（1980）	20	16.651 容器
靛蓝蜂鸟	4.8	0.63	Schuchmann（1979b）	25	2.81 容器
安娜蜂鸟	5.0	1.36	Epting（1980）	20	喂食面罩呼吸测定法
金光喉翡翠	5.7	1.36	Berger and Hart（1972）	>20	喂食面罩呼吸测定法
紫喉加勒比	8.3	2.00	Hainsworth and Wolf（1969）	20	10.11 容器
辉紫耳蜂鸟	8.5	1.90	Berger（1985）	18 – 24	风洞面罩
太阳鸟					
青铜太阳鸟	15	4.15	Wolf et al.（1975）	20	10.11 容器

表格中用斜体所书写代谢成本数据被认为是不可靠的，因为这些数据来自于小于 51 的容器中的测量结果。

第9章

9

飞行能量消耗对比

9.1 引言

第 8 章介绍的数据集直接展示了众多研究者为测量飞行能量消耗所做的大量努力。这些数据值得进一步分析。通过对比众多鸟类的最优测量结果，能够揭示鸟类飞行能量消耗的一般趋势（如果存在的话）。对于所有的飞行者，影响飞行的几个主要空气动力学及生理约束条件是相同的，因此鸟类飞行能量消耗的一般趋势可以被预计。另外，鸟类的大量不同形态是气动设计的源泉。每一种鸟的构造都与该鸟飞行能量消耗的主要影响因素紧紧相关。

有很多种方法来对比揭示鸟类飞行能量消耗的共同特性和不同特性。本章选取几个公平且有意义的对比方法。当我们研究飞行能量消耗趋势和导致飞行能量消耗不同的约束条件或缺失的约束条件时，所有的测量数据，代谢能量消耗都与体重有关。更进一步，我们可以考虑研究单位体重上升到空中的飞行能量消耗或者飞行单位距离的飞行能量消耗。更加公平的能量消耗对比方法是：用飞行能量消耗（W）除以速度（m·s^{-1}）和体重（g）的乘积，对比单位体重飞行单位距离的无量纲值。无量纲值还可用于对比昆虫、蝙蝠和飞机的能量消耗。

用基础代谢率（BMR）的倍数表示飞行能量消耗，可以使人对每种鸟类飞行运动的费劲程度以及鸟类飞行能量消耗对日能量消耗的影响有一个直观的感受。

飞行能量消耗可通过多种观测方法得到。鸟与空气作用，大量生物能转化为少量机械能。考虑每个翼拍循环的做功量，人们设计了多种测量机械能的方法。测量鸟主导下行冲程的肌肉施加的力乘以肌肉收缩的距离可以实现机械能的测量（见第7章），鸟类挥动翅膀的力产生了飞行所需的大部分机械能。

气动理论也可以用于计算鸟类飞行中克服阻力、产生升力所需的机械能。若生物能转换为机械能的转换效率已知，则可以计算代谢成本。能量转换效率定义为鸟类飞行所需机械能与鸟所产生的生物能的比值。我们需要注意这个分数。只有少数几种鸟同时有两种能量的测量数据。计算能量转换效率，机械能数据可以用气动模型的计算值，生物能数据可以用测量的经验数据。

本章最后部分，我们计算了不同体重蜂鸟悬停状态下的能量消耗，并与悬停状态下的太阳鸟和蝙蝠进行了对比。

9.2　如何公平地对比

对比黄雀与信头翁的飞行能量消耗公平吗？或者对比褐雨燕与喜鹊的呢？不同鸟类飞行速度不同，体重不同，体型不同，飞行方式也不同。若想进行公平对比，多种因素都必须考虑在内。

理论计算（见第2章）和各种不同速度的风洞试验证明，飞行所需机械能和生物能随空速、体重的不同而不同。悬停或以极低速度飞行能量消耗较大。试验时，鸟从中间速度逐渐降到最低速度，再逐步增加到最大速度。大型鸟需要产生更多的机械能和生物能以使其留在空中。表8.1中所列前向飞行的数据，挑选的是鸟类飞行最佳状态下的能量消耗。基于变速风洞的研究数据，是从大量试验数据中选出的，大部分是短距飞行试验。在这些试验中，单位距离做功量最小时的最大速度范围被认为是最佳状态。长距飞行野外测量试验得到的是包含所有动作的总飞行能量消耗的平均数。因此，潜在假设条件为鸟在长距飞行期间，一直以其最佳状态飞行。我们应当意识到，表8.1的数据因测量方法不同存在偏差，大部分是由那些未知影响因素导致的。另外，这些经验数据集也是我们目前仅有的数据。

累计误差不好解释。这个变量由多种因素引起，这些因素对飞行能量消耗的影响通常也未知。体重就是一个明显因素。速度引起的误差，可由最佳状态标准部分消除。不同的飞行能量消耗测量方法的精度不同，会导致未知误差。对我们而言，了解鸟类飞行的生物特性，知道各种构造特点的影响以及飞行方式最重要。体重的较大影响可用图表示，横轴为体重，纵轴为飞行能量消耗（W）。通过研究曲线趋势可以知道体重影响的大小。体重引起的误差可用体重－单位质量飞行能量消耗曲线部分消除。这个方法不能减少其他因素导致的误差。另一种方法是对比单位飞行距离的做功量，这种对比可用代谢飞行能量消耗（W）除以最大速度范围（$m \cdot s^{-1}$）。单位距离的单位做功（$J \cdot m^{-1}$）实际上是力（N），因为 1 J 的定义是 $1 N \cdot m$（见第 1 章）。大型鸟的飞行能量消耗（用瓦或焦/秒表示）比小型鸟的高近 2 倍。最终，对比所有体型的鸟类，可以将单位为瓦的飞行成本（$J \cdot s^{-1} = N \cdot N \cdot s^{-1}$）除以单位为 N 的体重和单位为 $m \cdot s^{-1}$ 的速度进行无量纲化。

Videler（1993）对比了"鱼游"运动的无量纲能量消耗。现在我们运用更多的经验数据对比昆虫、鸟类、蝙蝠和飞行器的飞行能量消耗。

■ 9.3　与体重相关的飞行能量消耗

图 9.1 涵盖了所有可信测量数据结果，从图中可以看出鸟类能量随体重的增加而增加的比率。然而，总体趋势中包含着很多变异。数据点似乎可容纳于宽条带内，条带的上边带边缘锋利，下边带参差不齐。最高处边缘紧贴于图 9.1 中直线。请注意，这不是个回归曲线，而是手画的尽量贴近数据点的直线。这个线（$y = 60x^{\frac{2}{3}}$）看起来代表了高限，似乎符合三分之二能量法则。三分之二能量法则是指最大飞行能量消耗取决于有限的表面区域。对不同的鸟，线性比例变量为 l，体重 m 应为 l^3，表面积应 l^2（假设等距映射）。因此 l 等比例为 $m^{1/3}$，表面积为 $(m^{1/3})^2 = m^{2/3}$。肺表面积似乎是一个不错的研究对象。Duncker 和 Guntert（1985）研究了大量不同鸟的肺体积和表面积发现，鹌鹑目鸟的肺表面积随体重增加，比例约为 0.69，接近三分之二能量法则。然而对于其他鸟，这一比例约为

0.96。非鹎鹑目鸟的肺部面积和声音都随体重成比例的增加，因此等比例原则只对鹎鹑目鸟有效，对其他种类鸟无效。这说明曲线的斜率仍旧未知。

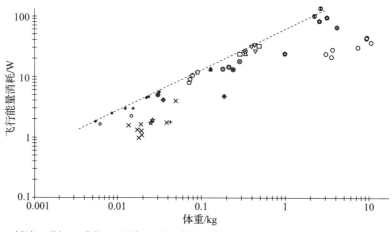

◇太阳鸟　◆蜂鸟　• 雀类　◇斑马雀　◆虎皮鹦鹉　◎椋鸟　⊗画眉　▲红隼　◎海鸥　△黑尾鹬　▽鸽子
✕ Aerial feeders　* 夜莺　+海燕　◈燕鸥　□鸦科　■红腹滨鹬　○水鸭　◉鲣鸟　⊕巨形海燕　✿鹈　○信天翁

图 9.1　以 W 表示的飞行能量消耗测量的实证结果，以对数标度相对于以 kg 为单位的体重作图（该数据集包括 38 个种类，记录在表 8.1 中）

　　蜂鸟、雀类、椋鸟属、鸦科、海鸥、斑尾鹬和鸽子，在三分之二能量法则下，似乎测量到了最佳飞行能力情况。其他种类的鸟却未达到最佳状态。空中掠食者，像燕子、岩燕和雨燕由于采用短时滑翔的技巧，其飞行最佳状态保持在 1/4~1/2 之间。测量结果显示，白腹毛脚燕的滑行时长约占总时长的 21%~54%，雨燕的滑行时长约占 70%~80%。海洋鸟负有盛名的滑翔技巧使得它们的飞行能量消耗上限更低。信天翁的数据太低甚至可以单独划为一类。它们的觅食飞行过程包含 97% 的滑翔，以及各种形式的冲天技巧（见第 6 章）。其能量消耗率仅为三分之二能量法则计算的上限值的 1/8~1/5。两个塘鹈都在其预测上线的 75% 水平飞行，红脚鲣鸟仅在上限值的 40% 水平飞行。乌燕鸥和海燕靠飞行技巧飞越海洋，其飞行能量消耗仅为与同体重扑翼飞行鸟类的 1/4。红隼在空中飞行和风中盘旋时，采用滑翔技巧来节约能量（Videler, et al.，1983）。这种飞行技巧使得红隼的飞行成本比最大能量消耗水平低 1/3 左右（见第 6 章）。

还有一些较低的飞行能量消耗数据，用飞行技巧（如弹跳、滑翔或者翱翔）能量节约假设也无法解释。隆德风洞的两项画眉夜莺长时不间断飞行试验中，鸟未见使用明显的飞行技巧（见第 8 章）。试验条件已为最佳：大型风洞中，风速为常速，强度刚刚合适。Klaassen 等（2002）研究表明候鸟比留鸟能量消耗低。然而画眉夜莺的问题仍然存在，它是怎么做到仅用约同等体重雀类能量消耗的 1/3 呢？测试方法选用的是体重减少测量法，这种方法也用于测量水鸭的飞行能量消耗。水鸭的数据也低，甚至比红隼的数据还低。另一个低点数据是鹦鹉在 Tucker 的风洞中戴面罩持续扑翼飞行的试验结果，可以简单地解释为面罩影响了测量结果。然而，这个理由不能完全解释问题，因为在最大速度为 $11.7\ \mathrm{m} \cdot \mathrm{s}^{-1}$ 时，总输入功率仅为 5.01 W。只有鹦鹉的数据，飞行速度为 $13.3\ \mathrm{m} \cdot \mathrm{s}^{-1}$ 时功率 6.67 W，最接近三分之二能量法则计算的最大值。斑胸草雀和巴勒斯坦太阳鸟的数据采用的是 $^{13}\mathrm{C}$ 稳定同位素法。这种测量方法可能存在系统误差，测量的飞行成本偏低，但为什么会产生这种误差尚不明了。

我们无法解释图 9.1 中的所有变异数据，从图中可以获得的是一系列较大体重范围的鸟飞行能量消耗的量级，从中获得了飞行能量消耗上限预测的方程：

$$最大飞行能量消耗 \approx 60m^{0.667}$$

式中：飞行能量消耗单位为 W；体重 m 单位为 kg。

这个公式有用而简单，能够计算出最大飞行能量消耗。但是，我们知道，鸟会使用各种飞行技巧来使实际飞行能量消耗小于最大飞行能量消耗。我们应当注意之前提到的与速度有关的变量，有氧代谢能力只影响长距飞行而不影响短期快速飞行。

最大飞行能量消耗随体重呈 2/3 指数倍增加，比 1 倍低多了。单位体重飞行能量消耗（用单位 W 表示的能量消耗除以单位 N 表示的体重）随体重减少的速度如图 9.2（a）所示。体重上限的斜率无疑为 $-1/3$。体重相差 10 倍，意味着单位体重飞行能量消耗相差约 2 倍。换句话说，鸟体重轻 10 倍，其单位体重飞行能量消耗将增加 2 倍多。

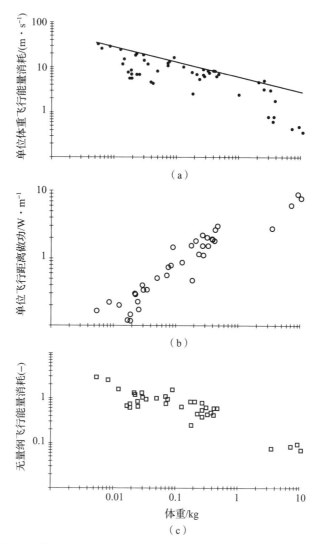

图9.2　对比表8.1和图9.1体重与经验飞行成本数据的三种方法

（a）单位体重飞行能量消耗；（b）单位飞行距离做功；（c）无量纲化的单位体重单位距离飞行能量消耗

　　在有些情况下，试验中测量了飞行速度，因此可以计算单位距离的飞行能量消耗（J·m⁻¹=N），用飞行能量消耗（W=J·s⁻¹）除以速度。图9.2显示为增加趋势，体重越大的鸟单位距离飞行能量消耗（J·m⁻¹）越大。体重增加10倍的鸟，单位距离飞行能量消耗增加约4倍。

可以设计一种无量纲的对比方法，用飞行能量消耗（$W = J \cdot s^{-1} = N \cdot m \cdot s^{-1}$）除以体重（N）和速度（$m \cdot s^{-1}$）的乘积，结果如图 9.2（c）所示。单位体重单位距离飞行能量消耗随体重的增加而降低。这个运输成本（Cost of Transport, COT）的斜率约为 $-1/2 \sim -1/3$。我们期望的是单位距离单位体重飞行能量消耗近似相等，但是无量纲对比结果的趋势及变化量都让人意外。这个结果表明体重是唯一变量时，鸟的比例模型并不完全相同。飞行运动的气动外形在无量纲对比中，对节约飞行能量消耗同样有贡献。当我们排除了明显的滑翔后，仍然存在一个随体重下降的趋势，说明存在一个随体重而增加基础设计变量。

这种无量纲的对比方法还可以用于对比鸟类与其他飞行者如昆虫、蝙蝠和飞机的飞行能量消耗。

■ 9.4　鸟类与其他飞行者的对比

在表 9.1 和图 9.3 的对比中，信天翁表现非常突出，其飞行能量消耗为世界上最低。1 kg 体重飞行 1 m 能量消耗仅为波音 747 飞机的 1/2。这个结果很奇怪，我们知道，随着体重增加飞行能量消耗呈降低趋势，而"波音"747 飞机的质量是信天翁的 25 000 倍。信天翁的测试数据为低速长距情况下测得（Arnould, et al.，1996）。信天翁会利用翱翔、扫掠和阵风腾飞等飞行技巧（见第 6 章）。因此与商业飞机的对比多少有些不公平，飞机飞行的限制条件与蝙蝠是完全不同的。

在飞行的脊椎动物中有一些分散数据。蝙蝠的数据接近于鸟类观测的上限值。小蝙蝠的飞行能量消耗（W）比近似体重的鸟类稍低一些（Winter, von Helversen，1998），但是小蝙蝠的飞行速度比鸟低，因此小蝙蝠的无量纲运输成本比鸟稍高或相同。大果蝠的能量消耗与体型相当的鸟近似，但是飞行速度更低。奇怪的是，昆虫的能量消耗数据并没有随着它体重的减少而降低。尽管昆虫中的数据散布较大，但缺乏下降趋势，这表明果蝇和蜜蜂是彼此的比例模型，比蜂鸟与鸽子或者波音 747 飞机的好，商业飞机或多或少有下降趋势。

飞机的飞行能量消耗趋势图斜率近似为 $-1/6$，是脊椎飞行类动物飞行能量消耗斜率的 1/2。

表 9.1 以 BMR 倍数表示的飞行能量消耗

种类	体重 /kg	飞行能量消耗 /W	BMR 测量值 /W	BMR 计算值 /W	飞行能量消耗 测量值 /BMR 倍数	飞行能量消耗 计算值 /BMR 倍数	BMR 数据源
紫耳绿鸟	0.005 5	1.82		0.12		14.7	计算
巴勒斯坦太阳鸟	0.006 2	1.64		0.13		12.2	计算
紫耳亮鸟	0.008 5	2.46		0.17		14.8	计算
松鹛	0.012 5	3.03	0.26		11.7		计算
灰沙燕	0.013 7	1.6	0.23		6.8		计算
斑马雀	1.014 5	2.24		0.24		9.4	计算
谷仓燕子	0.017 3	1.34	0.29		4.6		计算
白腹毛脚燕	0.017 8	1.01	0.31		3.2		计算
谷仓燕子	0.019	1.3	0.32		4.1		计算
谷仓燕子	0.019	1.62	0.32		5.1		计算
白腹毛脚燕	0.019 7	1.08	0.35		3.1		Bryant, Westerterp (1980)
苍头燕雀	0.022 3	4.51	0.36		12.4		Aschoff, Pohl (1970)
花鸡	0.023 2	4.6	0.42		11.0		Aschoff, Pohl (1970)
画眉夜莺	0.024 7	1.75		0.34		5.1	计算
画眉夜莺	0.029 5	1.91		0.35		5.4	计算
红腹灰雀	0.029 5	5.6	0.54		10.5		计算
鹦鹉	0.035	4.12	0.42		9.9		计算

续表

种类	体重/kg	飞行能量消耗/W	BMR 测量值/W	BMR 计算值/W	飞行能量消耗 测量值/BMR 倍数	飞行能量消耗 计算值/BMR 倍数	BMR 数据源
普通褐雨燕	0.038 9	1.8	0.38		4.8		计算
海燕	0.042 2	1.82	0.50		3.6		Obst, et al. (1987)
紫崖燕	0.05	4.1		0.55		7.4	计算
粉红椋鸟	0.071 6	8.05		0.70		11.5	计算
欧椋鸟	0.073	9	0.87		10.3		计算
欧椋鸟	0.077	10.5	0.92		11.4		计算
欧椋鸟	0.089	12		0.81		14.7	计算
红腹滨鹬	0.128	13.5		1.04		13	计算
红隼	0.18	13.8	0.86		16.0		Daan, et al. (1990)
乌燕鸥	0.187	4.8	1.01		4.7		Gavrilov, Dolnik (1985 *)
红隼	0.213	14.6	1.02		14.3		Daan, et al. (1990)
水鸭	0.237	13.2		158		8.4	计算
渔鸦	0.275	24.2	3.58		6.8		Bernstein, et al. (1973 *)
笑鸥	0.277	18.3	2.82		6.5		Tucker, et al. (1972 *)
斑尾鹬	0.282	17.8	1.79		10.0		Daan, et al. (1990)
笑鸥	0.322	26.3	3.28		8.0		Tucker, et al. (1972 *)
斑尾鹬	0.341	24.2	2.16		11.2		Daan, et al. (1990)
鸽子	0.394	31.9	1.77		18.0		计算

续表

种类	体重/kg	飞行能量消耗/W	BMR		飞行能量消耗		BMR 数据源
			测量值/W	计算值/W	测量值/BMR 倍数	计算值/BMR 倍数	
鸽子	0.394	33.1	1.77		18.7		计算
鸽子	0.425	34.1	1.91		17.8		计算
鸽子	0.442	26.8	1.99		13.5		计算
白颈渡鸦	0.48	32.8		2.55		12.9	计算
红脚鲣鸟	1.001	24	8.93		2.7		Balance（1995＊）
黑雁	2.1	102		6.92		14.7	计算
南非鲣鸟	2.58	81	8.30		9.8		Adams，et al.（1991）
棒头鹱	2.6	135		8.00		16.9	计算
黑背信天翁	3.064	24	9.08		2.6		Grant，Whittow（1983）
北鲣鸟	3.21	97	8.58		11.3		Birt‐Friesen，et al.（1989）
黑眉信天翁	3.58	22		11.08		2.0	Ellis（1984）
灰头信天翁	3.707	28		11.37		2.5	Ellis（1984）
巨鹱	3.885	68	10.86		6.3		Adams，Brown（1984）
漂泊信天翁	7.3	31	18.25		1.7		Adams，Brown（1984）
漂泊信天翁	9.31	45	23.28		1.9		Adams，Brown（1984）
漂泊信天翁	9.36	43.8	23.40		1.9		Adams，Brown（1984）
漂泊信天翁	10.74	38.1	26.85		1.4		Adams，Brown（1984）

注：计算 BMR 运用的是 Gavrilov 和 Dolnik（1985）的公式 BMR $= 4.2m^{0.677}$，体重 m 的单位为 kg。

＊ = 白天静息代谢率。

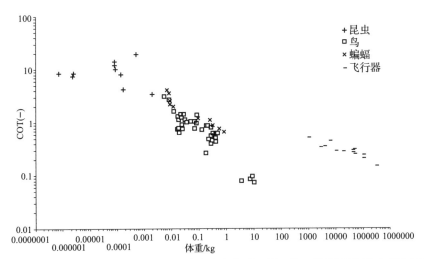

图 9.3　昆虫、鸟类、蝙蝠和飞行器的最大速度范围无量纲化飞行能量消耗（对数刻度）

固定翼飞机实际上是动力滑翔，依靠不可变的固定翼产生升力和阻力，引擎产生推力。飞机设计者依照大量严格而成熟的设计原则保证飞机的安全性和稳定性。外形设计基本使用弯板，极大地限制了设计的自由度。

飞行的脊椎动物使用它们的鸟翼产生升力和阻力。鸟翼外形不固定并且灵活多变。在每个翼拍循环，鸟翼的外形和气动特性会发生极大的改变，因此鸟翼与空气的作用原理从根本上与固定翼飞机完全不同（见第 4 章）。机翼的设计使得在一个较小速度范围内，稳态下升力/阻力关系是稳定的。鸟类和蝙蝠的飞行方式从本质上讲是不稳定的，只有完全滑翔的鸟其飞行原理与飞机设计原理相同。但是，即使在滑翔状态下，动物的表现也比飞机更好，因为动物可以灵活地改变其鸟翼的外形和姿势，利用鸟翼前缘的涡升力及鸟翼的阻力。

■ 9.5　单位能量消耗的代谢率

国际单位制也并不总是令人满意。运动成本通常用基础代谢率（BMR）或静息代谢率（RMR）的倍数表示。这样就提供了一种测量某一动物能量消耗的简单方法。例如，高强度运动员（100 m 或 200 m 短跑）需要消耗近 15 倍静息代谢率的能量消耗。对鸟类，如何定义其基础代谢率或静息代谢率呢？Aschoff

和 Pohl（1972）研究了鸟空腹情况下在黑暗中静止不动的能量消耗，环境温度不超出它们的热中性区（热中性区指鸟体温调节所需新陈代谢为最低值且为常数时的周围温度）。鸟允许喝水，消化吸收食物，不消耗能量。试验条件下，耗氧量每天有规律地变化。无论如何鸟运动时的耗氧量都比其休息时要高。BMR 指上述条件下鸟休息时的最低能量消耗率，而 RMR 指鸟活动期间的能量消耗率。Gavrilovhe 和 Dolnik（1985）研究了 263 只鸟的数据，发现 BMR 与体重之间存在如下异速关系：

$$BMR = 4.2m^{0.677}$$

式中：BMR 单位为 W；体重 m 单位为 kg。这个指数约 2/3，表明鸟表面积与体积之比主导了上述 BMR 与体重 m 的关系，这使得该公式具有了生物学意义。

这里当然也会有回归线之外的分散点，因为 BMR 的测量变化较大。部分的变异是试验设计的不同引起的。不同物种之间，甚至是同种物种内的不同个体之间都存在生物学差异。Daan 等（1990）发现，在繁殖季节，动物作为父母照顾宝宝需要较高的能量消耗，并且平均 BMR 的偏差与动物心脏和肝脏的相对干重之间存在正相关关系。此外，体重最重的物种，其体内高运动组织每日能量消耗约为 4BMR，是其体内低运动组织（骨头、羽毛）的 2 倍。文献中的大部分 BMR 数据应当近似地认为其能量消耗的最低值。

还有许多其他代谢率的定义。双标水法（方框 8.2）给出了特定物种长距飞行平均能量消耗数据，如一天或其他能够方便测量的飞行情况。持续代谢率（SusMR）定义为能量消耗的按时间平均。动物长时飞行期间，吸收和消耗达到平衡，体重为常数。脊椎动物的持续代谢率从未超过其静息代谢率的 7 倍（Hammond，Diamond，1997）。个别鸟类在环法自行车赛道中持续代谢率为静息代谢率的 5.6 倍。

表 9.2 中所列数据仅为飞行能量消耗的经验数据，是鸟的 BMR 值。大多数的数据根据 Aschoff 和 Pohl（1970）的定义直接测量得到。在一些指定情况，只测量了白天的静息代谢率。有 16 种鸟类没有经验数据。在这些情况下，使用了 Gavrilov 和 Dolnik（1985）的公式。

飞行能量消耗范围从雄性漂泊信天翁的 1.4 BMR 到鸽子的 18.7 BMR。图

9.4 画出了这个区间内的分散点，需注意 *Y* 轴是线性的。空中掠食者和滑翔者的数据始终较低。对比繁殖期的每日能量消耗可以得到飞行能量消耗的大致数据（Daan，et al.，1990）。在繁殖期，红隼能量消耗大约为 5.6 BMR。平均 15 BMR 的飞行能量消耗所占比例非常可观，从而将一天的飞行时间限制在约 1/3。欧椋鸟在繁殖期的日平均能量消耗约为 4 BMR，比其飞行能量消耗 10 或 11BMR 少约 1/3。频繁飞行者如灰沙燕、白腹毛脚燕、燕子、海燕和信天翁大多数情况下只在白天飞行，因此其日能量消耗约等于飞行能量消耗。

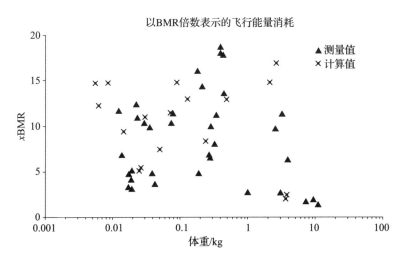

图 9.4　以 BMR 倍数表示的飞行成本与体重关系图（对数刻度）（数据源为表 9.1）

■ 9.6　气动模型的预测值

用气动模型计算鸟类飞行的机械能消耗，运用了 4.2 节的内容以及飞行器设计中的常规固定翼理论。模型能够粗略估计飞行所需机械能输出功率，也就是机械做功的比率。这些计算考虑了鸟和空气相互作用所做的功。鸟肌肉输出飞行所需的力（见第 7 章）。所有合力所做的功只是鸟飞行所需总生物能的一个分量。机械能功率与生物功率的比值用于测度鸟作为飞行器的有效性。定义机械能转换为生物能的有效性过程非常复杂。两种能量的精确数据都较难获得。

9.6.1   鸟类飞行模型

模型中，鸟类飞行所需总机械能功率 P_{tot} 为以下几个值之和：

（1）产生升力所需功率 P_i；

（2）克服鸟翼外形阻力功率 P_{pro}；

（3）克服鸟身与鸟尾诱导阻力功率 P_{par}。

基于上述机械成本分量的和，有几个略微不同的模型。Greenewalt（1975）的模型不区分阻力和升力分量，而是鸟翼所需功率视为一个整体。这种方法是合理的，因为鸟类不像飞行器产生推力，升力是鸟翼运动产生的一部分。Greenewalt（1975）的模型参数包括鸟体重、鸟翼表面积和翼展长度、空气密度和空气速度。Tucker（1974）的模型还考虑了空气黏性。Rayner（1979a，b和c）的模型，从涡流的涡度以及鸟身及鸟翼的阻力和升力系数推导出机械能功率的计算值。Pennycuick（1989）在配有软盘的实用手册上发布了他1975年所做的模型。该手册被对飞行能量消耗研究感兴趣的生物学家广泛应用，从研究迁徙成本到能源预算。手册发布之后，Rayner又两次修正了其模型。第一次修正源于这样一个现象：在原始模型中，鸟翼外形用展弦比（AR = 翼展平方/翼表面积）表示，这样并不影响外形阻力功率输出的计算值。因此模型展弦比使用了固定值7，这是鸽子的展弦比。Pennycuick（1995）对极高和极低展弦比鸟翼的结果做了适应性改进。例如，计算太阳鸟的外形阻力功率时，AR取12而不是7，修正后外形阻力功率提高了20%。第二次模型修正是Pennycuick等（1996）修正了诱导阻力功率的计算。鸟身阻力系数 C_{d_body}，是流体阻力除以与流体有相同正面区域 S_b 平面的阻力（见第1章）。流体的正面区域在阻挡气流方面不如置于气流中的平板，因为在流体周围空气平滑转向。模型计算中所用 C_{d_body} 的值，从大型鸟（如鹅和天鹅）的0.25到中小型鸟的0.4。这些数值表明大型鸟比小型鸟具有更好的流线形。然而，普通水鸭和画眉夜莺与翼拍频率速度有关的风洞试验结果却显示，当 C_{d_body} 取0.05时，预测结果准确，这说明大型和小型鸟的流线形有效性比预想的要好很多。新的阻力系数计算用之前的诱导阻力功率 P_{par} 除以因子8。飞行中鸟的正面区域面积可以用拍摄头部照片测量，也可以用文献中的异速方程计算。Hededstrom 和 Rosen（2003）对比了雀形目和非雀形目的正面区域与体重的关系，发现了重要的不同。雀形目的正面区域与体重的关系为 $S_b = 0.0129 m_b^{0.614}$（m^2），非雀形目的正面区域与体重的关系为 $S_b = 0.00813 m_b^{0.666}$（$m^2$）。其中 m_b 指体重，单位为 g。对于 10 g 的鸟，雀形目鸟的正面区域面积是非雀形目的 2 倍。对于 100 g 的鸟，雀形目鸟的正面区域是 31 cm^2，非雀形目鸟的是 17.5 cm^2。相同体重的不同鸟种，其正面区域差别很大。17 g 的篱雀其 S_b 为 7.7 cm^2；相同体重的芦鹀，正面区域的面积大 2.3 倍，为 17.8 cm^2。这意味着用模型计算机械能功率预测值要如同处理机械能功率的经验数据一般谨慎。

气动模型计算能量需要升力及不同速率下的推力。速度较低时，升力较大，随着速度的增加升力降低。阻力随速度增加而增大。这个现象印证了第 4 章所讲的速度 – 成本的 U 形曲线。

9.6.2　生物能（输入）与机械能（输出）间的转换

气动模型可以获得输出功率 P_o（图 4.3 中 P_{tot}）即机械做功功率的估计值。飞行测量获得的生物能消耗可以获得输入功率 P_i。输出功率 P_o 与输入功率 P_{in} 的比值为能量转换的有效性 η。它与几个比较少见的参数有关：鸟翼拍击时能量转换为做功的肌肉有效性，和鸟翼推开不产生升力及推力的空气时的能量损失。不同鸟种之间肌肉有效性差别不大，因为肌肉纤维水平之间未见明显差异。鸟类胸肌与鸟翼之间的关系研究有一系列的近似。如下假设合理：体型近似的鸟，稳定前向飞行时，鸟翼与空气作用产生的能量损失有相同的数量级。因此，可以假设体型近似的鸟，能量转换的有效性应有相同的数量级。研究表明，鸟胸部产生的机械能输出近似等于输出功率 P_o（表 7.1）。欧椋鸟和鸽子两种鸟，输出功率 P_o 及输入功率 P_{in} 是已知的，尽管数据源来自完全不同的研究。Biewener 等（1992）计算了体重为 73 ~ 77 g 的欧椋鸟的输出功率 P_o 的估计值为 1.7 W。由表 8.1 可知体重 73 g 和 77 g 的欧椋鸟其输入功率 P_{in} 为 10.5 W，两组数据可得欧椋鸟能量转换效率为 17.4%。Dial 和 Biewener（1993）测量了体重 301 ~ 304 的鸽子平均输出功率 P_o 为 3.3 W。表 8.1 中所示 4 只鸽子的数据得出的平均输入功率为31.5 W。表8.1中的数据,鸽子体重比Dial的研究重100 g。基于上述研究可得鸽子的能量转换效率为10.5%。

运用Pennycuick的模型计算需要翼展、翼表面积和体重的参数数据。表8.1中数据,在翼展、翼表面积已知的情况下,可以计算输出功率。运用Pennycuick(1985)以及Pennycuick(1995)、Pennycuick等(1996)的修正模型计算的输出功率结果如表9.2所示。表8.1中飞行能量消耗的经验数据被视为输入功率 P_{in}。随鸟体重增加,能量转换效率增加,数据离散点也增多。图9.5以双对数刻度用表展示了结果,可以直观地看到趋势和离散点。能量转换效率随体重增加趋势似乎对以扑翼飞行为主或滑翔时间超过50%的鸟都有效。

直接测量的结果有:Tucker(1972)对鹦鹉和笑鸥研究,Bernstein等(1973)对渔鸦的研究和Hudson和Bernstein(1983)运用倾斜风洞对白颈渡鸦的研究。风洞的向下小倾角使得重力分量可以提供平衡给定速度下阻力所需的推力,此时就可以计算平飞与向下倾飞时的不同输出功率。同时,耗氧量测量法可以获得平飞和倾飞时的不同飞行能量消耗。能量转换效率(局部的)用不同飞行模式下机械能功率的差异与生物能功率差异的比值计算。鹦鹉的能量转换效率结果从飞行速度5.3 m·s^{-1}时的19%到飞行速度为13.3 m·s^{-1}时的28%。最大速度范围下的数据在表9.2和图9.5给出。

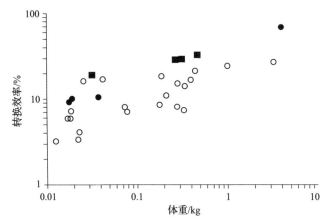

图9.5　相对于体重的转换效率(均以对数标度表示)。圆圈是基于Pennnycuick气动模型测得的功率输入和计算出的功率输出,实心圆圈表示滑行时间超过50%的鸟类,黑色方块代表在风洞中水平飞行和下降飞行期间比较飞行能量测量的部分转换效率

■ 9.7　悬停飞行

图 9.6 在线性刻度下展示了表 8.6 中所列的悬停数据。图中增加了三个数据点以做对比。这三个数据点为花蜜饲养的蝙蝠数据，在试验室条件下用喂食面罩测得的。Hylonycteris underwoodi，Glossophaga 和 Cboeronycteris maxicna 体重分别为 7.0 g、11.9 g 和 16.5 g，悬停时能量消耗分别为 1.1 W、1.9 W 和 2.6 W（Voigt，Winter，1999；Winter，1999）。小蝙蝠氧气消耗量在稳态持续 7 s 飞行后开始上升。图 9.6 中所示悬停数据为稳态值。

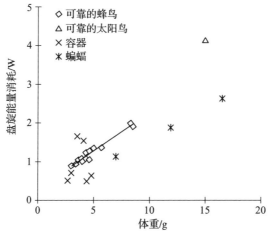

图 9.6　比较小鸟和蝙蝠相对于体重的盘旋能量消耗（注意线性刻度）。直线通过可靠的蜂鸟点绘制

相较于试验条件设置合理的鸟测量数据，6 个不可信数据不是过高就是过低。图 9.6 中可信数据的连接直线可用下式表示：

盘旋能量消耗（W）$= 0.2 \times$ 体重（g）$+ 0.3 (n = 14, r^2 = 0.96)$

蝙蝠悬停的飞行能量消耗比其他鸟类低，平均约为蜂鸟用方程估计值的 70%。这有些意外，蜂鸟看起来似乎更擅长悬停飞行，在冲程时，蜂鸟鸟翼上一面可以翻转。两组试验都是用专门喂食器引诱试验鸟悬停。微型蝙蝠可能生理上某些方面更适合在觅食中降低飞行能量消耗。太阳鸟不常为食物悬停飞行，很明显也不擅长悬停飞行。对比同等体重的蝙蝠，太阳鸟悬停飞行用了约 2 倍的能量。

表 9.2 测量数据功率值与计算输出功率值的对比

种类	体重 /kg	翼展 /m	翼表面积 /m²	P_{in} 测量值 /W	P_o 计算值 /W	能量转换效率 η		数据源
					P_o 经 Pennycuick 模型计算	扑翼飞行为主/%	超50%时间滑翔/%	
松鹀	0.012 5	0.214	0.006 8	3.03	0.10	3		Dolink, Gavrilov (1973)
白腹毛脚燕	0.017 8	0.292	0.009 2	1.01	0.09		9	Hails (1979)
舍仓燕子	0.019 0	0.330	0.013 5	1.30	0.09	7		Hails (1979)
舍仓燕子	0.019 0	0.327	0.013 5	1.62	0.10	6		Turner (1982a, b)
舍仓燕子	0.017 3	0.330	0.013 5	1.34	0.08	6		Lyuleeva (1970, 1973)
白腹毛脚燕	0.019 7	0.292	0.009 2	1.08	0.11		10	Lyuleeva (1970, 1973)
苍头燕雀	0.022 3	0.285	0.010 2	4.51	0.16	3		Dolink, Gavrilov (1973)
花鸡	0.023 2	0.281	0.012 3	4.60	0.19	4		Dolink, Gavrilov (1973)
画眉夜莺	0.025 9	0.263	0.013 0	1.75	0.29	16		M. Klaassen 个人交流
普通褐雨燕	0.038 9	0.420	0.016 5	1.78	0.19		10	Lyuleeva (1970)
海燕	0.042 2	0.376	0.019 2	1.82	0.31	17		Obst, et al. (1987)
欧椋鸟	0.072 8	0.384	0.019 2	9.01	0.72	8		Torre-Bueno, LaRochelle (1978)
欧椋鸟	0.077 5	0.395	0.019 2	10.50	0.74	7		Westerterp, Drent (1985)
红隼	0.180	0.74	0.070 8	13.80	1.21	9		Masman, Klaassen (1987)
乌燕鸥	0.187	0.84	0.062 6	4.79	0.88	18		Flint, Nagy (1984)

续表

种类	体重 /kg	翼展 /m	翼表面积 /m²	P_{in} 测量值 /W	P_o 计算值 /W	能量转换效率 η		数据源
						扑翼飞行为主/%	超 50% 时间滑翔/%	
P_o 经 Pennycuick 模型计算								
红隼	0.213	0.74	0.070 8	14.60	1.62	11		Masman, Klaassen (1987)
棒头鹅	0.282	0.66	0.046 5	17.80	2.74	15		Piersma, Jukema (1990), Lindstrom, Piersma (1993)
笑鸥	0.277	1.00	0.120 7	18.30	1.53	8		Tucker (1972)
笑鸥	0.322	1.00	0.120 7	26.30	1.97	8		Tucker (1972)
棒头鹅	0.341	0.71	0.555	24.20	3.42	14		Piersma, Jukema (1990)
鸽子	0.394	0.66	0.063 0	32.50	5.44	17		LeFebvre (1964)
鸽子	0.442	0.72	0.069 8	26.80	5.79	22		Butler, et al. (1977)
红胸鲣鸟	1.001	1.52	0.199 2	24.00	5.84	24		Balance (1995)
北鲣鸟	3.210	1.94	0.290 0	96.90	26.80	28		Birt-Friesen, et al. (1989)
巨隻	3.885	1.95	0.274 8	68.50	47.70		70	Obst, Nagy (1992)
倾转风洞测量结果								
鹦鹉	0.035					19		Tucker (1968)
渔鸦	0.277					29		Bernstein, et al. (1973)
笑鸥	0.322					30		Tucker (1972)
白颈渡鸦	0.480					33		Hudson, Bernstein (1983)

注：能量转换效率 η 为输出功率 P_o 与输入功率 P_{in} 的比值乘 100%。输出功率 P_o 的计算运用 Pennycuick (1985) 以及 Pennycuick (1995)、Pennycuick 等 (1996) 的修正模型。底部四个能量转换效率数据的计算基于倾转风洞直接测量数据（详见文中解释）。

9.8　总结和结论

本章运用鸟类飞行能量消耗的经验数据做了对比。飞行能量消耗作为体重的函数显示，不同物种之间，飞行能量消耗区别较大。这些区别有些可以用飞行技巧解释：频繁滑翔的鸟类飞行能量消耗更低，因为它们使用了节约能量的飞行技巧。一些鸟种本身就比别的鸟有活力。然而，这不能解释所有的变异数据。一般来说，飞行能量消耗和单位距离所做功随体重的增加而增加，而单位重量和将1 N物体移动1 m的能量（无量纲的COT）随体重的增加而减少。

用一个简单的异速方程可以计算所有鸟类的最大飞行能量消耗。一些鸟能够在更低的能量消耗下飞行。

本章对比了昆虫、蝙蝠、鸟类和飞行器的无量纲飞行能量消耗，结果显著不同。在单位重量移动单位距离所需能量对比中，信天翁是能量消耗最少的飞行者。鸟类和蝙蝠的无量纲COT随体重的增加显著降低，表明小型和大型飞行脊椎动物比例模型不同。大型脊椎动物生理上飞行能量消耗更低。不同大小飞机之间也存在这个趋势，只是不明显。四种体重在不同量级的昆虫，似乎飞行能量消耗是同一个量级。

信天翁和其他频繁飞行的鸟类，不论在交配、照顾幼鸟、在海边休息还是在飞行中能量消耗也仅为基础代谢率的几倍。飞行能量消耗如此低是因为通过滑翔可以节约能量。另外，像鸽子大小的鸟类，飞行能量消耗能高到其基础代谢率的19倍。如此高的能量消耗限制了鸽子每日的飞行时长。基于固定翼理论的起动模型能够预测鸟类飞行的机械能成本。基于模型的估计值可以用来衡量鸟类飞行的能量转换效率。机械能功率与生物能功率经验值的比值大致随体重的增加而增加。对于扑翼飞行的鸟类，能量转换有效性从小型鸟的百分之几到大型鸟的30%。

体重3~9 g的蜂鸟，悬停的飞行能量消耗随体重的增加而线性增长。意外的是，花蜜饲养的蝙蝠悬停飞行能量消耗仅为蜂鸟的70%。针对太阳鸟的一项试验表明，太阳鸟不太擅长以较低的飞行成本悬停飞行。

附录 1　书中学术术语释义

学术术语	释义
骨骼	
肱骨头	肱骨上方为朝向上后内的肱骨头，它与肩胛骨的关节盂共同构成肩关节。
龙骨瓣	胸骨中央龙骨脊
腕掌骨	腕骨和掌故融合而成
骨节	骨头上圆形连接末端
喙骨	腹侧胸骨
三角嵴	肱骨近端前部的突起
叉骨	鸟的联合锁骨
肩胛盂	连接窝
肱骨	上臂骨
肘突	尺骨上端的大骨突
尾综骨	鸟的尾骨
桡腕骨	与桡骨成一条线的腕骨
桡神经	第 12 个脊髓神经
桡骨	前臂骨外侧
Recticial bulbs	尾部纤维脂肪结构
肩胛骨	肩膀骨颈
籽骨	在肌腱内发育的骨头
胸骨	胸部骨头
综荐骨	融合的骶椎骨
三骨管	肩关节的开口
尺骨	前臂骨内侧
尺侧腕骨	与尺骨成一条线的腕骨

学术术语	释义
肌肉	
胸肌	鸟类飞行时主要的飞行用肌肉（下拍）
喙上肌	飞行时轻微作用的肌肉（上拍）
肱二头肌	肩部肌肉：见图 7.5，7.6
喙肱肌	
大三角肌	
肱三头肌	
剑鞘肌	
肩三头肌	
胸喙肌	
直肠延髓	尾部肌肉：见图 2.9，7.9
尾骨肌	
尾降肌	
髂骨尾端	
直肠尾提肌	
背长肌	
肩胛下肌	
羽毛	
小翼羽	杂形翼
舵羽（尾羽）	坚硬的尾部羽毛
飞羽	主翼羽毛
覆羽	翅上隐藏的羽毛
羽状构造	
羽支	羽轴两侧互连形成羽片的小支
小羽支	由羽支伸出互连的侧向细丝
羽根	近羽轴的部分
正羽	通过小羽支牢固互连，羽支结构良好的羽毛

学术术语	释义
羽状构造	
羽端	小羽支的微小端部
羽状羽毛	具有松散或离散的羽支的一类羽毛
羽柱	羽轴的远端
羽枝	羽支的下部
复翅	腹脊羽支的板状延展
动作和方向	
前方	向前的
尾部	向尾端的
头部	向头端的
远侧	远离身体的
背部	动物身体的上侧
侧向	一侧的
中间	处于中间的
后部	向后的

参考文献

Jane's All the world's aircraft. 1989, 1–108.

Henderson's dictionary of biological terms. 1996, 11th edn, Longman, Singapore.

New perspectives on the origin and early evolution of birds. 2001, J. Gauthier and L. F. Gall, eds., Peabody Museum of Natural History, Yale University, New Haven, CT, pp. 1–613.

Mesozoic birds: above the heads of dinosaurs. 2002, L. M. Chiappe and L. M. Witmer, eds., The University of California Press, Berkeley and Los Angeles, CA.

The Howard and Moore complete checklist of the birds of the world. 2003, third edn, E. C. Dickinson ed., Christopher Helm, London.

Adams, N. J., Brown, C. R., and Nagy, K. A. 1986, 'Energy expenditure of free-ranging wandering albatrosses *Diomedea exulans*'. *Physiological Zoology*, 59(6), 583–591.

Adams, N. J., Abrams, R. W., Siegfried, W. R., Nagy, K. A., and Kaplan, I. R. 1991, 'Energy expenditure and food consumption by breeding Cape gannets *Morus capensis*'. *Marine Ecology Progress Series*, 70, 1–9.

Alerstam, T., Gudmundsson, G. A., and Larsson, B. 1993, 'Flight tracks and speeds of Antartic and Atlantic sea birds: radar and optical measurements'. *Philosophical Transactions of the Royal Society London B*, 340, 55–67.

Alexander, R. M. 1976, 'Estimates of speeds of dinosaurs'. *Nature*, 261, 129–130.

Alexander, R. M. 1992, *Exploring biomechanics: animals in motion*, Scientific American Library, New York.

Alexander, R. M. 1997, 'The U, J and L of bird flight'. *Nature*, 390, 13.

Anderson, J. D. jr. 1997, *A history of aerodynamics and its impact on flying machines*. Cambridge University Press, Cambridge.

Anderson, D. F. and Eberhardt, S. 2001, *Understanding flight*, McGraw-Hill, New York.

Arnould, J. P. Y., Briggs, D. R., Croxall, J. P., Prince, P. A., and Wood, A. G. 1996, 'The foraging behaviour and energetics of wandering albatrosses brooding chicks'. *Antarctic Science*, 8(3), 229–236.

Aschoff, J. and Pohl, H. 1970, 'Der Ruheumsatz von Vögeln als Funktion der Tageszeit und der Körpergrösze'. *Journal für Ornithologie*, 111(1), 38–47.

Ashill, P. R., Riddle, G. L., and Stanley, M. J. 1995, 'Separation control on highly-swept wings with fixed or variable camber'. *Aeronautical Journal*, October, 317–327.

Bäckman, J. and Alerstam, T. 2002, 'Harmonic oscillatory orientation relative to the wind in nocturnal roosting flights of the swift *Apus apus*'. *Journal of Experimental Biology*, 205, 905–910.

Balda, R. P., Caple, G., and Willis, W. R. 1985, 'Comparison of the gliding to flapping sequence with the flapping to gliding sequence.', in *The beginnings of birds*, M. K. Hecht, Ostrom, J. H., Viohl, G., and Wellnhofer, P., eds., Freunde des Jura-Museums, Eichstätt, pp. 267–277.

Ballance, L. T. 1995, 'Flight energetics of free-ranging red-footed boobies (Sula sula)'. *Physiological Zoology*, 68(5), 887–914.

Barnard, R. H. and Philpott, D. R. 1997, *Aircraft flight*, second edn, Longman, Harlow.

Barnes, J. 1991, *The complete works of Aristotle*, fourth edn, Princeton University Press, Princeton, NJ.

Bartholomew, G. A. and Lighton, J. R. B. 1986, 'Oxygen consumption during hover-feeding in free ranging Anna hummingbirds'. *Journal of Experimental Biology*, 123, 191–199.

Baumel, J. J. 1979, *Nomina anatomica avium*, Academic Press, London.

Baumel, J. J. 1988, 'Functional morphology of the tail apparatus of the pigeon (*Columbia livia*)'. *Advances in Anatomy, Embryology, and Cell Biology*, 110, 1–115.

Beebe, C. W. 1915, 'A tetrapteryx stage in the ancestry of birds'. *Zoologica*, 2, 39–52.

Beekman, J. H., Hollander, H. J. d., and Koffijberg, K. 1994, *Landsat satellite images for detection of submerged macrophytes: in search of potential stop-over sites for Bewick's Swans along their migratory route between arctic Russia and western Europe*, Ministry of Transport, Public Works and Water Management, Lelystad, RBA 1994-17.

Berg, C. v. d. and Rayner, J. M. V. 1995, 'The moment of inertia of bird wings and the inertial power requirement for flapping flight'. *Journal of Experimental Biology*, 198(8), 1655–1664.

Berg, C. v. d. and Ellington, C. P. 1997, 'The vortex wake of a 'hovering' model hawkmoth'. *Philosophical Transactions of the Royal Society London B*, 352, 317–328.

Berger, M. 1985, 'Sauerstoffverbrauch von Kolibris (*Colibri coruscans* und *Colibri Thalassinus*) beim Horizontalflug', in *Bird flight – Vogelflug*, BIONA-report, third edn, W. Nachtigall, ed., Gustav Fischer, Stuttgart and New York, pp. 307–314.

Berger, M. and Hart, J. S. 1972, 'Die Atmung beim Kolibri *Amazilia fimbriata* wärhend des Schwirrfluges bei verschiedenen Umgebungstemperaturen'. *Journal of Comparative Physiology*, 81, 363–380.

Berger, M., Hart, J. S., and Roy, O. Z. 1970, 'Respiration, oxygen consumption and heart rate in some birds during rest and flight'. *Zeitschrift für Vergleichende Physiolgie*, 66, 201–214.

Bernoulli, D. 1738, *Hydrodynamica*, J.R. Dulsecker, Strasbourg.

Bernstein, M. H., Thomas, S. P., and Schmidt-Nielsen, K. 1973, 'Power input during flight in the Fish Crow, *Corvus ossifragus*'. *Journal of Experimental Biology*, 58, 401–410.

Bevan, R. M., Woakes, A. J., Butler, P. J., and Boyd, I. L. 1994, 'The use of heart rate to estimate oxygen consumption of free-ranging black-browed albatrosses *Diomedea melanophrys*'. *Journal of Experimental Biology*, 193, 119–137.

Bevan, R. M., Butler, P. J., Woakes, A. J., and Prince, P. A. 1995, 'The energy expenditure of free-ranging black-browed albatrosses'. *Philosophical Transactions of the Royal Society London B*, 350, 119–131.

Biewener, A. A., Dial, K. P., and Goslow Jr, G. E. 1992, 'Pectoralis muscle force and power output during flight in the starling'. *Journal of Experimental Biology*, 164, 1–18.

Biewener, A. A., Corning, W. R., and Tobalske, B. W. 1998, 'In vivo pectoralis muscle force-length behavior during level flight in pigeons (*Columba livia*)'. *Journal of Experimental Biology*, 201, 3293–3307.

Bilo, D. 1971, 'Flugbiophysik von Kleinvögeln: I. Kinematik und Aerodynamik des Flügelabschlages beim Haussperling (*Passer domesticus* L.)'. *Zeitschrift für Vergleichende Physiologie*, 71, 382–454.

Bilo, D. 1972, 'Flugbiophysik von Kleinvögeln: II. Kinematik und Aerodynamik des Flügelaufschlages beim Haussperling (*Passer domesticus* L.)'. *Zeitschrift für Vergleichende Physiologie*, 76, 426–437.

Bilo, D. 1980, 'Kinematical peculiarities of the downstroke of a house sparrow's wing calling in question the applicability of steady state aerodynamics to the flapping flight of small Passeriformes', in *Instationäre Effekte an schwingenden Tierflügeln*, sixth edn, W. Nachtigall, ed., Akademie der Wissenschaften und der Literatur., Mainz, pp. 102–114.

Birt-Friesen, V. L., Montevecchi, W. A., Cairns, D. K., and Macko, S. A. 1989, 'Activity-specific metabolic rates of free-living Northern Gannets and other seabirds'. *Ecology*, 70, 357–367.

Blick, E. F., Watson, D., Belie, G., and Chu, H. 1975, 'Bird aerodynamic experiments', in *Swimming and flying in nature*, vol. 2, T. Y. T. Wu, C. J. Brokaw and C. Brennen, eds., Plenum Press, New York, pp. 939–952.

Boel, M. 1929, 'Scientific studies of natural flight'. *Transactions of the American Society of Mechanical Engineers*, 51, 217–242.

Boggs, D. F., Jenkins Jr, F. A., and Dial, K. P. 1997*a*, 'The effects of the wing beat cycle on respiration in black-billed magpies (*Pica pica*)'. *Journal of Experimental Biology*, 200(9), 1403–1412.

Boggs, D. F., Seveyka, J. J., Kilgore, D. L., and Dial, K. P. 1997*b*, 'Coordination of respiratory cycles with wing beat cycles in the black-billed magpie (*Pica pica*)'. *Journal of Experimental Biology*, 200(9), 1413–1420.

Bonser, R. H. C. 1995, 'Melanin and the abrasion resistance of feathers'. *The Condor*, 97, 590–591.

Bonser, R. H. C. and Purslow, P. P. 1995, 'The Young's modulus of feather keratin'. *Journal of Experimental Biology*, 198(4), 1029–1033.

Bonser, R. H. C. 1996, 'Comparative mechanics of bill, claw and feather keratin in the common starling, *Sturnus vulgaris*'. *Journal of Avian Biology*, 27(2), 175–177.

Bonser, R. H. C. and Rayner, J. M. V. 1996, 'Measuring leg thrust forces in the common starling'. *Journal of Experimental Biology*, 199, 435–439.

Bonser, R. H. C., Norman, A. P., and Rayner, J. M. V. 1999, 'Does substrate quality influence take-off decisions in common starlings?' *Functional ecology*, 13, 102–105.

Bonser, R. H. C., Saker, L., and Jeronimidis, G. 2004, 'Toughness anisotropy in feather keratin'. *Journal of Materials Science*, 39, 2895–2896.

Borelli, A. 1680, *De motu animalium*, Angeli Bernabo, Rome.

Brown, C. R. and Adams, N. J. 1984, 'Basal metabolic rate and energy expenditure during incubation in the wandering albatross (Diomedea exulans)'. *The Condor*, 86, 182–186.

Brown, R. E. and Fedde, M. R. 1993, 'Airflow sensors in the avian wing'. *Journal of Experimental Biology*, 179, 13–30.

Brown, R. E. and Cogley, A. C. 1996, 'Contributions of the propatagium to avian flight'. *Journal of Experimental Zoology*, 276, 112–124.

Bruderer, B. and Boldt, A. 2001, 'Flight characteristics of birds: I. Radar measurements of speeds'. *Ibis*, 143, 178–204.

Bryant, D. M. and Westerterp, K. R. 1980, The energy budget of the house martin *Delichon urbica. Ardea*, 68, 91–102.

Buisonjé, P. H. d. 1985, 'Climatological conditions during deposition of the Solnhofen limestones.', in *The beginnings of birds*, M. K. Hecht, Ostrom, J. H., Viohl, G., and Wellnhofer, P., eds., Freunde des Jura-Museums, Eichstätt, pp. 45–65.

Butler, M. and Johnson, A. S. 2004, 'Are melanized feather barbs stronger?' *Journal of Experimental Biology*, 207, 285–293.

Butler, P. J., West, N. H., and Jones, D. R. 1977, 'Respiratory and cardiovascular responses of the pigeon to sustained level flight in a windtunnel'. *Journal of Experimental Biology*, 71, 7–26.

Butler, P. J., Woakes, A. J., and Bishop, C. M. 1998, 'Behaviour and physiology of Svalbard barnacle geese, *Branta leucopsis*, during their autumn migration'. *Journal of Avian Biology*, 29, 536–545.

Cameron, G. J., Wess, T. J., and Bonser, R. H. C. 2003, 'Young's modulus varies with differential orientation of keratin in feathers'. *Journal of Structural Biology*, 143, 118–123.

Carpenter, R. E. 1975, 'Flight metabolism in flying foxes', in *Swimming and flying in nature*, T. Y. Wu, C. J. Brokaw, and C. Brennen, eds., Plenum, New York, pp. 883–889.

Carpenter, R. E. 1985, 'Flight physiology of flying foxes, *Pteropus poliocephalus*'. *Journal of Experimental Biology*, 114, 619–647.

Carpenter, R. E. 1986, 'Flight physiology of intermediate-sized fruit bats (Pteropodidae)'. *Journal of Experimental Biology*, 120, 79–103.

Cavé, A. J. 1968, 'The breeding of the Kestrel (*Falco tinnunculus* L.) in the reclaimed area Oostelijk Flevoland'. *Netherlands Journal of Zoology*, 18, 313–407.

Cayley, G. 1809, 'On aerial navigation part I'. *A Journal of Natural Philosophy, Chemistry, and the Arts*, 24(November), 164–174.

Cayley, G. 1810, 'On aerial navigation part II'. *A Journal of Natural Philosophy, Chemistry, and the Arts*, 25(February), 81–87.

Chai, P. and Dudley, R. 1995, 'Limits to vertebrate locomotor energetics suggested by hummingbirds hovering in heliox'. *Nature*, 377, 722–725.

Chai, P. and Millard, D. 1997, 'Flight and size constraints: hovering performance of large hummingbirds under maximal loading'. *Journal of Experimental Biology*, 200(21), 2757–2763.

Chai, P. and Dudley, R. 1999, 'Maximum flight performance of hummingbirds: capacities, constraints, and trade-offs'. *The American Naturalist*, 153(4), 398–411.

Chai, P., Chen, J. S. C., and Dudley, R. 1997, 'Transient hovering performance of hummingbirds under conditions of maximal loading'. *Journal of Experimental Biology*, 200(5), 921–929.

Chatterjee, S. 1997, *The rise of birds*, The Johns Hopkins University Press, Baltimore, MD.

Chen, P., Dong, Z., and Zhen, S. 1998, 'An exceptionally well-preserved theropod dinosaur from the Yixian Formation of China'. *Nature*, 391, 147–152.

Corning, W. R. and Biewener, A. A. 1998, '*In vivo* strains in pigeon flight feather shafts: implications for structural design'. *Journal of Experimental Biology*, 201(22), 3057–3065.

Costa, D. P. and Prince, P. A. 1987, 'Foraging energetics of Grey-headed Albatrosses *Diomedea chrysostoma* at Bird Island, South Georgia'. *Ibis*, 129, 149–158.

Cutts, C. J. and Speakman, J. R. 1994, 'Energy savings in formation flight of pink-footed geese'. *Journal of Experimental Biology*, 189, 251–261.

Daan, S., Masman, D., and Groenewold, A. 1990, 'Avian basal metabolic rates: their association with body composition and energy expenditure in nature'. *American Journal of Physiology*, 259, R333–R340.

Del Hoyo, J., Elliot, A. and Sargatal, J. eds. 1992, *Handbook of the brids of the world*, 1. Ostrich to ducks. Lynx Edicions, Barcelona.

Del Hoyo, J., Elliot, A. and Sargatal, J. eds. 1999, *Handbook of the birds of the world*, 5. Barn-owls to hummingbirds Lynx Edicions, Barcelona.

Deventer, R. W. v. 1983, '*Basiliscus basiliscus* (Chisbala, Garrobo, Basilisk, Jesus Lizard)', in *Costa Rican Natural History*, D. H. Janzen, ed., University of Chicago Press, Chicago, pp. 379–380.

Dial, K. P. 1992, 'Avian forelimb muscles and nonsteady flight: Can birds fly without using the muscles in their wings?' *The Auk*, 109(4), 874–885.

Dial, K. P. and Biewener, A. A. 1993, 'Pectoralis muscle force and power output during different modes of flight in pigeons (*Columba livia*)'. *Journal of Experimental Biology*, 176, 31–54.

Dial, K. P., Goslow Jr, G. E., and Jenkins Jr, F. A. 1991, 'The functional anatomy of the shoulder in the european starling *Sturnus vulgaris*'. *Journal of Morphology*, 207, 327–344.

Dial, K. P., Biewener, A. A., Tobalske, B. W., and Warrick, D. R. 1997, 'Mechanical power output of bird flight'. *Nature*, 390, 67–70.

Dickinson, M. H., Lehmann, F. O., and Sane, S. P. 1999, 'Wing rotation and the aerodynamic basis of insect flight'. *Science*, 284, 1954–1960.

Dingus, L. and Rowe, T. 1998, *The mistaken extinction: dinosaur evolution and the origin of birds*, W.H. Freeman, New York.

Dolnik, V. R. and Blyumental, T. I. 1967, 'Autumnal premigratory and migratory periods in the Chaffinch, *Fringilla coelebs* and some other temperate zone passerine birds'. *The Condor*, 69, 435–468.

Dolnik, V. R. and Gavrilov, V. M. 1973, 'Energy metabolism during flight of some passerines', in *Bird migrations: ecological and physiological factors*, B. E. Byikhovskii, ed., John Wiley & Sons, New York, pp. 288–296.

Duncker, H. R. and Güntert, M. 1985, 'The quantitative design of the avian respiratory system – from hummingbird to mute swan', in *Bird flight – Vogelflug*, BIONA-report, third edn, W. Nachtigall, ed., Gustav Fischer, Stuttgart and New York, pp. 361–378.

Dyck, J. 1985, 'The evolution of feathers'. *Zoologica Scripta*, 14(2), 137–154.

Ellington, C. P. 1984, 'The aerodynamics of hovering insect flight I. The quasi-steady analysis II. Morphological parameters III. Kinematics IV. Aerodynamic mechanisms V. A vortex theory VI. Lift and power require-ments'. *Philosophical Transactions of the Royal Society London B*, 305(1122), 1–181.

Ellington, C. P., Machin, K. E., and Casey, T. M. 1990, 'Oxygen consump-tion of bumblebees in forward flight'. *Nature*, 347, 472–473.

Ellington, C. P., Berg, C. v. d., Willmott, A. P., and Thomas, A. L. R. 1996, 'Leading-edge vortices in insect flight'. *Nature*, 384, 626–630.

Ellis, H. I. 1984, 'Energetics of the free-ranging seabirds.', in *Seabird ener-getics*, G. C. Whittow and H. Rahn, eds., Plenum Press, New York, 203–234.

Elzanowski, A. 2002, 'Archaeopterygidae (upper Jurassic of Germany)', in *Mesozoic birds: above the heads of dinosaurs*, L. M. Chiappe and L. M. Witmer, eds., University of California Press, Berkeley and Los Angeles, CA, pp. 129–159.

Ennos, A. R., Hickson, J. R. E., and Roberts, A. 1995, 'Functional mor-phology of the vanes of the flight feathers of the pigeon *Columbia livia*'. *Journal of Experimental Biology*, 198(5), 1219–1228.

Epting, R. J. 1980, 'Functional dependence of the power for hovering on wing disc loading in hummingbirds'. *Physiological Zoology*, 53(4), 347–357.

Feduccia, A. 1993, 'Evidence from claw geometry indicating arboreal habits of Archaeopteryx'. *Science*, 259(5096), 790–793.

Feduccia, A. 1999, *The origin and evolution of birds*, second edn, Yale University Press, New Haven, CT.

Flint, E. N. and Nagy, K. A. 1984, 'Flight energetics of free-living sooty terns'. *The Auk*, 101, 288–294.

Gatesy, S. M. and Dial, K. P. 1993, 'Tail muscle activity patterns in walking and flying pigeons (*Columbia livia*)'. *Journal of Experimental Biology*, 176, 55–76.

Gavrilov, V. M. and Dolnik, V. R. 1985 'Basal metabolic rate, ther-moregulation and existence energy in birds: World data'. Moscow, pp. 421–466.

George, J. C. and Berger, A. J. 1966, *Avian myology*, Academic Press, New York.

Gibbs-Smith, C. H. 1962, *Sir George Cayley's Aeronautics 1796–1855*, Her Majesty's Stationary Office, London.

Glasheen, J. W. and McMahon, T. A. 1996*a*, 'Size-dependence of water-running ability in basilisk lizards (*Basiliscus basiliscus*)'. *Journal of Experimental Biology*, 199, 2611–2618.

Glasheen, J. W. and McMahon, T. A. 1996*b*, 'A hydrodynamic model of locomotion in the Basilisk Lizard'. *Nature*, 380, 340–342.

Glasier, P. 1982, *Falconry and hawking*, Batsford, B.T. Ltd., London.

Goslow Jr, G. E. and Dial, K. P. 1990, 'Active stretch-shorten contractions of the m. pectoralis in the European starling (*Sturnus vulgaris*): evidence from electromyography and contractile properties'. *Netherlands Journal of Zoology*, 40(1–2), 106–114.

Goslow Jr, G. E., Dial, K. P., and Jenkins Jr, F. A. 1989, 'The avian shoulder: an experimental approach'. *American Zoologist*, 29, 287–301.

Graber, R. R. and Graber, J. W. 1962, 'Weight characteristics of birds killed in nocturnal migration'. *The Wilson Bulletin*, 74, 244–253.

Graham, R. R. 1931, 'Safety devices in wings of birds'. *British birds*, 24, 2–21.

Grant, G. S. and Whittow, G. C. 1983, 'Metabolic cost of incubation in the Laysan albatross and Bonin petrel.', *Comparative Biochemistry and Physiology*, 74A, 77–82.

Greenewalt, C. H. 1975, 'The flight of birds'. *Transactions of American Philosophical Society*, 65(4), 1–67.

Griffiths, P. J. 1996, 'The isolated *Archaeopteryx* feather'. *Archaeopteryx*, 14, 1–26.

Hails, C. J. 1979, 'A comparison of flight energetics in hirundines and other birds'. *Comparative Biochemistry and Physiology*, 63A, 581–585.

Hainsworth, F. R. and Wolf, L. L. 1969, 'Resting, torpid, and flight metabolism of the hummingbird, *Eulampis jugularis*'. *American Zoologist*, 9, 1100–1101.

Hambly, C., Harper, E. J., and Speakman, J. R. 2002, 'Cost of flight in the zebra finch (*Taenopygia guttata*): a novel approach based on elimination of ^{13}C labelled bicarbonate'. *Journal of Comparative Physiology B*, 172, 529–539.

Hambly, C., Harper, E. J., and Speakman, J. R. 2004, 'The energy cost of variations in wing span and wing asymmetry in the zebra finch *Taeniopygia guttata*'. *Journal of Experimental Biology*, 207, 3977–3984.

Hammond, K. A. and Diamond, J. 1997, 'Maximal sustained energy budgets in humans and animals.', *Nature*, 386, 457–462.

Hart, I. B. 1963, *The mechanical investigations of Leonardo da Vinci*, University of California Press, Berkeley, CA.

Hector, J. 1894, 'On the anatomy of flight of certain birds'. *Transations of the New Zealand Institute*, 27, 285–287.

Hedenström, A. and Rosén, M. 2003, 'Body frontal area in passerine birds'. *Journal of Avian Biology*, 34, 159–162.

Hedrick, T. L., Tobalske, B. W., and Biewener, A. A. 2003, 'How cockatiels (*Nymphicus hollandicus*) modulate pectoralis power output across flight speeds'. *Journal of Experimental Biology*, 206, 1363–1378.

Heppner, F. H. and Anderson, J. G. T. 1985, 'Leg thrust in flight take-off in the pigeon'. *Journal of Experimental Biology*, 114, 285–288.

Hertel, H. 1966, *Structure, Form and Movement*, Van Rostrand-Reinhold, New York.

Herzog, K. 1968, *Anatomie und Flugbiologie der Vögel*, Gustav Fischer Verlag, Stuttgart.

Hocking, B. 1953, 'On the intrinsic range and speed of flight of insects.', *Transactions of the Royal Entomological Society London*, 104, 223–345.

Hoerner, S. F. and Borst, H. V. 1975, *Fluid Dynamic Lift* Hoerner Fluid Dynamics, Brick Town, N. J.

Holmes, K. C. 1998, 'A powerful stroke'. *Nature Structural Biology*, 5(11), 940–942.

Holst, E. v. 1943, 'Über 'künstliche Vögel' als Mittel zum Studium des Vogelfluges'. *Journal für Ornithologie*, 91, 406–447.

Homberger, D. G. and Silva, de. K. N. 2000, 'Functional microanatomy of the feather-bearing integument: implications for the evolution of birds and avian flight'. *American Zoologist*, 40, 553–574.

Hou, L. 2001, *Mesozoic birds of China*, Phoenix Valley Provincial Aviary, Taiwan.

Hou, L., Zhou, Z., Martin, L. D., and Feduccia, A. 1995, 'A beaked bird from the Juassic of China'. *Nature*, 377, 616–618.

Hou, L., Martin, L. D., Zhou, Z., and Feduccia, A. 1996, 'Early adaptive radiation of birds: evidence from fossils from Notheastern China'. *Science*, 274, 1164–1167.

Hudson, D. M. and Bernstein, M. H. 1983, 'Gas exchange and energy cost of flight in the White-Necked Raven, *Corvus cryptoleucos*'. *Journal of Experimental Biology*, 103, 121–130.

Hummel, D. 1995, 'Formation flight as an energy-saving mechanism'. *Israel Journal of Zoology*, 41, 261–278.

Hummel, D. and Möllenstädt, W. 1977, 'On the calculation of the aero-dynamic forces acting on a house sparrow (*Passer domesticus* L.) during downstroke by means of aerodynamic theory'. *Fortschritte der Zoologie*, 24(2/3), 235–256.

Hussel, D. J. T. 1969, 'Weight loss of birds during nocturnal migration'. *The Auk*, 86, 75–83.

Hussel, D. J. T. and Lambert, A. B. 1980, 'New estimates of weight loss in birds during migration'. *The Auk*, 97, 547–558.

Jenkins Jr, F. A., Dial, K. P., and Goslow Jr, G. E. 1988, 'A cineradiographic analysis of bird flight: the wishbone in starlings is a spring'. *Science*, 241, 1495–1498.

Josephson, R. K. 1985, 'Mechanical power output from striated muscle during cyclic contraction'. *Journal of Experimental Biology*, 114, 493–512.

Joudine, K. 1955, 'A propos du mécanisme fixant l'articulation du coude chez certains oiseaux (Tubinares)', *Proceedings of the 9th International Ornithological Congress*, pp. 279–283.

Kespaik, J. 1968, 'Heat production and heat loss of swallows and martins during flight'. *Eesti Nsv teaduste Akadeemia toimetised. XVII köide Biol.*, 12, 179–190.

Klaassen, M., Kvist, A., and Lindström, Å. 2000, 'Flight costs and fuel composition of a bird migrating in a wind tunnel'. *Condor*, 102(2), 444–451.

Kokshaysky, N. V. 1979, 'Tracing the wake of a flying bird'. *Nature*, 279, 146–148.

Kvist, A., Klaassen, M., and Lindström, Å. 1998, 'Energy expenditure in relation to flight speed: What is the power of mass loss estimates?' *Journal of Avian Biology*, 29, 485–498.

Kvist, A., Lindström, Å., Green, M., Piersma, T., and Visser, G. H. 2001, 'Carrying large fuel loads during sustained bird flight is cheaper than expected'. *Nature*, 413, 730–732.

Lack, D. 1956, *Swifts in a tower*, Chapman and Hall, London.

Laerm, J. 1974, 'A functional analysis of morphological variation and differential niche utilization in basilisk lizards'. *Ecology*, 55, 404–411.

Lasiewski, R. C. 1963, 'Oxygen consumption for torpid, resting, active and flying hummingbirds'. *Physiological Zoology*, 36, 122–140.

LeFebvre, E. A. 1964, 'The use of D_2O^{18} for measuring energy metabolism in *Columbia livia* at rest and in flight'. *The Auk*, 81, 403–416.

Lifson, N. and McClintock, R. 1966, 'Theory of use of the turnover rates of body water for measuring energy and material balance'. *Journal of Theoretical Biology*, 12, 46–74.

Lighthill, J. 1990, *An informal introduction to theoretical fluid mechanics*, Oxford University Press, Oxford.

Lilienthal, O. 1889, *Der Vogelflug als Grundlage der Fliegekunst*, third edn, R. Oldenbourg, Munchen und Berlin.

Lindström, Å. and Piersma, T. 1993, 'Mass changes in migrating birds: the evidence for fat and protein storage re-examined'. *Ibis*, 135, 70–78.

Lingham-Soliar, T. 2003, 'Evolution of birds: ichthyosaur integumental fibers conform to dromaeosaur protofeathers'. *Naturwissenschaften*, 90, 428–432.

Liu, H., Ellington, C. P., Kawachi, K., Berg, C. v. d., and Willmott, A. P. 1998, 'A computational fluid dynamic study of hawkmoth hovering'. *Journal of Experimental Biology*, 201, 461–477.

Lowson, M. V. and Riley, A. J. 1995, 'Vortex breakdown control by delta wing geometry'. *Journal of Aircraft*, 32, 832–838.

Lucas, A. M. and Stettenheim, P. R. 1972, *Avian Anatomy, Integument*, Agriculture handbook 362, U.S. Department of Agriculture, Washington, D.C.

Lyuleeva, D. S. 1970, 'Energy of flight in swallows and swifts'. *Doklady Akademii Nauk SSSR*, 190, 1467–1469.

Lyuleeva, D. S. 1973, 'Features of swallow biology during migration', in *Bird migrations, ecological and physiological factors*, B. E. Byikhovskii, ed., Halstead Press, New York, pp. 56–69.

Ma, M. S., Ma, W. K., Nieuwland, I., and Easley, R. R. 2002, 'Why *Archaeopteryx* did not run over water'. *Archaeopteryx*, 20, 51–56.

Machin, K. E. and Pringle, J. W. S. 1960, 'The physiology of insect fibrillar muscle: III. The effects of sinusoidal changes of length on a beetle flight muscle'. *Proceedings of the Royal Society of London B*, 152, 311–330.

Magnan, A., Perrilliat-Botonet, G., and Girerd, H. 1938, 'Essais d'enregistrements cinématographiques simultanées dans trois directions perpendiculaires deux à deux à l'écoulement de l'air autour d'un oiseau en', *Comptes Rendus Hebdomadaires Séances de l'Academie des Sciences, Paris*, 206, 374–377.

Maquet, P. 1989, *On the movement of animals*, Springer Verlag, Berlin.

Marey, E. J. 1890, *Le vol des oiseaux*, Masson, G., Paris.

Martin, L. D., Zhou, Z., Hou, L., and Feduccia, A. 1998, '*Confuciusornis sanctus* compared to *Archaeopteryx lithographica*.' *Naturwissenschaften*, 85, 286–289.

Mascha, E. 1904, 'Über die Schwungfedern'. *Zeitschrift für Wissenschaftliche Zoologie*, 77, 606–651.

Masman, D. and Klaassen, M. 1987, 'Energy expenditure during free flight in trained and free-living eurasian kestrels (*Falco tinnunculus*)'. *The Auk*, 104, 603–616.

Masman, D., Gordijn, M., Daan, S., and Dijkstra, C. 1986, 'Ecological energetics of the kestrel: field estimates of energy intake throughout the year'. *Ardea*, 74, 24–39.

Maxworthy, T. 1979, 'Experiments on the Weis-Fogh mechanism of lift generation by insects in hovering flight. Part 1. Dynamics of the "fling"'. *Journal of Fluid Mechanics*, 93(1), 47–63.

Mayr, E. 1963, *Animal species and evolution*, Harvard University Press, Cambridge, MA.

Mayr, G. Pohl, B. and Peters, D.S. 2005, 'A well-preserved Archaeopteryx specimen with theropod features'. *Science*, 310, 1483–1486.

Motte, A. 1729, *Sir Isaac Newton: the mathematical principles of natural philosophy*, B. Motte, London.

Müller, W. and Patone, G. 1998, 'Air transmissivity of feathers'. *Journal of Experimental Biology*, 201, 2591–2599.

Nachtigall, W. and Kempf, B. 1971, 'Vergleichende Untersuchungen zur flugbiologischen Funktion des Daumenfittichs (Alula spuria) bei Vögeln I. Der Daumenfittich als Hochauftriebserzeuger'. *Zeitschrift für Vergleichende Physiologie*, 71, 326–341.

Nachtigall, W., Rothe, U., Feller, P., and Jungmann, R. 1989, 'Flight of the honeybee III. Flight metabolic power calculated from gas analysis, thermoregulation and fuel consumption'. *Journal of Comparative Physiology*, 158, 729–737.

Nagy, K. A. 1980, 'CO$_2$ production in animals: analysis of potential errors in the doubly labeled water method'. *American Journal of Physiology*, 363(6119), R466–R473.

Nagy, K. A. and Costa, D. P. 1980, 'Water flux in animals: analysis of potential errors in the tritiated water method'. *Journal of Comparative Physiology*, 363(6119), R454–R465.

Necker, R. 1994, 'Sensorimotor aspects of flight control in birds: specialisations in the spinal cord'. *European Journal of Morphology*, 32, 207–211.

Necker, R. 2000, 'The somatosensory system', in *Sturkie's Avian Physiology*, fifth edn, G. C. Whittow, ed., Academic Press, London, pp. 57–69.

Newton, I. 1686, *Philosophiae naturalis principia mathematica*, S. Pepys, London.

Nisbet, I. C. T. 1963, 'Measurements with radar of the height of nocturnal migration over Cape Cod, Massachusetts'. *Bird-Banding*, 34(2), 57–67.

Norberg, U. M. 1990, *Vertebrate flight*, Springer, Berlin.

Novas, F. E. and Puerta, P. F. 1997, 'New evidence concerning avian origins from the late Cretaceous of Patagonia'. *Nature*, 387, 390–392.

Obst, B. S. and Nagy, K. A. 1992, 'Field energy expenditures of the southern giant-petrel'. *The Condor*, 94(4), 801–810.

Obst, B. S., Nagy, K. A., and Ricklefs, R. E. 1987, 'Energy utilization by Wilson's storm petrel (Oceanites oceanicus)'. *Physiological Zoology*, 60(2), 200–217.

Oehme, H. 1963, 'Flug und Flügel von Star und Amsel. Ein Beitrag zur Biophysik des Vogelfluges und zur vergleichenden Morphologie der Flugorgane. 2. Teil: Die Flugorgane'. *Biologisches Zentralblatt*, 5, 569–587.

Oehme, H. 1968, 'Der Flug des Mauerseglers (Apus apus)'. *Biologisches Zentralblatt*, 3, 288–311.

Oehme, H. and Kitzler, U. 1974, 'Über die Kinematik des Flügelschlages beim unbeschleunigten Horizontalflug. Untersuchungen zur Flugbiophysik und Flugphysiologie der Vögel I'. *Zoologische Jahrbücher Physiologie*, 78, 461–512.

Ostrom, J. H. 1979, 'Bird flight: How did it begin?' *American Scientist*, 67, 46–56.

Padian, K. and Chiappe, L. M. 1998, 'The origin and early evolution of birds'. *Biological Reviews*, 73, 1–42.

Park, K. J., Rosén, M., and Hedenström, A. 2001, 'Flight kinematics of the barn swallow (*Hirundo rustica*) over a wide range of speeds in a wind tunnel'. *Journal of Experimental Biology*, 204(15), 2741–2750.

Paul, G. S. 2002, *Dinosaurs of the air: the evolution and loss of flight in dinosaurs and birds*, The Johns Hopkins University Press, Baltimore.

Pearson, O. P. 1950, 'The metabolism of hummingbirds'. *The Condor*, 52(4), 145–152.

Pearson, O. P. 1964, 'Metabolism and heatloss during flight in pigeons'. *The Condor*, 66, 182–185.

Pennycuick, C. J. 1968, 'A wind-tunnel study of gliding flight in the pigeon *Columbia livia*'. *Journal of Experimental Biology*, 49, 509–526.

Pennycuick, C. J. 1971a, 'Gliding flight of the white-backed vulture *Gyps africanus*'. *Journal of Experimental Biology*, 55, 13–38.

Pennycuick, C. J. 1971b, 'Control of gliding angle in Rüppell's grifon vulture *Gyps rüppellii*'. *Journal of Experimental Biology*, 55, 39–46.

Pennycuick, C. J. 1972, 'Soaring behaviour and performance of some East African birds, observed from a motor-glider'. *Ibis*, 114, 178–218.

Pennycuick, C. J. 1973, 'The soaring flight of vultures'. *Scientific American*, 229(6), 102–109.

Pennycuick, C. J. 1974, *Handy matrices of unit conversion factors for biology and mechanics*, Edward Arnold, London.

Pennycuick, C. J. 1975, 'Mechanics of Flight', in *Avian Biology*, vol. 5, D. S. Farner and J. R. King, eds., Academic Press, London, pp. 1–75.

Pennycuick, C. J. 1982, 'The flight of petrels and albatrosses (procellariiformes), observed in South Georgia and its vicinity'. *Philosophical Transactions of the Royal Society London B*, 300, 75–106.

Pennycuick, C. J. 1989, *Bird flight performance*, Oxford University Press, Oxford.

Pennycuick, C. J. 1995, 'The use and misuse of mathematical flight models'. *Israel Journal of Zoology*, 41, 307–319.

Pennycuick, C. J. 2002, 'Gust soaring as a basis for the flight of petrels and albatrosses (Procellariiformes)'. *Avian Science*, 2(1), 1–12.

Pennycuick, C. J., Alerstam, T., and Hedenström, A. 1997, 'A new low-turbulence wind tunnel for bird flight experiments at Lund University, Sweden'. *Journal of Experimental Biology*, 200, 1441–1449.

Pennycuick, C. J., Klaassen, M., Kvist, A., and Lindström, Å. 1996, 'Wing-beat frequency and the body drag anomaly: wind-tunnel observations on a thrush nightingale (*Luscinia luscinia*) and a teal (*Anas crecca*)'. *Journal of Experimental Biology*, 199, 2757–2765.

Peters, D. S. and Görgner, E. 'A comparative study on the claws of *Archaeopteryx*', *Papers in avian paleontology. Honoring Pierce Brodkorb*. K. E. Campbell, ed., Natural History Museum Los Angeles Science Series, 36, 29–37.

Peter, D. and Kestenholz, M. 1998, 'Sturtzflüge von Wanderfalke *Falco peregrinus* und Wüstenfalke *F. pelegrinoides*'. *Ornithologische Beobachter*, 95, 107–112.

Pettigrew, J. B. 1873, *Animal locomotion, or walking, swimming and flying*, Henry S. King and Co., London.

Pettit, T. N., Nagy, K. A., Ellis, H. I., and Whittow, G. C. 1988, 'Incubation energetics of the Laysan Albatross'. *Oecologia*, 74, 546–550.

Piersma, T. and Jukema, J. 1990, 'Budgeting the flight of a long-distance migrant: changes in nutrient reserve levels of bar-tailed godwits at successive spring staging sites'. *Ardea*, 78, 315–337.

Polhamus, E. C. 1971, "Predictions of vortex-lift characteristics by a leading-edge suction analogy", *Journal of aircraft*, vol. 8, no. 4, pp. 193–199.

Polus, M. 1985, 'Quantitative and qualitative respiratory measurements on unrestrained free-flying pigeons by AMACS (Airborne Measuring and

Control Systems)', in *Bird flight – Vogelflug*, BIONA-report, third edn, W. Nachtigall, ed., Gustav Fischer, Stuttgart and New York, pp. 297–305.

Poore, S. O., Sánchez-Haiman, A., and Goslow, G. E. 1997*a* , 'Wing upstroke and the evolution of flapping flight'. *Nature*, 387, 799–802.

Poore, S. O., Ashcroft, A., Sánchez-Haiman, A., and Goslow Jr, G. E. 1997*b*, 'The contractile properties of the M.supracoracoideus in the pigeon and starling: a case for long-axis rotation of the humerus'. *The Journal of Experimental Biology*, 200, 2987–3002.

Prince, P. A. and Morgan, R. A. 1987, 'Diet and feeding ecology of Procellari-iformes', in *Seabirds, feeding ecology and role in marine ecosystems*, J. P. Croxall, ed., Cambridge University Press, Cambridge, pp. 135–171.

Proctor, N. S. and Lynch, P. J. 1993, *Manual of ornithology: avian structure and function*, Yale University Press, New Haven, CT and London.

Purslow, P. P. and Vincent, J. F. V. 1978, 'Mechanical properties of primary feathers from the pigeon'. *Journal of Experimental Biology*, 72, 251–260.

Rand, A. S. and Marx, H. 1967, 'Running speed of the lizard *Basiliscus basiliscus* on water'. *Copeia*, 1, 230–233.

Rayleigh, L. 1883, 'The soaring of birds'. *Nature*, 27, 534–535.

Rayner, J. 1977, 'The intermittent flight of birds', in *Scale effects in animal locomotion*, T. J. Pedley, ed., Academic Press, London, pp. 437–444.

Rayner, J. M. V. 1979*a*, 'A vortex theory of animal flight. Part 1. The vortex wake of a hovering animal'. *Journal of Fluid Mechanics*, 91(4), 697–730.

Rayner, J. M. V. 1979*b*, 'A vortex theory of animal flight. Part 2. The forward flight of birds'. *Journal of Fluid Mechanics*, 91(4), 731–763.

Rayner, J. M. V. 1979*c*, 'A new approach to animal flight mechanics'. *Journal of Experimental Biology*, 80, 17–54.

Rayner, J. M. V. 1985, 'Mechanical and ecological constraints on flight evo-lution', in *The beginnings of birds*, M. K. Hecht, Ostrom, J. H., Viohl, G., and Wellnhofer, P., eds., Freunde des Jura-Museums, Eichstätt, 279–288.

Rayner, J. M. V. 1985, 'Cursorial gliding in Proto-birds, an expanded version of a discussion contribution', in *The beginnings of birds*, M. K. Hecht, Ostrom, J. H., Viohl, G., and Wellnhofer, P., eds., Freunde des Jura-Museums, Eichstätt, pp. 289–292.

Rayner, J. M. V. 1985*c*, 'Bounding and undulating flight in birds'. *Journal of Theoretical Biology*, 117, 47–77.

Rayner, J. M. V. 1988, 'Form and function in avian flight' in *Current ornithology*, vol. 5, R. F. Johnston, ed., Plenum Press, New York, pp. 1–66.

Rayner, J. M. V. 1995, 'Dynamics of the vortex wakes of flying and swimming vertebrates', in *Biological fluid dynamics*, C. P. Ellington and T. J. Pedley, eds., The Company of Biologists Limited, Cambridge, pp. 131–155.

Reynolds, O. 1883, 'An experimental investigation of the circumstances which determine whether the motion of water shall be direct or sin-uous, and of the law of resistance in parallel channels'. *Philosophical Transactions of the Royal Society of London*, 174, 935–982.

Richet, C., Richet, C., and Richet, A. 1909, 'Observations relatives au vol des oiseaux'. *Archivio di fisiologia*, 7, 301–321.

Rietschel, S. 1985, 'Feathers and wings of *Archaeopteryx*, and the question of her flight ability', in *The beginnings of birds*, M. K. Hecht, Ostrom, J. H., Viohl, G., and Wellnhofer, P., eds., Freunde des Jura-Museums, Eichstätt, pp. 251–260.

Rosén, M., Spedding, G. R., and Hedenström, A. 2003, 'The relationship between wingbeat kinematics and vortex wake of a thrush nightingale', in *Birds in the flow: mechanics, wake dynamics and flight performance*, PhD thesis M. Rosén, Department of Animal Ecology, Lund University, Sweden, 111–124.

Rothe, H. J., Biesel, W., and Nachtigall, W. 1987, 'Pigeon flight in a wind tunnel: II. Gas exchange and power requirements'. *Journal of Comparative Physiology*, 157B, 99–109.

Sambursky, S. 1987, *The physical world of late antiquity*, first paperback edn, Princeton University Press, Princeton, NJ.

Sane, S. P. 2003, 'The aerodynamics of insect flight'. *Journal of Experimental Biology*, 206, 4191–4208.

Sanz, J. L., Chiappe, L. M., Pérez-Moreno, B. P., Buscalioni, A. D., Moratalla, J. J., Ortega, F., and Poyato-Ariza, F. J. 1996, 'An early Cretaceous bird from Spain and its implications for the evolution of avian flight'. *Nature*, 382, 442–445.

Schuchmann, K. L. 1979*a*, 'Metabolism of flying hummingbirds'. *Ibis*, 121, 85–86.

Schuchmann, K. L. 1979*b*, 'Energieumsatz in Abhängigkeit von der Umgebungstemperatur beim Kolibri *Ocreatus u. underwoodii*'. *Journal für Ornithologie*, 120, 311–315.

Shipman, P. 1998, *Taking wing, Archaeopteryx and the evolution of bird flight*, Simon and Schuster, New York.

Sick, H. 1937, 'Morphologisch-funktionelle Untersuchungen über die Feinstruktur der Vogelfeder'. *Journal für Ornithologie*, 85(2), 206–372.

Slijper, E. J. 1950, *De vliegkunst in het dierenrijk*, Brill, E.J., Leiden.

Snow, D. W. and Perrins, C. M. 1998, *The birds of the Western Palearctic*, Oxford University Press, Oxford.

Speakman, J. R. and Racey, P. A. 1991, 'No cost of echolocation for bats in flight'. *Nature*, 350, 421–423.

Spedding, G. R. 1986, 'The wake of a jackdaw (*Corvus monedula*) in slow flight'. *Journal of Experimental Biology*, 125, 287–307.

Spedding, G. R. 1987, 'The wake of a kestrel (*Falco tinnunculus*) in flapping flight'. *Journal of Experimental Biology*, 127, 59–78.

Spedding, G. R., Hedenström, A., and Rosén, M. 2003, 'Quantitative studies of the wakes of freely flying birds in a low-turbulence wind tunnel'. *Experiments in Fluids*, 34, 291–303.

Spedding, G. R., Rayner, J. M. V., and Pennycuick, C. J. 1984, 'Momentum and energy in the wake of pigeon (Columbia livia) in slow flight'. *The Journal of Experimental Biology*, 111, 81–102.

Srygley, R. B. and Thomas, A. L. R. 2002, 'Unconventional lift-generating mechanisms in free-flying butterflies'. *Nature*, 420, 660–664.

Stamhuis, E. J. and Videler, J. J. 1995, 'Quantitative flow analysis around aquatic animals using laser sheet particle image velocimetry'. *Journal of Experimental Biology*, 198(2), 283–294.

Stamhuis, E. J., Videler, J. J., Duren, L. A. v., and Müller, U. K. 2002, 'Applying digital particle image velocimetry to animal-generated flows: traps, hurdles and cures in mapping steady and unsteady flows in *Re* regimes between 10^{-2} and 10^5'. *Experiments in Fluids*, 33, 801–813.

Stanfield, R. I. 1967, *Flying manual and pilot's guide*, Ziff-Davis, New York.

Steinbeck, J. 1958, *The log from the Sea of Cortez*. William Heinemann Ltd., London.

Stolpe, M. and Zimmer, K. 1939, 'Der Schwirrflug des Kolibri im Zeitlupenfilm'. *Journal für Ornithologie*, 87(1), 136–155.

Sun, M. and Tang, J. 2002, 'Unsteady aerodynamic force generation by a model fruit fly wing in flapping motion'. *Journal of Experimental Biology*, 205, 55–70.

Sunada, S. and Ellington, C. P. 2000, 'Approximate added-mass method for estimating induced power for flapping flight'. *AIAA Journal*, 38(8), 1313–1321.

Sutton, O. G. 1953, *Micrometeorology*, McGraw-Hill, New York.

Sy, M. 1936, 'Funktionell-anatomische Untersuchungen am Vogelflügel'. *Journal für Ornithologie*, 84(2), 199–296.

Tatner, P. and Bryant, D. M. 1986, 'Flight cost of a small passerine measured using doubly labelled water: implications for energetics studies'. *The Auk*, 103, 169–180.

Taylor, J. W. R. 1968, *Jane's all the world's aircraft*, McGraw-Hill, New York.

Taylor, W. R. and Van Dyke, G. C. 1985, 'Revised procedures for staining and clearing small fishes and other vertebrates for bone and cartilage'. *Cybium*, 9(2), 107–119.

Teal, J. M. 1969, 'Direct measurement of CO_2 production during flight in small birds'. *Zoologica*, 54(1), 17–23.

Thomas, A. L. R. 1995, *On the tail of birds*, PhD thesis Department of Animal Ecology, Lund University, Sweden.

Thomas, A. L. R. 2003, 'Insect flight: lift generating mechanisms and unsteady aerodynamics'. *Comparative Biochemistry and Physiology*, 134(3), S39.

Thomas, S. P. 1975, 'Metabolism during flight in two species of bats, *Phyllostomus hastatus* and *Pteropus gouldii*'. *Journal of Experimental Biology*, 63, 273–293.

Thomas, S. P. 1981, 'Ventilation and oxygen extraction in the bat *Pteropus gouldii* during rest and steady flight'. *Journal of Experimental Biology*, 94, 231–250.

Thulborn, R. A. and Hamley, T. L. 1985, 'A new palaeontological role for *Archaeopteryx*', in *The beginnings of birds*, M. K. Hecht, Ostrom, J. H.,

Viohl, G., and Wellnhofer, P., eds., Freunde des Jura-Museums, Eichstätt, pp. 81–90.

Tobalske, B. W. and Dial, K. P. 1996, 'Flight kinematics of black-billed magpies and pigeons over a wide range of speeds'. *Journal of Experimental Biology*, 199, 263–280.

Tobalske, B. W. 1996, 'Scaling of muscle composition, wing morphology and intermittent flight behavior in woodpeckers'. *The Auk*, 113(1), 151–177.

Tobalske, B. W., Peacock, W. L., and Dial, K. P. 1999, 'Kinematics of flapping flight in the zebra finch over a wide range of speeds'. *Journal of Experimental Biology*, 202(13), 1725–1739.

Tobalske, B. W., Altshuler, D. L., and Powers, D. R. 2004, 'Take-off mechanics in hummingbirds (Trochilidae)'. *Journal of Experimental Biology*, 207, 1345–1352.

Tobalske, B. W., Hedrick, T. L., Dial, K. P., and Biewener, A. A. 2003, 'Comparative power curves in bird flight'. *Nature*, 421, 363–366.

Torre-Bueno, J. R. and LaRochelle, J. 1978, 'The metabolic cost of flight in unrestrained birds'. *Journal of Experimental Biology*, 75, 223–229.

Tubaro, P. L. 2003, 'A comparative study of aerodynamic function and flexural stiffness of outer tail feathers in birds'. *Journal of Avian Biology*, 34, 243–250.

Tucker, V. A. 1968, 'Respiratory exchange and evaporative water loss in the flying Budgerigar'. *Journal of Experimental Biology*, 48, 67–87.

Tucker, V. A. 1972, 'Metabolism during flight in the laughing gull, *Larus atricilla*'. *American Journal of Physiology*, 222(2), 237–245.

Tucker, V. A. 1974, 'Energetics of Natural Avian Flight', in *Avian Energetics*, R. Paynter, ed., Cambridge University Press, Cambridge, MA, pp. 298–333.

Tucker, V. A. 1975, 'Aerodynamics and energetics of vertebrate fliers', in *Swimming and flying in nature*, vol. 2, T. Y. T. Wu, C. J. Brokaw, and C. Brennen, eds., Plenum, New York, pp. 845–868.

Turner, A. K. 1982a, 'Timing of laying by Swallows (*Hirundo rustica*) and Sand Martins (*Riparia riparia*)'. *Journal of Animal Ecology*, 51, 29–46.

Turner, A. K. 1982b, 'Optimal foraging by the Swallow (*Hirundo rustica*): prey size selection'. *Animal Behaviour*, 30, 862–872.

Usherwood, J. R. and Ellington, C. P. 2002a, 'The aerodynamics of revolving wings: I. Model hawkmoth wings'. *Journal of Experimental Biology*, 205, 1547–1564.

Usherwood, J. R. and Ellington, C. P. 2002b, 'The aerodynamics of revolving wings: II. Propeller force coefficients from mayfly to quail'. *Journal of Experimental Biology*, 205, 1565–1576.

Utter, J. M. and LeFebvre, E. A. 1970, 'Energy expenditure for free flight by the purple martin (*Progne subis*)'. *Comparative Biochemistry and Physiology*, 35, 713–719.

Van Tyne, J. and Berger, A. J. 1976, *Fundamentals of ornithology*, second edn, John Wiley, New York.

Vanden Berge, J. C. 1979, 'Myologia', in *Nomina anatomica avium*, J. J. Baumel, ed., Academic Press, London, pp. 175–219.

Vazquez, R. J. 1992, 'Functional osteology of the avian wrist and the evolution of flapping flight'. *Journal of Morphology*, 211, 259–268.

Vazquez, R. J. 1994, 'The automating skeletal and muscular mechanisms of the avian wing (Aves)'. *Zoomorphology*, 114, 59–71.

Videler, J. J. 1993, *Fish swimming*, Chapman and Hall, London.

Videler, J. J. 1997, *Bidden voor de kost*, Backhuys, Leiden.

Videler, J. J. 2000, '*Archaeopteryx*: A dinosaur running over water?' *Archaeopteryx*, 18, 27–34.

Videler, J. and Groenewold, A. 1991, 'Field measurements of hanging flight aerodynamics in the kestrel *Falco tinnunculus*'. *Journal of Experimental Biology*, 155, 519–530.

Videler, J. J., Weihs, D., and Daan, S. 1983, 'Intermittent gliding in the hunting flight of the kestrel, *Falco tinnunculus* L'. *Journal of Experimental Biology*, 102, 1–12.

Videler, J. J., Stamhuis, E. J., and Povel, G. D. E. 2004, 'Leading-edge vortex lifts swifts'. *Science*, 306, 1960–1962.

Videler, J. J., Vossebelt, G., Gnodde, M., and Groenewegen, A. 1988*a*, 'Indoor flight experiments with trained kestrels: I. Flight strategies in still air with and without added weight'. *Journal of Experimental Biology*, 134, 173–183.

Videler, J. J., Groenewegen, A., Gnodde, M., and Vossebelt, G. 1988*b*, 'Indoor flight experiments with trained kestrels: II. The effect of added weight on flapping flight kinematics'. *Journal of Experimental Biology*, 134, 185–199.

Viohl, G. 1985, 'Geology of the Solnhofen lithographic limestones and the habitat of *Archaeopteryx*', in *The beginnings of birds*, M. K. Hecht, Ostrom, J. H., Viohl, G., and Wellnhofer, P., eds., Freunde des Jura-Museums, Eichstätt, pp. 31–44.

Visser, G. H., Dekinga, A., Achterkamp, B., and Piersma, T. 2000, 'Ingested water equilibrates isotopically with the body water pool of a shorebird with unrivaled water fluxes'. *Am. J. Physiol. Regulatory Integrative Comp Physiol*, 279, R1795–R1804.

Voigt, C. C. and Winter, Y. 1999, 'Energetic cost of hovering flight in nectar-feeding bats (Phyllostomidae: Glossophaginae) and its scaling in moths, birds and bats'. *Journal of Comparative Physiology B*, 169, 38–48.

Wagner, H. 1925, 'Über die Entstehung des dynamischen Auftriebes von Tragflügeln.', *Zeitschrift für Angewandte Mathematik und Mechanik*, 5(1), 17–35.

Walsberg, G. E. and Wolf, B. O. 1995, 'Variation in the respiratory quotient of birds and implications for indirect calorimetry using measurements of carbon dioxide production'. *Journal of Experimental Biology*, 198(1), 213–219.

Ward, S., Möller, U., Rayner, J. M. V., Jackson, D. M., Bilo, D., Nachtigall, W., and Speakman, J. R. 2001, 'Metabolic power, mechanical power and efficiency during wind tunnel flight by European starlings *Sturnus vulgaris.*', *Journal of Experimental Biology*, 204, 3311–3322.

Ward, S., Bishop, C. M., Woakes, A. J., and Butler, P. J. 2002, 'Heart rate and the rate of oxygen consumption of flying and walking barnacle geese (*Branta leucopsis*) and bar-headed geese (*Anser indicus*)'. *Journal of Experimental Biology*, 205, 3347–3356.

Warrick, D. R., Dial, K. P., and Biewener, A. A. 1998, 'Asymmetrical force production in the maneuvring flight of pigeons'. *The Auk*, 115(4), 916–928.

Weimerskirch, H., Martin, J., Clerquin, Y., Alexandre, P., and Jiraskova, S. 2001, 'Energy saving in flight formation'. *Nature*, 413, 697–698.

Weis-Fogh, T. 1952, 'Fat combustion and metabolic rate of flying locusts (*Schistocerca gregaria Forskål*)'. *Philosophical Transactions of the Royal Society London B*, 237B, 1–36.

Weis-Fogh, T. 1973, 'Quick estimates of flight fitness in hovering animals, including novel mechanisms for lift production'. *Journal of Experimental Biology*, 59, 169–230.

Welham, C. V. J. 1994, 'Flight speeds of migrating birds: a test of maximum range speed predictions from three aerodynamic equations'. *Behavioural Ecology*, 5(1), 1–8.

Wellnhofer, P. 1985, 'Remarks on the digit and pubis problems of *Archaeopteryx*.', in *The beginnings of birds*, M. K. Hecht, Ostrom, J. H., Viohl, G., and Wellnhofer, P., eds., Freunde des Jura-Museums, Eichstätt, pp. 113–122.

Wellnhofer, P. 1993, 'Das siebte Exemplar von *Archaeopteryx* aus den Solnhofer Schichten'. *Archaeopteryx*, 11, 1–47.

Wells, D. J. 1993, 'Ecological correlates of hovering flight of hummingbirds'. *Journal of Experimental Biology*, 178, 59–70.

Westerterp, K. R. and Bryant, D. M. 1984, 'Energetics of free existence in swallows and martins (Hirundinidae) during breeding: a comparative study using doubly labeled water'. *Oecologia*, 62, 376–381.

Westerterp, K. R. and Drent, R. H. 'Energetic costs and energy-saving mechanisms in parental care of free-living passerine birds as determined by the $D_2^{18}O$ method.', *Proceedings of the 18th International Ortnithological Congress*. V. D. Ilyichev and V. M. Gavrilov, eds., Moscow, 392–398.

Westerterp, K. R., Saris, W. H. M., Vanes, M., and Tenhoor, F. 1986, 'Use of the doubly labelled water technique in humans during heavy sustained exercise'. *Journal of Applied Physiology*, 61(6), 2162–2167.

Wikelski, M., Tarlow, E. M., Raim, A., Diehl, R. H., Larkin, R. P., and Visser, G. H. 2003, 'Costs of migration in free-flying songbirds'. *Nature*, 423, 704.

Williamson, M. R., Dial, K. P., and Biewener, A. A. 2001, 'Pectoralis muscle performance during ascending and slow level flight in mallards (*Anas platyrhynchos*)'. *Journal of Experimental Biology*, 204, 495–507.

Wilson, J. A. 1975, 'Sweeping flight and soaring by albatrosses'. *Nature*, 257, 307–308.

Winter, Y. 1999, 'Flight speed and body mass of nectar-feeding bats (Glossophaginae) during foraging'. *Journal of Experimental Biology*, 202, 1917–1930.

Winter, Y. and Helversen, O. v. 1998, 'The energy cost of flight: Do small bats fly more cheaply than birds?' *Journal of Comparative Physiology B*, 168, 105–111.

Withers, P. C. 1979, 'Aerodynamics and hydrodynamics of the 'hovering' flight of Wilson's storm petrel'. *Journal of Experimental Biology*, 80, 83–91.

Witmer, L. M. 2002, 'The debate on avian ancestry: phylogeny, function, and fossils', in *Mesozoic birds: above the heads of dinosaurs*, L. M. Chiappe and L. M. Witmer, eds., University of California Press, Berkeley and Los Angeles, CA, pp. 3–30.

Woledge, R. C., Curtin, N. A., and Homsher, E. 1985, *Energetic aspects of muscle contraction*, Academic Press, London.

Wolf, L. L., Hainsworth, F. R., and Gill, F. B. 1975, 'Foraging efficiencies and time budgets in nectar feeding birds'. *Ecology*, 56, 117–128.

Wolf, T. J., Schmid-Hempel, P., Ellington, C. P., and Stevenson, R. D. 1989, 'Physiological correlates of foraging efforts in honey-bees: oxygen consumption and nectar load'. *Functional Ecology*, 3, 417–424.

Worcester, S. E. 1996, 'The scaling of the size and stiffness of primary flight feathers'. *Journal of Zoology, London.*, 239(3), 609–624.

Xu, X., Zhou, Z., Wang, X., Kuang, X., Zhang, F., and Du, X. 2003, 'Four-winged dinosaurs from China'. *Nature*, 421, 335–340.

Yalden, D. W. 1984, 'What size was Archaeopteryx?' *Zoological Journal of the Linnean Society*, 82, 177–188.

Yudin, K. A. 1957, 'O nyekotoryikh prisposobityel'nyikh osobyennostyakh kryila trubkonosyikh ptits (otryad Tubinares). [On certain adaptive properties of the wing in birds of the order Tubinares.]'. *Zoologiceskij Zurnal*, 36, 1859–1873.

Zhang, F. and Zhou, Z. 2000, 'A primitive Enantiornithine bird and the origine of feathers'. *Science*, 290, 1955–1959.

Zhou, Z. and Zhang, F. 2002, 'Largest bird from the early Cretaceous and its implications for the earliest avian ecological diversification'. *Naturwissenschaften*, 89, 34–38.

Zhou, Z. and Hou, L. 2002, 'The discovery and study of Mesozoic birds in China', in *Mesozoic birds: above the heads of dinosaurs*, L. M. Chiappe and L. M. Witmer, eds., University of California Press, Berkeley and Los Angeles, CA, pp. 129–159.